本书 PPT 案例展示

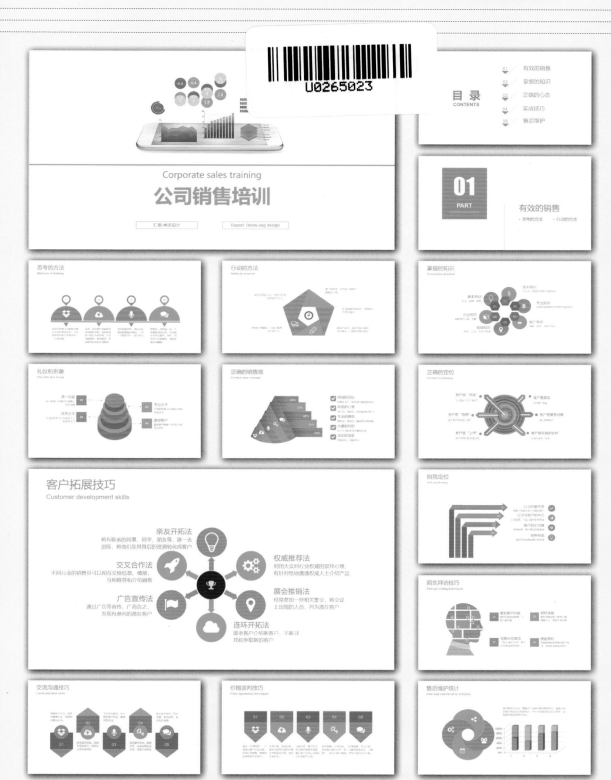

# 本书 Excel 案例展示

| 月份 | 张明 | 王敏 | 刘桂芳 | 赵敏 | 合计 |
|---|---|---|---|---|---|
| 7月 | ¥2,188.90 | ¥3,696.00 | ¥4,198.50 | ¥2,330.50 | ¥12,413.90 |
| 8月 | ¥3,504.60 | ¥4,461.40 | ¥4,240.20 | ¥2,052.60 | ¥14,258.80 |
| 9月 | ¥3,799.60 | ¥2,259.70 | ¥4,256.00 | ¥3,285.50 | ¥13,600.80 |
| 10月 | ¥4,188.90 | ¥3,554.10 | ¥5,856.20 | ¥2,607.20 | ¥16,206.40 |
| 11月 | ¥7,019.50 | ¥6,184.50 | ¥5,846.50 | ¥3,875.20 | ¥22,925.70 |
| 12月 | ¥4,290.20 | ¥3,293.60 | ¥6,039.40 | ¥3,549.00 | ¥17,172.20 |
| 合计 | ¥24,991.70 | ¥23,449.30 | ¥30,436.80 | ¥17,700.00 | ¥96,577.80 |

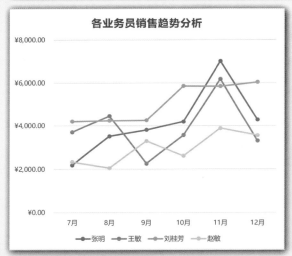

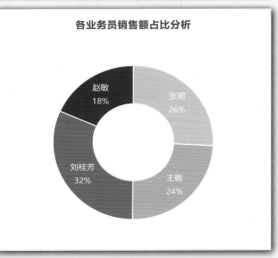

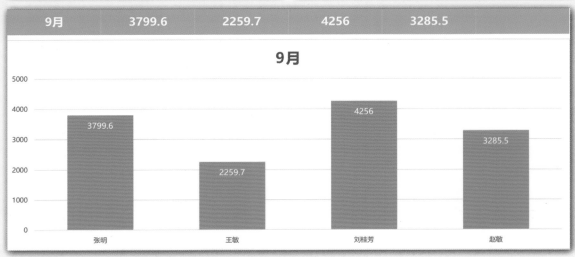

| 月份 | 2018年 | 2019年 |
|------|--------|--------|
| 1月 | ¥14,202,337.00 | ¥19,803,768.90 |
| 2月 | ¥12,770,516.90 | ¥16,939,971.60 |
| 3月 | ¥14,100,556.10 | ¥25,529,120.40 |

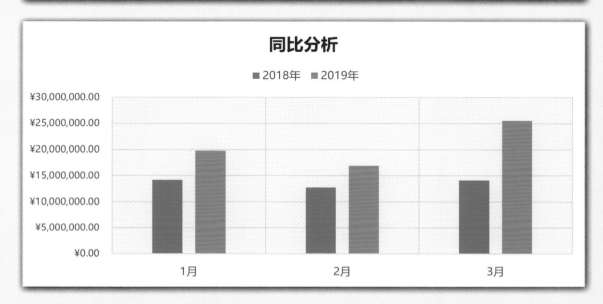

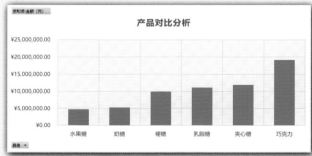

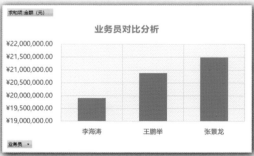

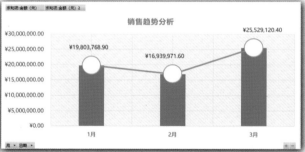

# 本书 PPT 案例展示

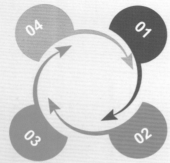

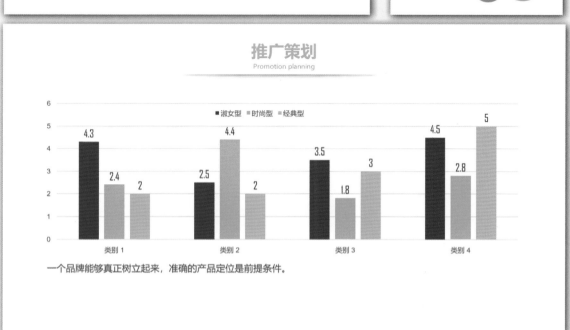

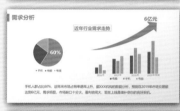

# 本书 PPT 和 Word 案例展示

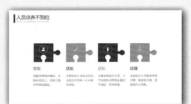

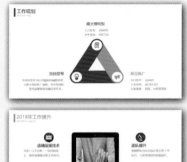

# Word/Excel/PPT

## 2019 办公应用

# 从入门到精通

神龙工作室 编著

人民邮电出版社

北京

**图书在版编目（CIP）数据**

Word/Excel/PPT 2019办公应用从入门到精通 / 神龙
工作室编著. -- 北京 : 人民邮电出版社，2019.6（2022.1重印）
ISBN 978-7-115-51205-5

Ⅰ. ①W… Ⅱ. ①神… Ⅲ. ①办公自动化－应用软件
Ⅳ. ①TP317.1

中国版本图书馆CIP数据核字(2019)第076563号

## 内 容 提 要

本书是指导初学者学习 Word/Excel/PPT 2019 的入门书籍。书中详细地介绍了初学者在学习 Word/Excel/PPT 时应该掌握的基础知识、使用方法和操作技巧。全书分 3 篇，第 1 篇 "Word 办公应用"，介绍文档的基本操作，表格应用与图文混排，Word 高级排版；第 2 篇 "Excel 办公应用"，介绍工作簿与工作表的基本操作，创建商务化表格，公式与函数的应用，排序、筛选与汇总数据，图表与数据透视表，数据分析与数据可视化；第 3 篇 "PPT 设计与制作"，介绍编辑与设计幻灯片，排版与布局，动画效果、放映与输出，使用模板制作 PPT。

本书附赠内容丰富的教学资源，包括 8 小时与本书内容同步的视频教程、10 小时赠送视频教程、900 套办公模板以及 Office 应用技巧 1200 招电子书等。

本书既适合电脑初学者阅读，又可以作为大专类院校或者企业的培训教材，同时对有经验的 Office 用户也有很高的参考价值。

- ◆ 编　著　神龙工作室
  责任编辑　马雪伶
  责任印制　马振武
- ◆ 人民邮电出版社出版发行　北京市丰台区成寿寺路 11 号
  邮编　100164　电子邮件　315@ptpress.com.cn
  网址　https://www.ptpress.com.cn
  涿州市京南印刷厂印刷
- ◆ 开本：787×1092　1/16　　　彩插：4
  印张：23.75　　　　　　　　2019 年 6 月第 1 版
  字数：605 千字　　　　　　　2022 年 1 月河北第 23 次印刷

定价：49.80 元

读者服务热线：(010)81055410　印装质量热线：(010)81055316
反盗版热线：(010)81055315
广告经营许可证：京东市监广登字 20170147 号

Word/Excel/PPT是帮助用户提高工作效率的办公软件。办公人员无论去哪家单位、哪个岗位面试，几乎都会被问到是否精通Office。因此学好Word/Excel/PPT，可以加大你的就业砝码，让你在职场上获得更多的展示机会。

## 学完本书你能做什么

■ 学完本书，你可以胜任以下工作岗位：

文秘、行政、人力资源、市场营销、统计、仓管、会计……

■ 学完本书，你可以完成以下工作任务：

制作各类Word办公文档、各种人力资源管理/销售管理/生产管理/仓储管理/财务管理等方面的Excel表单和统计分析报表、各种商务汇报/教育培训/商业计划书/节日庆典等方面的PPT。

## 本书写作特色

■ 实例为主，易于上手　全面突破传统的按部就班讲解知识的模式，以实际工作中的案例为主，将读者在学习过程中遇到的各种问题以及解决方法充分地融入实际案例中，以便读者能够轻松上手，解决各种疑难问题。例如，在讲解Word内容时，不仅介绍Word的功能及典型应用，还结合案例将一些常用公文规范穿插其中；在讲解Excel内容时，不仅介绍Excel的功能及典型应用，还教读者如何制作数据完善且具备分析功能的Excel表格，以及如何在数据分析的基础上制作数据分析报告中的图表；在讲解PPT内容时，不仅介绍PPT的功能及典型应用，还贴合实际工作，讲解了如何根据自己的文案，选用合适的模板以便快速制作出专业的演示报告。

■ 高手过招，专家解密　每章的"妙招技法"栏目介绍精心筛选的Word/Excel/PPT使用技巧；"提示"栏目介绍读者在学习过程中可能遇到的疑难问题；"职场拓展"栏目的内容结合当前章的重要知识点介绍职场应用和软件技法，帮读者举一反三。

■ 双栏排版，超大容量　采用双栏排版的格式，信息量大。在360多页的篇幅中容纳了传统版式400多页的内容。这样，我们就能在有限的篇幅中为读者提供更多的知识和实战案例。

■ 一步一图，图文并茂　在介绍具体操作步骤的过程中，每一个操作步骤均配有对应的插图，以使读者在学习过程中能够直观、清晰地看到操作的过程及其效果，学习更轻松。

■ 扫码学习，方便高效　本书的配套教学视频与书中内容紧密结合，读者可以通过扫描书中的二维码，在手机上观看视频，随时随地学习。

## 教学资源特点

■ **内容丰富** 教学资源中不仅包含8小时与本书内容同步的视频教程、本书实例的原始文件和最终效果文件，同时赠送以下3部分内容。

（1）5小时Word/Excel/PPT高效运用视频教程，5小时由Excel Home精心制作的财务会计日常工作/人力资源管理/电商数据处理与分析实战案例视频教程，帮读者提升解决工作问题的能力。

（2）900套Word/Excel/PPT 2019实用模板，包含1280个Office实用技巧的电子书，财务/人力资源/文秘/行政/生产等岗位工作手册，300页Excel函数与公式使用详解电子书，帮助读者全面提高工作效率。

（3）Windows系统应用电子书、高效人士效率倍增手册电子书、Photoshop图像处理电子书，有助于读者提高电脑综合应用能力。

■ **解说详尽** 在演示各个办公实例的过程中，对每一个操作步骤都做了详细的解说，使读者能够身临其境，提高学习效率。

■ **实用至上** 以解决问题为出发点，通过教学资源中一些经典的Word/Excel/PPT 2019应用实例，全面涵盖了读者在学习Word/Excel/PPT 2019所遇到的问题及解决方案。

## 教学资源获取方法

① 关注"职场研究社"，回复"51205"，获取本书配套教学资源下载方式。

② 在教学资源主界面中单击相应的按钮即可开始学习。

本书由神龙工作室策划编写，参与资料收集和整理工作的有孙冬梅、张学等。由于时间仓促，书中难免有疏漏和不妥之处，恳请广大读者不吝批评指正。

本书责任编辑的联系邮箱：maxueling@ptpress.com.cn。

编者

# 第 1 篇
# Word 办公应用

## 第1章
## 文档的基本操作

教学资源路径：
文档的基本操作

**1.1 会议纪要** ........................ 3

　1.1.1 新建文档 ........................ 3

　1.1.2 保存文档 ........................ 4

　　1. 快速保存 ........................ 4

　　2. 设置自动保存 ........................ 5

　1.1.3 输入文本 ........................ 5

　　1. 输入中文 ........................ 5

　　2. 输入日期和时间 ........................ 6

　　3. 输入英文 ........................ 7

　1.1.4 编辑文本 ........................ 8

　　1. 选择文本 ........................ 8

　　2. 复制文本 ........................ 8

　　3. 剪切文本 ........................ 9

　　4. 粘贴文本 ........................ 9

　　5. 查找和替换文本 ........................ 10

　　6. 删除文本 ........................ 10

　1.1.5 文档视图 ........................ 11

　　1. 阅读视图 ........................ 11

　　2. 大纲视图 ........................ 11

　　3. 翻页 ........................ 12

　　4. 学习工具 ........................ 12

　　5. 语音朗读 ........................ 13

　1.1.6 打印文档 ........................ 14

　　1. 页面设置 ........................ 14

　　2. 预览后打印 ........................ 15

　1.1.7 保护文档 ........................ 15

　　1. 设置只读文档 ........................ 16

　　2. 设置加密文档 ........................ 16

**1.2 公司考勤制度** ........................ 17

　1.2.1 设置字体格式 ........................ 18

　　1. 设置字体、字号 ........................ 18

　　2. 设置加粗效果 ........................ 18

　　3. 设置字符间距 ........................ 19

　1.2.2 设置段落格式 ........................ 19

　　1. 设置对齐方式 ........................ 19

　　2. 设置段落缩进 ........................ 20

　　3. 设置间距 ........................ 21

　　4. 添加项目符号和编号 ........................ 23

　1.2.3 设置页面背景 ........................ 23

　　1. 添加水印 ........................ 23

　　2. 设置页面颜色 ........................ 24

　1.2.4 审阅文档 ........................ 25

　　1. 添加批注 ........................ 25

　　2. 修订文档 ........................ 26

　　3. 更改文档 ........................ 27

### 妙招技法

* 输入10以上的带圈数字
* 将阿拉伯数字转换为人民币大写格式
* 取消回车后自动产生的编号
* 保存为PDF格式，保证文件不失真

### 职场拓展

* Word中常见的不规范操作习惯
* 职场好习惯——文档命名"三要素"

## 第2章
## 表格应用与图文混排

教学资源路径：
表格应用与图文混排

**2.1 个人简历** ........................ 36

　2.1.1 插入基本信息 ........................ 36

　　1. 插入图片 ........................ 36

　　2. 设置图片大小 ........................ 36

　　3. 设置图片环绕方式 ........................ 37

　　4. 裁剪图片 ........................ 38

　　5. 设置图片边框 ........................ 38

　　6. 插入形状 ........................ 39

　　7. 更改形状颜色 ........................ 40

　　8. 插入并设置文本框 ........................ 41

　2.1.2 创建表格 ........................ 44

　　1. 插入表格 ........................ 44

　　2. 设置表格 ........................ 45

2.1.3 美化表格 ………… 47
　　1. 去除边框 ………… 47
　　2. 调整行高 ………… 49
　　3. 为表格中的文字添加边框 ………… 49
　　4. 插入并编辑图标 ………… 51
2.2 企业人事管理制度 ………… 52
　2.2.1 设置页面 ………… 52
　　1. 设置布局 ………… 52
　　2. 设置背景颜色 ………… 53
　2.2.2 添加边框和底纹 ………… 54
　　1. 添加边框 ………… 54
　　2. 添加底纹 ………… 55
　2.2.3 插入封面 ………… 55
　　1. 插入并编辑图片 ………… 55
　　2. 设置封面文本 ………… 58

**妙招技法**

※ 实现Word表格行列对调
※ 精确地排列图形或图片

**职场拓展**

※ 快速提取Word中所有图片的方法

**第3章**
**Word高级排版**

教学资源路径：
Word高级排版

3.1 项目计划书 ………… 64
　3.1.1 页面设置 ………… 64
　　1. 设置纸张大小 ………… 64
　　2. 设置纸张方向 ………… 65
　3.1.2 使用样式 ………… 66
　　1. 套用系统内置样式 ………… 66
　　2. 自定义样式 ………… 67
　　3. 修改样式 ………… 69
　　4. 刷新样式 ………… 70
　3.1.3 插入并编辑目录 ………… 72
　　1. 插入目录 ………… 72
　　2. 修改目录 ………… 74
　　3. 更新目录 ………… 76

3.1.4 插入页眉和页脚 ………… 76
　　1. 插入分隔符 ………… 76
　　2. 插入页眉 ………… 78
　　3. 插入页脚 ………… 79
　3.1.5 插入题注和脚注 ………… 82
　　1. 插入题注 ………… 82
　　2. 插入脚注 ………… 83
　3.1.6 设计文档封面 ………… 83
　　1. 自定义封面 ………… 83
　　2. 使用形状为封面设置层次 ………… 85
　　3. 设计封面文字 ………… 87
3.2 岗位职责说明书 ………… 90
　3.2.1 设计结构图标题 ………… 90
　　1. 设置纸张方向 ………… 90
　　2. 插入标题 ………… 90
　3.2.2 绘制SmartArt图形 ………… 91
　　1. 插入SmartArt图形 ………… 91
　　2. 美化SmartArt图形 ………… 93

**妙招技法**

※ 锁住样式
※ 为文档设置多格式的页码

**职场拓展**

※ 公司请假制度

**第 2 篇**
**Excel 办公应用**

**第4章**
**工作簿与工作表的基本操作**

教学资源路径：
工作簿与工作表的基本操作

4.1 Excel可以用来做什么 ………… 101
　4.1.1 Excel到底能做什么 ………… 101
　　1. 制作表单 ………… 101
　　2. 完成复杂的运算 ………… 101
　　3. 建立图表 ………… 102
　　4. 数据管理 ………… 102
　　5. 决策指示 ………… 102

4.1.2 3种不同用途的表
　　　——数据表、统计报表、表单 … 102
**4.2 员工基本信息表** … **103**
4.2.1 工作簿的基本操作 … 103
　　1. 新建工作簿 … 103
　　2. 保存工作簿 … 104
　　3. 保护工作簿 … 105
4.2.2 工作表的基本操作 … 108
　　1. 插入或删除工作表 … 108
　　2. 工作表的其他基本操作 … 109
　　3. 保护工作表 … 109
**4.3 采购信息表** … **111**
4.3.1 输入数据 … 111
　　1. 输入文本型数据 … 111
　　2. 输入常规型数据 … 111
　　3. 输入货币型数据 … 112
　　4. 输入会计专用型数据 … 112
　　5. 输入日期型数据 … 113
4.3.2 填充数据 … 114
　　1. 连续单元格填充数据 … 114
　　2. 不连续单元格填充数据 … 115
4.3.3 4步让表格变得更专业 … 115
　　1. 设置字体格式 … 115
　　2. 调整行高和列宽 … 117
　　3. 设置对齐方式 … 118
　　4. 设置边框和底纹 … 119

妙招技法

＊ 单元格里也能换行
＊ 职场好习惯
　　——工作表应用要做到"两要两不要"

## 第5章
## 创建商务化表格

教学资源路径：
创建商务化表格

**5.1 应聘人员面试登记表** … **124**
5.1.1 借助数据验证使数据输入
　　更快捷准确 … 124
　　1. 通过下拉列表输入"应聘岗位" … 124

　　2. 限定文本长度 … 125
5.1.2 借助函数快速输入数据 … 126
**5.2 销售明细表** … **128**
5.2.1 套用Excel表格格式 … 128
　　1. 套用系统自带表格格式 … 128
　　2. 自定义表格样式 … 129
5.2.2 套用单元格样式 … 132
　　1. 套用系统自带单元格样式 … 132
　　2. 自定义单元格样式 … 134
**5.3 销售情况分析表** … **137**
5.3.1 突出显示重点数据 … 137
5.3.2 添加数据条辅助识别数据大小 … 138
5.3.3 插入迷你图
　　　——辅助用户查看数据走向 … 138

妙招技法

＊ 表格商务化5原则

## 第6章
## 公式与函数的应用

教学资源路径：
公式与函数的应用

**6.1 认识公式与函数** … **142**
6.1.1 初识公式 … 142
　　1. 单元格引用 … 143
　　2. 运算符 … 143
6.1.2 初识函数 … 144
　　1. 函数的基本构成 … 144
　　2. 函数的种类 … 144
**6.2 考勤表（逻辑函数）** … **144**
6.2.1 IF函数——判断一个条件
　　是否成立 … 144
　　1. Excel中的逻辑关系 … 144
　　2. 用于条件判断的IF函数 … 144
6.2.2 AND函数——判断多个条件
　　是否同时成立 … 146
6.2.3 OR函数——判断多个条件中
　　是否有条件成立 … 148

6.2.4 IFS函数 2019 ——检查多个
条件中是否有条件成立 ………… 150
6.3 销售一览表（文本函数） 153
6.3.1 LEN函数——计算文本的长度 … 153
1. 数据验证与LEN函数 ………… 153
2. LEN与IF函数的嵌套应用 …… 154
6.3.2 MID函数——从字符串中
截取字符 …………………… 157
6.3.3 LEFT函数——从字符串左侧
截取字符 …………………… 158
6.3.4 RIGHT函数——从字符串右侧
截取字符 …………………… 160
6.3.5 FIND函数——查找指定字符
的位置 ……………………… 161
6.3.6 TEXT函数——将数字转换为
指定格式的文本 …………… 163
6.4 回款统计表（日期和时间函数）……… 164
6.4.1 EDATE函数——指定日期之前
或之后几个月的日期 ………… 164
6.4.2 TODAY函数——计算当前日期 … 166
6.5 业绩管理表（查找与引用函数）……… 167
6.5.1 VLOOKUP函数——根据条件
纵向查找指定数据 …………… 167
6.5.2 HLOOKUP函数——根据条件
横向查找指定数据 …………… 170
6.5.3 MATCH函数——查找指定值的
位置 ………………………… 172
6.5.4 LOOKUP函数——根据条件
查找指定数据 ……………… 174
1. LOOKUP函数进行纵向查找 ……… 175
2. LOOKUP函数进行横向查找 ……… 177
3. LOOKUP函数进行条件判断 ……… 178
4. LOOKUP函数进行逆向查询 ……… 180
6.6 销售报表（数学与三角函数） 183
6.6.1 SUM函数——对数据求和 …… 183
6.6.2 SUMIF函数——对满足某一条件
的数据求和 ………………… 184

6.6.3 SUMIFS函数——对满足多个
条件的数据求和 …………… 185
6.6.4 SUMPRODUCT函数——求几组
数据的乘积之和 …………… 186
1. 一个参数 ………………………… 186
2. 两个参数 ………………………… 187
3. 多个参数 ………………………… 187
4. 按条件求和 ……………………… 188
6.6.5 SUBTOTAL函数——分类汇总 … 190
6.6.6 MOD函数——求余数 ………… 193
6.6.7 INT函数——对数据取整 ……… 195
6.7 业务考核表（统计函数）……… 197
6.7.1 COUNTA函数——统计非空
单元格的个数 ……………… 197
6.7.2 COUNT函数——统计数字项
的个数 ……………………… 198
6.7.3 MAX函数——求一组数值中
的最大值 …………………… 199
6.7.4 MIN函数——求一组数值中的
最小值 ……………………… 200
6.7.5 AVERAGE函数——计算一组
数值的平均值 ……………… 201
6.7.6 COUNTIF函数——统计指定区域中
符合条件的单元格数量 ……… 202
6.7.7 COUNTIFS函数——统计多个区域中
符合条件的单元格数量 ……… 203
6.7.8 RANK.EQ函数——计算排名 … 204
6.8 固定资产折旧表（财务函数）………… 206
6.8.1 SLN函数——计算折旧
（年限平均法） …………… 206
6.8.2 DDB函数——计算折旧
（双倍余额递减法） ……… 207
6.8.3 SYD函数——计算折旧
（年数总计法） …………… 209
6.8.4 PMT函数——计算每期付款额 … 210
6.8.5 PPMT函数——计算本金偿还额 … 212
6.8.6 IPMT函数——计算利息偿还额 … 213
6.9 入库明细表 ……………………… 214

6.9.1 认识Excel中的名称 ……………… 214
6.9.2 定义名称 ……………………… 215
　　1. 为数据区域定义名称 ………… 215
　　2. 为数据常量定义名称 ………… 217
　　3. 为公式定义名称 ……………… 218
6.9.3 编辑和删除名称 ……………… 219
　　1. 编辑名称 ……………………… 219
　　2. 删除名称 ……………………… 220
6.9.4 在公式中使用名称 …………… 221
6.10 促销明细表 ……………………… 223
6.10.1 认识数组与数组公式 ……… 223
　　1. 什么是数组 …………………… 223
　　2. 数组公式 ……………………… 223
6.10.2 数组公式的应用 …………… 224

**妙招技法**

※ 6招找出公式错误原因

**第7章**
**排序、筛选与汇总数据**

教学资源路径：
排序、筛选与汇总数据

7.1 库存商品明细表 ………………… 228
7.1.1 简单排序 …………………… 228
7.1.2 复杂排序 …………………… 229
7.1.3 自定义排序 ………………… 230
7.2 业务费用预算表 ………………… 231
7.2.1 自动筛选 …………………… 231
　　1. 指定数据的筛选 …………… 231
　　2. 指定条件的筛选 …………… 232
7.2.2 自定义筛选 ………………… 233
7.2.3 高级筛选 …………………… 234
7.3 业务员销售明细表 ……………… 235
7.3.1 创建分类汇总 ……………… 235
7.3.2 删除分类汇总 ……………… 237

**妙招技法**

※ 任性排序3步走
※ 对自动筛选结果进行重新编号

**第8章**
**图表与数据透视表**

教学资源路径：
图表与数据透视表

8.1 销售统计图表 …………………… 242
8.1.1 插入并美化折线图 ………… 242
　　1. 插入折线图 ………………… 242
　　2. 美化折线图 ………………… 243
8.1.2 插入并美化圆环图 ………… 245
　　1. 插入圆环图 ………………… 245
　　2. 美化圆环图 ………………… 246
8.1.3 插入柱形图 ………………… 249
8.2 销售月报 ………………………… 252
8.2.1 插入数据透视表 …………… 252
　　1. 创建数据透视表 …………… 252
　　2. 美化数据透视表 …………… 253
8.2.2 插入数据透视图 …………… 256

**妙招技法**

※ 多表汇总有绝招

**第9章**
**数据分析与数据可视化**

教学资源路径：
数据分析与数据可视化

9.1 销售趋势分析 …………………… 262
　　1. 使用折线图进行趋势分析 …… 262
　　2. 使用折线图与柱形图相结合进行
　　　 趋势分析 …………………… 264
9.2 销售对比分析 …………………… 265
9.3 销售结构分析 …………………… 268

## 第 3 篇
## PPT 设计与制作

### 第10章
### 编辑与设计幻灯片

教学资源路径：
编辑与设计幻灯片

10.1 演示文稿的基本操作 ·········· 272
　10.1.1 演示文稿的新建和保存 ········· 272
　　1. 新建演示文稿 ········· 272
　　2. 保存演示文稿 ········· 272
　10.1.2 在演示文稿中插入、删除、移动、
　　复制与隐藏幻灯片 ········· 273
　　1. 插入幻灯片 ········· 273
　　2. 删除幻灯片 ········· 274
　　3. 移动、复制与隐藏幻灯片 ········· 274
10.2 幻灯片的基本操作 ·········· 274
　10.2.1 插入图片与文本框 ········· 275
　　1. 插入并设置图片 ········· 275
　　2. 插入并设置文本框 ········· 276
　10.2.2 插入形状与表格 ········· 278
　　1. 插入形状 ········· 278
　　2. 设置形状 ········· 279
　　3. 在形状中插入文本 ········· 280

妙招技法

　※ 以图片格式粘贴文本
　※ 巧把幻灯片变图片

### 第11章
### 排版与布局

教学资源路径：
排版与布局

11.1 设计PPT的页面 ·········· 285
　11.1.1 设计封面页 ········· 285
　　1. 带图封面 ········· 285
　　2. 无图封面 ········· 286
　11.1.2 设计目录页 ········· 287

　　1. 上下结构 ········· 287
　　2. 左右结构 ········· 287
　　3. 拼接结构 ········· 287
　11.1.3 设计过渡页 ········· 288
　　1. 直接使用目录页 ········· 288
　　2. 重新设计页面 ········· 288
　11.1.4 设计正文页 ········· 289
　11.1.5 设计结束页 ········· 289
11.2 排版原则 ·········· 290
　11.2.1 亲密原则 ········· 290
　11.2.2 对齐原则 ········· 291
　11.2.3 对比原则 ········· 292
　　1. 大小对比 ········· 292
　　2. 粗细对比 ········· 292
　　3. 颜色对比 ········· 292
　　4. 衬底对比 ········· 292
　11.2.4 重复原则 ········· 293
11.3 页面布局原则 ·········· 293
　11.3.1 保持页面平衡 ········· 293
　　1. 中心对称 ········· 294
　　2. 左右对称 ········· 294
　　3. 上下对称 ········· 294
　　4. 对角线对称 ········· 294
　11.3.2 创造空间感 ········· 295
　11.3.3 适当留白 ········· 295
11.4 提高排版效率 ·········· 296
　11.4.1 用好PPT主题 ········· 296
　　1. 应用主题 ········· 299
　　2. 新建自定义主题 ········· 299
　　3. 保存自定义主题 ········· 301
　11.4.2 用好PPT母版 ········· 301
　　1. 认识母版 ········· 302
　　2. 认识占位符 ········· 302
　　3. 巧用母版，制作修改更快捷 ········· 303
11.5 幻灯片排版的利器 ·········· 304
　11.5.1 辅助线 ········· 304
　11.5.2 对齐工具 ········· 305
　　1. 对齐 ········· 306
　　2. 分布 ········· 308

3. 旋转的妙用 ……………… 311
4. 组合 ………………………… 314
5. 层次 ………………………… 314

**妙招技法**

❋ 压缩演示文稿文件中的图片
❋ 巧妙设置演示文稿结构

**职场拓展**

❋ PPT最实用的结构：总—分—总

## 第12章
## 动画效果、放映与输出

教学资源路径：
动画效果、放映与输出

**12.1 企业战略管理的动画效果** ……… 321
12.1.1 了解PPT动画 ………………… 321
1. 动画是什么 ……………… 321
2. 动画的目的 ……………… 321
3. 动画的分类 ……………… 321
12.1.2 动画的应用 ………………… 324
1. 页面切换动画 …………… 324
2. 文字的动画 ……………… 326
3. 图片图形的动画 ………… 330
4. 图表的动画 ……………… 332
12.1.3 将动画进行排列 …………… 334
1. 顺序渐进 ………………… 334
2. 引导视线 ………………… 336
12.1.4 添加音频 …………………… 336
12.1.5 添加视频 …………………… 338

**12.2 推广策划方案的应用** …………… 339
12.2.1 演示文稿的放映 …………… 339
12.2.2 演示文稿的打包与打印 …… 341
1. 打包演示文稿 …………… 341
2. 演示文稿的打印设置 …… 344

**12.3 演示文稿的输出** ………………… 345
12.3.1 导出图片 …………………… 345
12.3.2 导出视频 …………………… 346

12.3.3 导出为PDF ………………… 347

**妙招技法**

❋ 动画刷的妙用
❋ 音乐与动画同步播放
❋ 自动切换画面
❋ 取消PPT放映结束时的黑屏

**职场拓展**

❋ 使用表格中的数据来创建图表

## 第13章
## 使用模板制作PPT

教学资源路径：
使用模板制作演示文稿

**13.1 判断模板的质量** ………………… 355
1. 模板中是否应用了母版 … 355
2. 是否使用了主题颜色 …… 355
3. 看图表是否可以进行数据编辑 … 356
4. 看信息图表是否可编辑 … 356

**13.2 设置模板** ………………………… 357
13.2.1 快速修改封面 ……………… 357
1. 统一缩小文字 …………… 357
2. 将标题一分为二 ………… 358
13.2.2 快速修改目录 ……………… 358
1. 减少目录项 ……………… 358
2. 增加目录项 ……………… 359
13.2.3 快速修改内容页 …………… 360
1. 调整文字 ………………… 360
2. 处理无法修改的图片 …… 361
3. 修改图标 ………………… 362
4. 修改图表 ………………… 363
13.2.4 增加内容页 ………………… 363
1. 保留原布局 ……………… 363
2. 复制粘贴注意项 ………… 364

**妙招技法**

❋ 把制作的图表另存为模板
❋ 让PPT主题一键变色

**职场拓展**

❋ 使用模板制作企业招聘方案

# 第1篇

# Word 办公应用

在本篇中，不仅结合工作中的案例讲解了 Word 的常用功能及功能应用，还将一些常用公文规范穿插其中，让你知其然更能知其所以然。学完本篇你能制作出专业的会议纪要、岗位职责说明书、公司管理制度、项目计划书等各类办公文档。

↗ 第 1 章 文档的基本操作

↗ 第 2 章 表格应用与图文混排

↗ 第 3 章 Word 高级排版

# 第1章

## 文档的基本操作

**本章内容简介**

本章结合实际工作中的案例来介绍新建文档、保存文档、编辑文档、浏览文档、打印文档、保护文档等基本操作。

**学完本章我能做什么**

通过本章的学习，读者不但可以熟练制作规范的会议纪要，还可以制作符合公司要求的考勤制度等文档。

关于本章知识，本书配套教学资源中有相关的多媒体教学视频，视频路径为【文档的基本操作】。

# 1.1 会议纪要

会议纪要是在会议记录基础上经过加工、整理出来的一种记叙性和介绍性的文件，包括会议的基本情况、主要精神及中心内容，便于向上级汇报或向有关人员传达及分发。

## 1.1.1 新建文档

使用Word 2019可以方便地创建各种文档，新建文档的方法很多，下面重点介绍实际工作中常用的两种方法：使用右键菜单、通过模板创建。其他新建文档的方法，如使用【开始】按钮、使用【新建】按钮、使用快捷键，读者可以扫描二维码学习。

扫码看视频

### ○ 新建空白文档

一般情况下，先选定文件的保存位置，例如将文档保存在E盘【文件】文件夹中，然后在该位置新建文档。

**1** 打开文件夹，在文件夹中单击鼠标右键。

**2** 在弹出的快捷菜单中依次单击【新建】▷【Microsoft Word文档】选项。

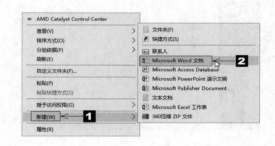

### ○ 新建联机模板

除了Office 2019软件自带的模板之外，微软公司还提供了很多精美且专业的联机模板。

在日常办公中，若制作一些有固定格式的文档，比如会议纪要、通知、信封等，通过使用微软公司提供的联机模板创建所需的文档会事半功倍。

下面以创建一个会议纪要文档为例介绍具体方法。为了能搜索到与自己需求更匹配的文档，这里以"会议"为关键词进行搜索。

1 单击 文件 按钮，从弹出的界面中选择【新建】选项，系统会打开【新建】界面，在搜索框中输入想要搜索的模板名称，例如输入"会议"，单击【开始搜索】按钮。

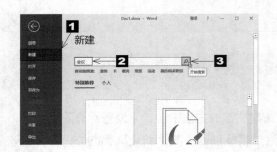

2 在搜索框下方会显示搜索结果，从中选择一种合适的会议纪要选项。

3 在弹出的预览界面中单击【创建】按钮。

4 系统自动进入下载界面，显示正在下载您的模板，下载完毕即可在Word中打开。

**注意**

联机模板的下载需要连接网络，否则无法显示信息和下载。

## 1.1.2 保存文档

新建文档之后，需要对文档进行保存，方便下次使用。保存文档的方法有很多，读者可以扫描右边二维码观看视频学习，视频中介绍了通过【文件】菜单保存、将文档另存为等保存方式。

扫码看视频

### 1. 快速保存

在实际工作中，更多的情况是文档已经保存在电脑的某个文件夹中了，这时只要按【Ctrl】+【S】组合键，就可以实现保存了。

### 2. 设置自动保存

使用 Word 的自动保存功能，可以在断电或死机的情况下最大限度地减少损失。设置自动保存的具体步骤如下。

**1** 在 Word 文档窗口中，单击 **文件** 按钮，从弹出的界面中单击【选项】选项。

**2** 弹出【Word 选项】对话框，切换到【保存】选项卡，在【保存文档】组合框中的【将文件保存为此格式】下拉列表中选择文件的保存类型，这里选择【Word 文档 (*.docx)】选项，然后选中【保存自动恢复信息时间间隔】复选框，并在其右侧的微调框中设置文档自动保存的时间间隔，这里将时间间隔值设置为"8分钟"。设置完毕，单击 **确定** 按钮即可。

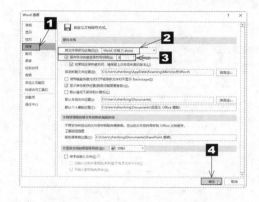

## 1.1.3 输入文本

编辑文档是 Word 文字处理软件最主要的功能之一，接下来介绍如何在 Word 文档中编辑中文、英文、数字以及日期等对象。

扫码看视频

### 1. 输入中文

新建会议纪要空白文档后，用户就可以在文档中输入内容了。

在文档中输入中文及数字的内容，读者可以扫描上方的二维码观看视频学习。

在文档中输入中文时，经常会遇到一些使用频率高、输入麻烦的词语，这时可以使用自动更正功能，通过使用自动更正来替换词语，提高输入效率。使用自动更正功能的操作步骤如下。

**1** 在 Word 文档窗口中，单击 **文件** 按钮，从弹出的界面中单击【选项】选项。

**2** 弹出【Word选项】对话框，切换到【校对】选项卡，在【自动更正选项】下方单击 自动更正选项(A)... 按钮。

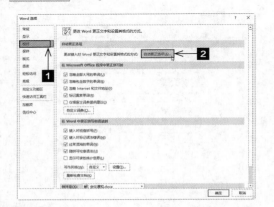

**3** 弹出【自动更正】对话框，自动切换到【自动更正】选项卡，在【键入时自动替换】列表框的【替换】输入框中输入"职考"，在【替换为】输入框中输入"职业资格考试"，单击 添加(A) 按钮，即可看到替换的内容已经添加到列表框中，单击 确定 按钮。

**4** 返回【Word选项】对话框，单击 确定 按钮，返回Word文档，在文档中输入"职考"，系统会自动将其替换为"职业资格考试"。

## 2. 输入日期和时间

用户在编辑文档时，往往需要输入日期或时间来记录文档的编辑时间。如果用户要使用当前的日期或时间，则可使用Word自带的插入日期和时间功能。输入日期和时间的具体步骤如下。

**1** 将光标定位在文档的最后一行，然后切换到【插入】选项卡，在【文本】组中单击 日期和时间 按钮。

**2** 弹出【日期和时间】对话框，在【可用格式】列表框中选择一种日期格式，例如选择【二〇一八年十月二十五日】选项，单击 确定 按钮。

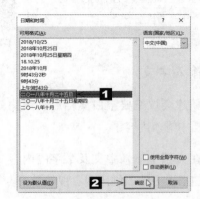

**3** 此时，输入的日期就按选择的格式插入 Word文档中。

**4** 用户还可以使用快捷键输入当前日期和时间。按【Alt】+【Shift】+【D】组合键，即可输入当前的系统日期；按【Alt】+【Shift】+【T】组合键，即可输入当前的系统时间。

**注意**

文档录入完成后，如果不希望其中某些日期和时间随系统的改变而改变，则可选中相应的日期和时间，然后按【Ctrl】+【Shift】+【F9】组合键切断域的链接即可。

### 3. 输入英文

在编辑文档的过程中，用户如果想要输入英文文本，需先将输入法切换到英文状态，然后再进行输入。输入英文文本的具体步骤如下。

**1** 按【Shift】键将输入法切换到英文状态下，将光标定位在文本第1页，"人事部"后面，然后输入大写英文文本"HR"。

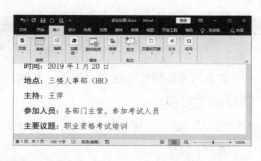

**2** 在文档中如果要更改英文的大小写，需先选择英文文字，如"HR"，然后切换到【开始】选项卡，在【字体】组中单击【更改大小写】按钮 Aa▾，从弹出的下拉列表中选择【小写】选项。

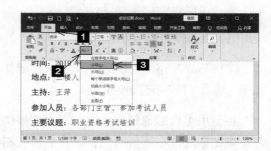

**3** 可以看到英文变为"hr"。在保持"hr"的选中状态下，按【Shift】+【F3】组合键，"hr"变成了"Hr"；再次按【Shift】+【F3】组合键，"Hr"则变成了"HR"。

**注意**

用户也可以使用快捷键改变英文输入的大小写，方法是：在键盘上按【Caps Lock】键（大写锁定键），然后按字母键，即可输入大写字母；再次按【Caps Lock】键，即可关闭大写。英文输入法中，按【Shift】+字母键也可以输入大写字母。

## 1.1.4 编辑文本

文本的基本操作一般包括选择、复制、粘贴、剪切、删除以及查找和替换文本等内容，接下来分别进行介绍。

### 1. 选择文本

本实例原始文件和最终效果文件请从网盘下载
原始文件\第1章\会议纪要1
最终效果\第1章\会议纪要1

扫码看视频

对Word文档中的文本进行编辑之前，首先应选择要编辑的文本。下面重点介绍几种使用组合键选择文本的方法。

其他选择文本的方法，如使用鼠标选择文本，读者可以扫描二维码学习。

在使用组合键选择文本前，用户应根据需要将光标定位在适当的位置，然后再按相应的组合键选择文本。

Word提供了一整套利用键盘选择文本的方法，主要是通过【Shift】【Ctrl】和方向键来实现的，操作方法如下表所示。

| 组合键 | 功能 |
| --- | --- |
| Ctrl+A | 选择整篇文档 |
| Ctrl+Shift+Home | 选择光标所在处至文档开始处的文本 |
| Ctrl+Shift+End | 选择光标所在处至文档结束处的文本 |
| Alt+Ctrl+Shift+PageUp | 选择光标所在处至本页开始处的文本 |
| Alt+Ctrl+Shift+PageDown | 选择光标所在处至本页结束处的文本 |
| Shift+↑ | 向上选中一行 |
| Shift+↓ | 向下选中一行 |
| Shift+← | 向左选中一个字符 |

| 组合键 | 功能 |
| --- | --- |
| Shift+→ | 向右选中一个字符 |
| Ctrl+Shift+← | 选择光标所在处左侧的词语 |
| Ctrl+Shift+→ | 选择光标所在处右侧的词语 |

### 2. 复制文本

本实例原始文件和最终效果文件请从网盘下载
原始文件\第1章\会议纪要1
最终效果\第1章\会议纪要1

扫码看视频

在编辑文本时，经常会遇到需要重复输入的文字，这时可以对重复文字进行复制操作。复制文本时，软件会将整个文档或文档中的一部分复制一份备份文件，并放到指定位置——剪贴板中，而被复制的内容仍按原样保留在原位置。下面重点介绍使用组合键复制文本的方法。

其他复制文本的方法，如使用右键菜单、使用剪贴板等复制文本的方法，读者可以扫描二维码学习。

使用【Shift】+【F2】组合键来复制文本，具体的操作步骤如下。

选中文本"职业资格考试"，按【Shift】+【F2】组合键，状态栏中将出现"复制到何处?"字样，单击放置复制对象的目标位置，然后按【Enter】键即可。

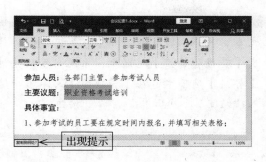

### 3. 剪切文本

本实例原始文件和最终效果文件请从网盘下载

原始文件\第1章\会议纪要1

最终效果\第1章\会议纪要1

扫码看视频

"剪切"是指用户把选中的文本放入到剪切板中，单击"粘贴"按钮后，又会出现一份相同的文本，原来的文本会被系统自动删除。

使用右键菜单、使用剪贴板、使用快捷键等剪切文本的方法，读者可以扫描二维码学习。

### 4. 粘贴文本

本实例原始文件和最终效果文件请从网盘下载

原始文件\第1章\会议纪要1

最终效果\第1章\会议纪要1

扫码看视频

复制文本以后，接下来就可以进行粘贴操作了。用户常用的粘贴文本的方法有很多，下面重点介绍使用鼠标右键菜单的方法。

其他粘贴文本的方法，如使用剪贴板、使用快捷键等，读者可以扫描二维码学习。

复制文本以后，用户只需在目标位置单击鼠标右键，在弹出的快捷菜单中根据需求选择【粘贴选项】菜单项中合适的选项即可。

如果想保持复制文档中的字体、颜色及线条等格式不变，那么可以在右键弹出的快捷菜单中选择【保留源格式】选项即可。

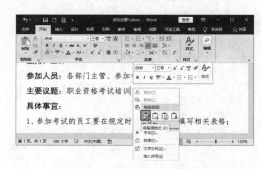

如果复制的文档内容是不同的格式，那么可以在右键弹出的快捷菜单中选择【合并格式】选项即可。

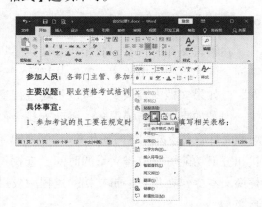

如果在右键弹出的快捷菜单中选择【图片】选项，那么粘贴到文档中的内容是以图片形式显示的，其中的文字内容就无法再进行编辑了。如果不希望粘贴的内容发生变更，可以使用这种方式。

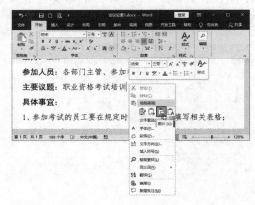

如果文本是从网络上复制过来的，用户只需要文字，不需要网络上的格式时，可以在右键弹出的快捷菜单中选择【只保留文本】选项。

## 5. 查找和替换文本

在编辑文档时，有时要查找并替换某些字词，例如将文档中的"主管"替换为"经理"。如果文档内容很少，可以手动进行查找，但是如果文档篇幅很多，手动查找会很烦琐而且容易遗漏，这时使用Word强大的查找和替换功能可以节省大量的时间。查找和替换文本操作在用户编辑文档的过程中应用频繁。

**1** 打开本实例的原始文件，按【Ctrl】+【F】组合键，弹出【导航】窗格，然后在查找文本框中输入"主管"，按【Enter】键，随即在文档中找到该文本所在的位置，同时文本"主管"在Word文档中以黄色底纹显示。

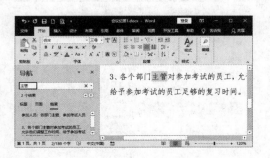

**2** 如果用户要将找到的内容替换为其他文本，可以按【Ctrl】+【H】组合键，弹出【查找和替换】对话框，系统自动切换到【替换】选项卡，在【替换为】文本框中输入"经理"，然后单击 全部替换(A) 按钮。

**3** 弹出【Microsoft Word】提示对话框，提示用户全部完成，完成2处替换，然后单击 确定 按钮。

**4** 单击 关闭 按钮，返回Word文档，即可看到替换效果。

## 6. 删除文本

要想从文档中删除不需要的文本，用户可以使用快捷键，具体如下表所示。

| 快捷键 | 功能 |
| --- | --- |
| Backspace | 向左删除一个字符 |
| Delete | 向右删除一个字符 |
| Ctrl+Backspace | 向左删除一个字词 |
| Ctrl+Delete | 向右删除一个字词 |

## 1.1.5 文档视图

Word提供了多种视图模式供用户选择，包括页面视图、阅读视图、Web版式视图、大纲视图和草稿视图5种。【视图】选项卡中还新增了翻页、学习工具和【阅读】选项卡中的语音朗读功能。

下面以"会议纪要"为例重点介绍阅读视图与大纲视图这两种视图模式，其他的视图模式，如页面视图、Web版式视图和草稿视图，读者可以扫描二维码学习。

### 1．阅读视图

阅读视图是为了方便阅读浏览文档而设计的视图模式，此模式默认仅保留了方便在文档中跳转的导航窗格，将其他诸如开始、插入、页面设置、审阅、邮件合并等文档编辑工具进行了隐藏，扩大了Word的显示区域。另外，Word 2019优化了阅读功能，最大限度地为用户提供优良的阅读体验，便于用户在Word中阅读较长的文档。

切换到【视图】选项卡，在【视图】组中单击【阅读视图】按钮，或者单击视图功能区中的【阅读视图】按钮，即可切换到【阅读视图】界面。

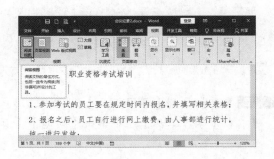

### 2．大纲视图

"大纲视图"主要用于Word 2019文档结构的设置和浏览，使用"大纲视图"可以迅速了解文档的结构和内容梗概。

大纲视图可以方便地查看、调整文档的层次结构，设置标题的大纲级别，成区块地移动文本段落。此视图可以轻松地对超长文档进行在结构层面上的调整，而不会误删除一个文字。

**1** 切换到【视图】选项卡，在【视图】组中单击【大纲】按钮。

**2** 此时即可将文档切换到大纲视图模式，同时在功能区中会显示【大纲显示】选项卡。

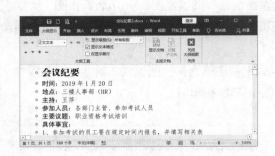

**3** 切换到【大纲显示】选项卡，在【大纲工具】组中单击【显示级别】按钮 右侧的下三角按钮，用户可以从弹出的下拉列表中为文档设置或修改大纲级别。设置完毕单击【关闭大纲视图】按钮，自动返回进入大纲视图前的视图状态。

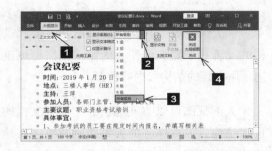

### 3. 翻页

在启用Word文档后，系统默认的视图模式是竖直的排版，想要观看下一页的内容，需要用户不断向下滑动鼠标，为了阅读方便，这时我们可以单击【翻页】按钮，模拟翻书的阅读体验，此功能非常适合使用平板电脑的用户，具体的操作步骤如下。

切换到【视图】选项卡，在【页面移动】组中单击【翻页】按钮，即可进入翻页状态。

### 4. 学习工具

如果用户使用一般的方法来启动Word文档，再使用翻页功能后，竖直的排版会让版面缩小，而且无法调整画面的缩放（如下图所示）。文档中的文字字体比较小，反而会变得难以阅读。怎样解决这个问题呢？这时用户就需要使用【学习工具】的功能。具体的操作步骤如下。

**1** 切换到【视图】选项卡，在【沉浸式】组中单击【学习工具】按钮。

**2** 自动切换到【学习工具】选项卡，用户可以在【学习工具】组中单击【列宽】【页

面颜色】【文字间距】等不同的按钮，来调整文档，而这些调整除了方便用户阅读内容以外，并不会影响到 Word 原本的内容。

**3** 设置完成后，单击【关闭学习工具】按钮即可关闭【学习工具】。

• 列宽：文字内容占整体版面的范围。

• 页面颜色：改变背景底色，甚至可以反转为黑底白字。

• 文字间距：字与字之间的距离。

• 音节：在音节之间显示分隔符，不过只针对西文显示。

• 朗读：将文字内容转为语音朗读出来。

## 5. 语音朗读

在阅读文档时，如果用户眼睛疲劳，这时可以使用语音朗读功能。除了在【学习工具】选项卡中，可以将文字转为语音朗读以外，用户也可以直接在【审阅】选项卡中开启语音朗读功能。具体的操作步骤如下。

**1** 切换到【审阅】选项卡，在【语音】组中单击【朗读】按钮。

**2** 开启【语音朗读】后，在画面右上角会出现一个工具栏。可以在工具栏中单击【播放】按钮，由光标所在位置的文字内容开始朗读；也可以单击【上一个】按钮或【下一个】按钮，来跳转上下一行朗读。

**3** 用户也可以单击【设置】按钮，来调整阅读速度或选择不同声音的语音。

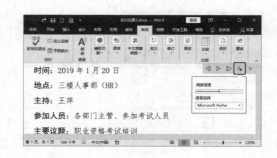

**4** 朗读完成后，单击【停止】按钮 ×，即可退出朗读模式。

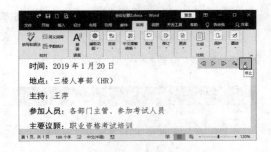

# 1.1.6 打印文档

文档编辑完成后，用户可以进行简单的页面设置，然后进行预览。如果用户对预览效果比较满意，就可以实施打印了。

## 1. 页面设置

页面设置是指对页面元素的设置，主要包括页边距、纸张、版式和文档网格等内容。页面设置的具体步骤如下。

**1** 打开本实例的原始文件，切换到【布局】选项卡，单击【页面设置】组右侧的【对话框启动器】按钮 。

**2** 弹出【页面设置】对话框，系统自动切换到【页边距】选项卡。在【页边距】组合框中的【上】【下】【左】【右】微调框中调整页边距大小，在【纸张方向】组合框中单击【纵向】选项。

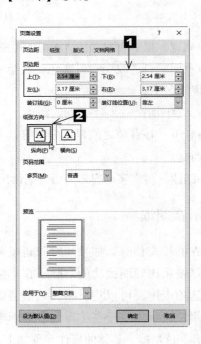

**3** 切换到【纸张】选项卡，在【纸张大小】下拉列表中选择【A4】选项，单击 确定 按钮。

### 2. 预览后打印

页面设置完成后，可以通过预览来浏览打印效果。预览及打印的具体步骤如下。

**1** 单击【自定义快速访问工具栏】按钮，从弹出的下拉列表中选择【打印预览和打印】选项。

**2** 此时【打印预览和打印】按钮就添加在了【快速访问工具栏】中。单击【打印预览和打印】按钮，弹出【打印】界面，其右侧显示了预览效果。

**3** 用户可以根据打印需要单击相应选项并进行设置。如果用户对预览效果比较满意，就可以单击【打印】按钮进行打印了。

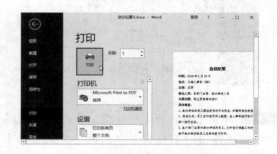

## 1.1.7 保护文档

用户可以通过设置只读文档和设置加密文档等方法对文档进行保护，以防止无操作权限的人员随意打开或修改文档。

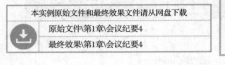

扫码看视频

## 1. 设置只读文档

只读文档，表示这个文档只能打开观看，不能修改也不能存储。

若文档为只读文档，会在文档的标题栏中显示【只读】字样。我们可以使用常规选项来设置只读文档。

使用常规选项设置只读文档的具体步骤如下。

**1** 单击 文件 按钮，从弹出的界面中单击【另存为】选项，弹出【另存为】界面，单击【这台电脑】选项，然后单击【浏览】按钮 浏览 。

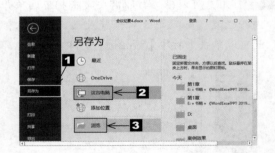

**2** 弹出【另存为】对话框，单击 工具(L) ▼ 按钮，从弹出的下拉列表中选择【常规选项】选项。

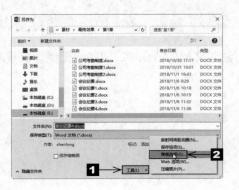

**3** 弹出【常规选项】对话框，勾选【建议以只读方式打开文档】复选框，单击 确定 按钮。

**4** 返回【另存为】对话框，然后单击 保存(S) 按钮即可。再次启动该文档时，将弹出【Microsoft Word】提示对话框，询问用户是否以只读方式打开，单击 是(Y) 按钮。

**5** 启动Word文档，此时该文档处于"只读"状态。

## 2. 设置加密文档

为了保证文档安全，用户通常会为重要的文档设置加密，加密操作在日常办公中经常使用。设置加密文档的具体步骤如下。

**1** 打开本实例的原始文件，单击 文件 按钮，从弹出的界面中单击【信息】选项，然后单击【保护文档】按钮，从弹出的下拉列表中选择【用密码进行加密】选项。

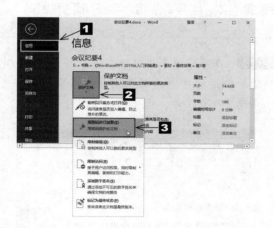

**2** 弹出【加密文档】对话框，在【密码】文本框中输入"123"，然后单击 确定 按钮。

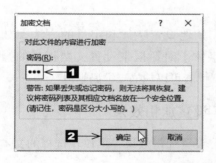

**3** 弹出【确认密码】对话框，在【重新输入密码】文本框中输入"123"，然后单击 确定 按钮。

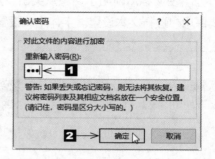

**4** 再次启动该文档，弹出【密码】对话框，在【请键入打开文件所需的密码】文本框中输入密码"123"，然后单击 确定 按钮即可打开Word文档。

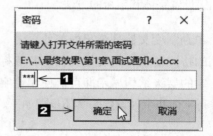

**提示**

　　这里将密码设置为123，只是举例，实际工作中密码应该使用字母、数字混合的组合，这样的密码更不容易被破解。

## 1.2 公司考勤制度

　　考勤制度是公司进行正常工作秩序的基础，是支付工资、员工考核的重要依据。接下来通过制作一个"公司考勤制度"来重点学习对字体格式、段落样式、页面背景等进行设置，并对文档进行审阅。

## 1.2.1 设置字体格式

为了使文档清晰明了、重点突出，用户可以对文档进行格式的设置。Word提供了多种字体格式供用户进行文本设置。字体格式设置主要包括设置字体、字号、加粗、字符间距等操作。

本实例原始文件和最终效果文件请从网盘下载

原始文件\第1章\公司考勤制度
最终效果\第1章\公司考勤制度

扫码看视频

### 1. 设置字体、字号

要使文档中的文字更利于阅读，就需要对文档中文本的字体及字号进行设置，以区分各种不同的文本。下面重点介绍使用【字体】组设置字体和字号的方法。

考勤制度文档是公司内部使用的，没有强制的格式要求，只要使文档的各级标题按照一定的层级结构显示即可。使用【字体】组进行字体和字号设置的具体步骤如下。

1 打开本实例的原始文件，选中文档标题"公司考勤制度"，切换到【开始】选项卡，在【字体】组中的【字体】下拉列表中选择一种合适的字体，例如选择【华文中宋】选项。

2 在【字体】组中的【字号】下拉列表中选择合适的字号，标题需要重点突出，字号要设置得大一些，这里选择【二号】选项。

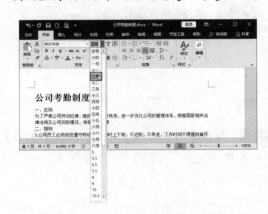

其他设置字体和字号的方法，如使用【字体】对话框来设置文档正文的操作步骤，读者可以扫描二维码学习。

### 2. 设置加粗效果

设置加粗效果，可以让选择的文本更加突出。

打开本实例的原始文件，选中文档标题"公司考勤制度"，切换到【开始】选项卡，单击【字体】组中的【加粗】按钮 B 即可。

### 3. 设置字符间距

通过设置Word 2019文档中的字符间距，可以使文档的页面布局更符合实际需要。设置字符间距的具体步骤如下。

**1** 选中文档标题"公司考勤制度"，切换到【开始】选项卡，单击【字体】组右下角的【对话框启动器】按钮 。

**2** 弹出【字体】对话框，切换到【高级】选项卡，在【字符间距】组合框中的【间距】下拉列表中选择【加宽】选项，在【磅值】微调框中将磅值调整为"4磅"，单击 确定 按钮。

**3** 返回 Word 文档，设置效果如下图所示。

## 1.2.2 设置段落格式

设置了字体格式之后，用户还可以为文本设置段落格式，Word 2019提供了多种设置段落格式的方法，主要包括对齐方式、段落缩进和间距等。

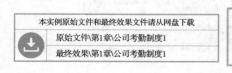

### 1. 设置对齐方式

段落和文字的对齐方式可以通过【段落】组进行设置，也可以通过【段落】对话框进行设置。

○ 使用【段落】组

　　使用【段落】组中的用于各种对齐方式的按钮，可以快速地设置段落和文字的对齐方式，具体步骤如下。

　　打开本实例的原始文件，选中标题"公司考勤制度"，切换到【开始】选项卡，在【段落】组中单击【居中】按钮三，设置效果如下图所示。

○ 使用【段落】对话框

　　**1**　选中文档中的段落或文字，切换到【开始】选项卡，单击【段落】组右下角的【对话框启动器】按钮。

　　**2**　弹出【段落】对话框，切换到【缩进和间距】选项卡，在【常规】组合框中的【对齐方式】下拉列表中选择【两端对齐】选项，单击 确定 按钮。

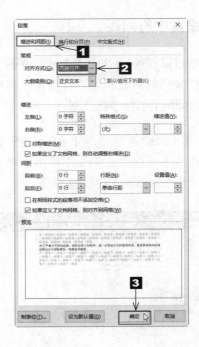

## 2. 设置段落缩进

　　通过设置段落缩进，可以调整文档正文内容与页边距之间的距离。用户可以使用【段落】组、【段落】对话框或标尺设置段落缩进。

○ 使用【段落】组

　　**1**　选中"一、总则"下方的文本段落，切换到【开始】选项卡，在【段落】组中单击【增加缩进量】按钮。

**2** 返回 Word 文档，选中的文本段落向右侧缩进了一个字符。从下图所示可以看到向后缩进一个字符前后的对比效果。

### ○ 使用【段落】对话框

**1** 选中"一、总则"下方的文本段落，切换到【开始】选项卡，单击【段落】组右下角的【对话框启动器】按钮。

**2** 弹出【段落】对话框，自动切换到【缩进和间距】选项卡，在【缩进】组合框中的【特殊格式】下拉列表中选择【首行缩进】选项，在【缩进值】微调框中默认为"2字符"，其他设置保持不变，单击 确定 按钮。

**3** 使用同样的方法将其他段落进行设置。

### 3. 设置间距

间距是指行与行之间、段落与行之间、段落与段落之间的距离。用户可以通过如下方法设置行和段落间距。

### ○ 使用【段落】组

使用【段落】组设置行和段落间距的具体步骤如下。

**1** 打开本实例的原始文件，按【Ctrl】+【A】组合键选中全篇文档，切换到【开始】选项卡，在【段落】组中单击【行和段落间距】按钮，从弹出的下拉列表中选择一张合适的选项，这里选择【1.15】选项，随即行距变成了1.15倍的行距。

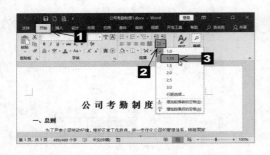

**2** 选中标题行，在【段落】组中单击【行和段落间距】按钮，从弹出的下拉列表中选择【增加段落后的空格】选项，随即标题所在的段落下方增加了一段空白间距。

## ○ 使用【段落】对话框

**1** 打开本实例的原始文件，选中文档的标题行，切换到【开始】选项卡，单击【段落】组右下角的【对话框启动器】按钮。

**2** 弹出【段落】对话框，自动切换到【缩进和间距】选项卡，调整【段前】微调框中的值为"1行"，【段后】微调框中的值为"12磅"，在【行距】下拉列表中选择【最小值】选项，在【设置值】微调框中输入"12磅"，单击 确定 按钮。

## ○ 使用【布局】选项卡

选中文档中的各条目，切换到【布局】选项卡，在【段落】组的【段前】和【段后】微调框中同时将间距值调整为"0.5行"，效果如下图所示。

### 4. 添加项目符号和编号

合理使用项目符号和编号，可以使文档的层次结构更清晰、更有条理。

打开本实例的原始文件，选中需要添加项目符号的文本，切换到【开始】选项卡，在【段落】组中单击【项目符号】按钮 右侧的下三角，从弹出的下拉列表中选择【★】选项，随即在文本前插入了星形项目符号。

选中需要添加编号的文本，在【段落】组中单击【编号】按钮 右侧的下三角，从弹出的下拉列表中选择一种合适的编号，即可在文本中插入编号。

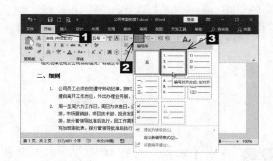

使用同样的方法为其他文本添加适当的项目符号和编号。

## 1.2.3 设置页面背景

为了使Word文档看起来更加美观，用户可以为其添加各种漂亮的页面背景，包括水印、页面颜色以及其他填充效果。

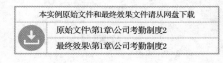

扫码看视频

### 1. 添加水印

水印是指作为文档背景图案的文字或图像。在一些重要文件上添加水印，例如"绝密""保密"的字样，不仅让获得文件的人知道该文档的重要性，还可以告诉使用者文档的归属权。Word 2019提供了多种水印模板和自定义水印功能。添加水印的具体步骤如下。

**1** 打开本实例的原始文件，切换到【设计】选项卡，在【页面背景】组中单击【水印】按钮，从弹出的下拉列表中选择【自定义水印】选项。

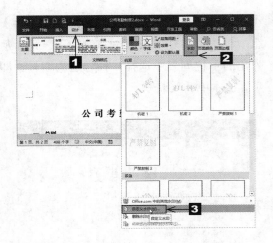

**2** 弹出【水印】对话框，选中【文字水印】单选钮。在【文字】下拉列表中选择【请勿拷贝】选项。水印的字体正式的风格是使用黑体，因此这里在【字体】下拉列表中选择【黑体】选项。为了突出水印，可以将其【字号】调大，这里在【字号】下拉列表中选择【80】选项，其他选项保持默认，单击 确定 按钮。

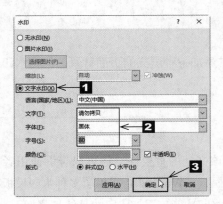

## 注意

如上图所示，【文字】下拉列表中的信息，如果满足不了用户的需求，用户是可以在【文字】文本框中手动输入的。

**3** 设置完成后，返回到Word文档，可以看到水印的设置效果如下图所示。

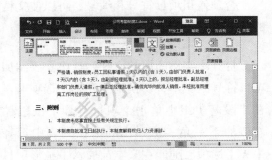

## 2. 设置页面颜色

页面颜色是指显示在Word文档最底层的颜色或图案，用于丰富Word文档的页面显示效果。页面颜色在打印时不会显示。

Word文档中最常见的页面是白纸黑字，如果用户觉得白色太单调，可以设置其他颜色。设置页面颜色的具体步骤如下。

**1** 切换到【设计】选项卡，在【页面背景】组中单击【页面颜色】按钮，从弹出的下拉列表中选择【绿色，个性色6，淡色80%】选项。

**2** 如果"主题颜色"和"标准色"中显示的颜色依然无法满足用户的需求，那么可以从弹出的下拉列表中选择【其他颜色】选项。

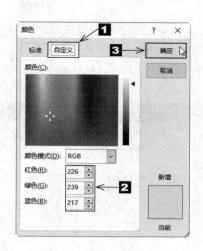

3　弹出【颜色】对话框，自动切换到【自定义】选项卡，在【颜色】面板上选择合适的颜色，也可以在下方的微调框中调整颜色的RGB值，然后单击 确定 按钮，返回Word文档可以看到设置效果。

## 1.2.4　审阅文档

在日常工作中，某些文件需要领导审阅或者经过大家讨论后才能够执行，这就需要在这些文件上进行一些批示或修改。Word 2019提供了批注、修订和更改等审阅工具，大大提高了用户的办公效率。

### 1. 添加批注

为了帮助阅读者更好地理解文档内容以及跟踪文档的修改情况，可以为Word文档添加批注。添加批注的具体步骤如下。

1　打开本实例的原始文件，选中要插入批注的文本，切换到【审阅】选项卡，在【批注】组中单击【新建批注】按钮 。

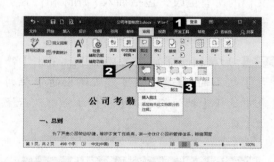

2　随即在文档的右侧出现一个批注框，用户可以根据需要输入批注信息。Word 2019的批注信息前面会自动加上用户名以及添加批注时间。

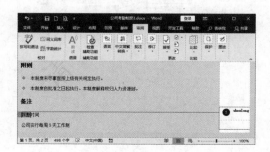

**3** 如果要删除批注，可先选中批注框，在【批注】组中单击【删除】按钮的下三角，从弹出的下拉列表中选择【删除】选项。

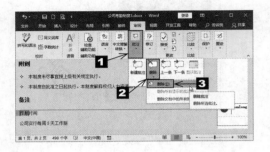

Word 2019批注新增加了【答复】按钮。用户可以在相关文字旁边讨论和轻松地跟踪批注。

## 2. 修订文档

Word 2019提供了文档修订功能，在打开修订功能的状态下，系统将会自动跟踪对文档的所有更改，包括插入、删除和格式更改，并对更改的内容做出标记。

**1** 切换到【审阅】选项卡中，单击【修订】组中的 显示标记 按钮，从弹出的下拉列表中选择【批注框】➢【在批注框中显示修订】选项。

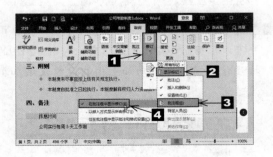

**2** 在【修订】组中单击 所有标记 按钮右侧的下三角，从弹出的下拉列表中选择【所有标记】选项。

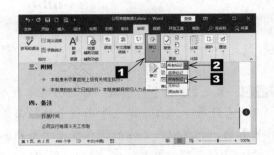

**3** 在Word文档中，切换到【审阅】选项卡，在【修订】组中单击【修订】按钮的上半部分，随即进入修订状态。

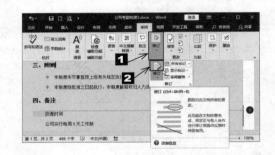

**4** 将文档的标题"公司考勤制度"的字号调整为"小一"，随即在右侧弹出一个批注框，并显示格式修改的详细信息。

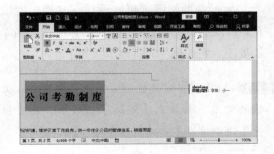

**5** 当所有的修订完成以后，用户可以通过"导航窗格"功能通篇浏览所有的审阅摘要。切换到【审阅】选项卡，在【修订】组中单击 审阅窗格 按钮，从弹出的下拉列表中选择【垂直审阅窗格】选项。

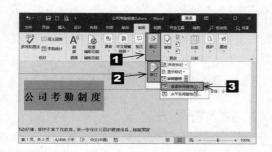

**6** 此时在文档的左侧出现一个导航窗格，并显示审阅记录。

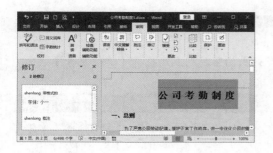

## 3. 更改文档

文档的修订工作完成以后，用户可以跟踪修订内容，并选择接受或拒绝。更改文档的具体操作步骤如下。

**1** 在Word文档中，切换到【审阅】选项卡，在【更改】组中单击【上一处修订】按钮 或【下一处修订】按钮 ，可以定位到当前修订的上一条或下一条内容。

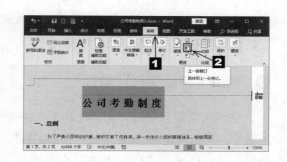

**2** 在【更改】组中单击【接受】按钮 的下三角，从弹出的下拉列表中选择【接受所有修订】选项。

**3** 审阅完毕，单击【修订】组中的【修订】按钮 ，退出修订状态。

# 妙招技法

## 输入10以上的带圈数字

在编辑Word文档时，为了使文档内容条理清晰，经常会用到诸如"①、②、……、

⑩"等带圈数字，在Word中输入这些带有中文特色的带圈数字，通常有以下4种方法。

## ○ 使用"带圈字符"功能

在输入带圈数字时，尤其是10以上的带圈数字，可以使用Word自带的"带圈字符"功能，下面以输入"11"为例来具体介绍，操作步骤如下。

**1** 打开一个Word文档，切换到【开始】选项卡，在【字体】组中单击【带圈字符】按钮 字。

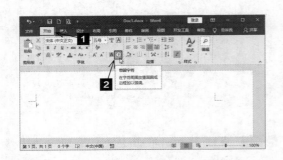

**2** 弹出【带圈字符】对话框，在【样式】列表框中选择【增大圈号】样式，在【文字】输入框中输入"11"，在"编号"列表框中选择【○】，单击 确定 按钮。

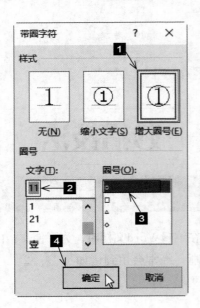

**3** 返回Word文档，即可看到带圈数字11已经输入到Word文档中了。

## ○ 插入符号法

除了使用Word自带功能"带圈字符"外，还可以使用插入符号的方法来输入带圈数字，具体的操作步骤如下。

**1** 打开Word文档，切换到【插入】选项卡，在【符号】组中单击【符号】按钮 Ω，从弹出的下拉列表中选择【其他符号】选项。

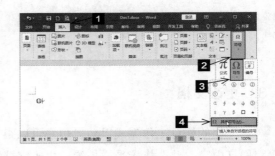

**2** 弹出【符号】对话框，在【字体】下拉列表中设置为【Adobe Gothic Std B】，在【子集】下拉列表中选择【带括号的字母数字】，然后选择需要输入的带圈字符【⑪】，单击 插入(S) 按钮。

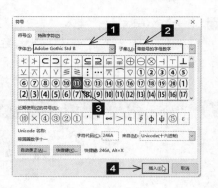

**3** 单击 确定 按钮即可返回Word文档，带圈数字11已经在文档中了。

## 使用代码输入

在Word文档中，1~20的带圈字符都有一个特定的"字符代码"，可以直接输入对应的字符代码得到带圈字符，具体的操作步骤如下。

**1** 打开Word文档，在文档中输入"11"的4位代码"246a"，选中代码，按【Alt】+【X】组合键即得到带圈数字11。

**2** 注意，在4位字符代码左边不能有其他数字或字母。还可以在【符号】对话框中可查看字符代码。

1~20带圈字符对应代码如下表所示。

| 数字 | 代码 |
| --- | --- |
| 0 | 24ea |
| 1 | 2460 |
| 2 | 2461 |
| 3 | 2462 |
| 4 | 2463 |
| 5 | 2464 |
| 6 | 2465 |
| 7 | 2466 |
| 8 | 2467 |
| 9 | 2468 |
| 10 | 2469 |
| 11 | 246a |
| 12 | 246b |
| 13 | 246c |
| 14 | 246d |
| 15 | 246e |
| 16 | 246f |
| 17 | 2470 |
| 18 | 2471 |
| 19 | 2472 |
| 20 | 2473 |

## ○ 借助输入法

输入带圈数字，除了上述方法外，还可以使用输入法进行输入，如搜狗拼音、微软拼音等，具体的操作步骤如下。

**1** 打开Word文档，在文档中输入任意一个词语，在输入法的版面上单击鼠标右键，在弹出的快捷菜单中选择【软键盘】➤【数字序号】选项。

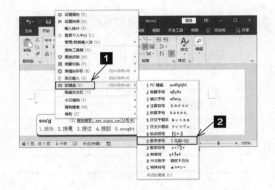

**2** 弹出【软键盘】界面，按住【Shift】键，然后单击需要的带圈数字，即可输入1~10的带圈数字。

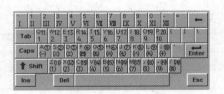

# 将阿拉伯数字转换为人民币大写格式

对于从事会计和财务工作的人员来说，在日常工作中经常需要将阿拉伯数字转换为人民币大写格式。但是每笔金额依次输入人民币大写数字会比较麻烦。这个技巧就介绍如何快速将数字转换为人民币大写格式。

**1** 打开Word文档，输入"75319"并选中，切换到【插入】选项卡，然后在【符号】组中单击【编号】按钮。

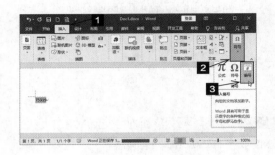

**2** 弹出【编号】对话框，在【编号类型】列表框中，选择【壹，贰，叁…】选项，然后单击 确定 按钮。

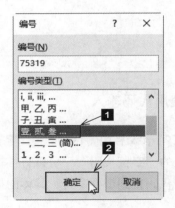

**3** 返回Word文档，可以看到设置后的效果。

## 取消回车后自动产生的编号

在编辑Word文档时，经常会遇到在段落开始处输入序数如"1."、"、""一、"等字符后，再输入一段文字，然后按下【Enter】键，Word就可能会自动产生下一个编号。这种设计符合人性化要求，但也有一些用户不喜欢这个功能，想取消它，那么可按如下方法操作。

方法1：产生自动编号后，再按一次【Enter】键。

方法2：产生自动编号后，按【Ctrl】+【Z】组合键。

方法3：产生自动编号后，若出现智能标记，单击它，在弹出菜单中选择【撤消自动编号】命令。

## 保存为PDF格式，保证文件不失真

在编辑Word文档过程中，常常会不经意地使用某些特殊字体，又或者是插入了一些不规则的图表、采用了复杂的段落排版等情况。这些操作轻则失真影响阅读，重则可能导致文档内容丢失甚至文档报错等。那么如何避免出现这种情况呢？

解决的办法是可以将Word文档保存为PDF格式。将Word转换为PDF且保持图像的分辨率，具体的操作步骤如下。

1　单击 文件 按钮，从弹出的界面中单击【另存为】选项，弹出【另存为】界面，单击【这台电脑】选项，然后单击【浏览】按钮 浏览 。

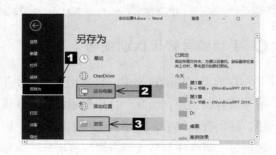

2　弹出【另存为】对话框，在对话框左侧选择要保存的位置，在【保存类型】右侧的下拉列表中选择【PDF】选项，然后单击 保存(S) 按钮，就可以将Word文档保存为PDF格式。

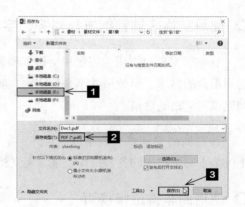

# 职场拓展

## Word中常见的不规范操作习惯

### ◎ 手动编号替代自动编号

在编辑文档的过程中，许多用户喜欢使用手动编号来编辑文档。但是在编辑长文档时，手动编号很容易出错，而且一旦出现错误，不仅需要浪费大量的时间进行修改，修改过程中还容易出错。使用自动编号，则不会出现上述情况，因为在以后的文档修改中，在前后调换项目位置、增删项目、更改序数格式等方面，使用自动编号会使修改变得非常简单方便。

### ◎ 使用的样式单一

Word中的样式是包含很多种类的，每一种样式又可以包含很多种格式。若用户在编辑文档时，只会使用单一的样式，复制粘贴后，再调整其字体及大小，从而忽视了其他样式的应用，这种方式非常不利于文档的管理、结构的浏览和总体控制，甚至不能直接自动生成目录。

### ◎ 使用空格来调整缩进、对齐、字符间距

在编辑文档时，用户习惯用空格来调整文档的缩进、对齐、字符间距，这种做法在视觉上能达到用户的需求，但效果并不是很精确，而且一旦其中的某项内容字符数发生变化，就需要重新调整填充空格的数量。

再遇到需要调整文档缩进、对齐、字符间距等情况，可以参考本章前面的讲解，通过使用【段落】对话框中的各种操作，来实现文档的缩进、对齐、字符间距。

### ◎ 使用回车键进行换页

在编辑文档时遇到需要换页，多数人会使用回车键来增加空白段落，以此将光标移动到下一页。而Word中有现成的调整段落间距的功能，可以不必使用回车键，换页只须使用分页符即可实现。

### ◎ 使用滚动条来确定内容

不少用户在编辑Word文档时，想要查看某个内容，喜欢拖动垂直滚动条来寻找内容所在的位置。短篇的文档可以这样操作，但如果文档比较长，那么就可以通过"查找和替换"功能来实现。"查找和替换"功能前面章节已经详细介绍了，这里不再赘述。

⭕ **不加思考就编辑文档**

每篇文档可能都有一定的特征，如果事先思考或浏览一下，就可以抓住其某些重复的、有规律的东西，从而考虑使用一些Word自动化功能来提高操作的效率，如灵活应用自动更正、自动图文集、批量替换等功能就可以显著地提高自己的编排效率。

⭕ **不使用帮助**

Word程序提供了完善的帮助文件和使用帮助的方法。正确使用帮助文件是快速掌握Word的基础。

常用的、有效的获取帮助的主要方式如下。

①键盘：F1键，这是能用的帮助键。

②在线帮助，获取MicrosoftOffice online的在线帮助。

⭕ **用段落【固定值】控制面行数**

很多人不用【页面设置】对话框来进行页面行数和列数字符的控制，当需要调整页面中的行数时，以改变段落【行距】值的方法来代替设置。这样的不正确操作，往往造成事倍功半。通过【页面设置】对话框中的【文档网格】选项卡，用户可以很方便地、精确地指定文档中每一页的行数以及每行的字符间距，Word会根据用户的行数和字符数自动进行调整。

## 职场好习惯——文档命名"三要素"

在日常办公中，有的用户计算机的文件随意放置，并且文档的名称大多重复或类似，这种办公习惯很不好。

严谨地为文档取名，可以在后期需要使用时快速找到文档。更重要的是，可能一份文档需要修改多次，正确的名称能让同事和领导对文档修改版本进行区分，例如可以为其加上版本编号和时间。

下图所示是随意命名的文档名称。左边的文档虽然叫"计划"，可是这是什么时候的计划，关于什么的计划？中间命名为"管理"的文档，是关于什么的管理？还有两份系统默认命名的文档，内容是什么，是否还有用？这些名称都不够清晰。

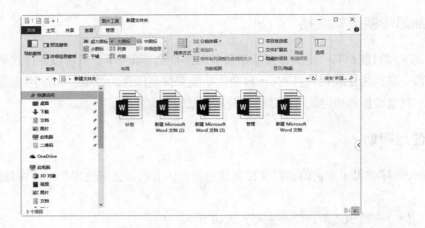

文档命名方法有很多，一般来说，正规企业都有自己的命名标准。通常采取"三要素命名法"，即内容/名称、版本、时间，如下图所示。

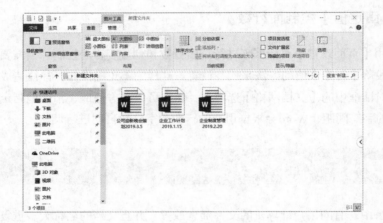

# 第2章

## 表格应用与图文混排

### 本章内容简介

本章结合实际工作中的案例介绍了插入图片、插入文本框、插入形状、插入表格、设置页面等操作以及在文档中插入封面。

### 学完本章我能做什么

通过本章的学习，读者不仅可以熟练地制作美观大方的简历，还可以制作带有漂亮封面的企业人事管理制度文档。

视频链接

关于本章知识，本书配套教学资源中有相关的多媒体教学视频，视频路径为【表格应用与图文混排】。

# 2.1 个人简历

个人简历是求职者给招聘单位发的一份自我介绍。现在一般工作都是通过网络来找，因此一份良好的个人简历对于获得面试机会至关重要。

## 2.1.1 插入基本信息

制作简历时，首先需要挑选一张大方得体的照片，以便给招聘人员留下一个良好的印象，其次要重点突出个人的姓名和求职意向，告诉招聘人员你要应聘什么职位。

扫码看视频

### 1. 插入图片

要想将简历制作得精美，一张大方得体的照片必不可少。下面就来看看如何在Word中插入照片。

**1** 切换到【插入】选项卡，在【插图】组中单击【图片】按钮。

**2** 弹出【插入】对话框，在对话框左侧选择图片所在的保存位置，从中选择合适的图片，例如选择图片"于恬.jpg"，单击 插入(S) 按钮。

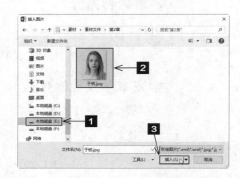

**3** 返回Word文档，可以看到图片已经插入Word文档中。

### 2. 设置图片大小

图片插入后，还需要对图片的大小进行设置，具体的操作步骤如下。

**1** 选中图片，切换到【格式】选项卡，在【大小】组的【高度】输入框中输入"6.18厘米"，即可看到图片的高度调整为6.18厘米，其宽度也会等比例增大，这是因为系统默认图片是锁定纵横比的。

**2** 如果用户需要单独调整图片的高度，单击【大小】组右侧的【对话框启动器】按钮。

**3** 弹出【布局】对话框，系统自动切换到【大小】选项卡，在【缩放】列表框中撤销勾选【锁定纵横比】，单击 确定 按钮即可。

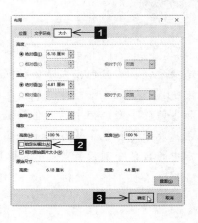

### 3. 设置图片环绕方式

由于在Word中默认插入的图片是嵌入式的，嵌入式图片与文字处于同一层，图片好比单个的特大字符，被放置在两个字符之间。为了美观和方便排版，需要先调整图片的环绕方式，此处将图片环绕方式设置为衬于文字上方即可。

设置图片环绕方式的具体操作步骤如下。

**1** 选中图片，切换到【格式】选项卡，在【排列】组中单击【环绕文字】按钮，从弹出的下拉列表中选择【浮于文字上方】选项。

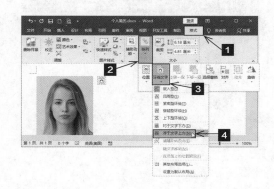

**2** 设置好环绕方式后，将图片移动到合适的位置即可。

### 4. 裁剪图片

从Word文档中可以看到，插入的方形图片给人一种略显呆板的感觉。针对这种情况，可以使用Word的裁剪功能，将图片裁剪成其他形状，如椭圆。

将图片裁剪为椭圆的具体操作步骤如下。

**1** 选中图片，在【大小】组中单击【裁剪】按钮的下部分，在弹出的下拉列表中选择【裁剪为形状】➤【基本形状】➤【椭圆】选项。

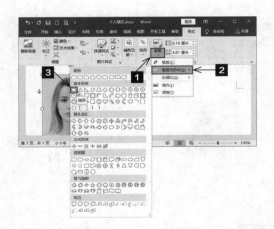

**2** 返回Word文档中，可以看到设置后的效果。

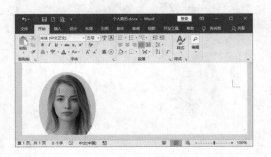

### 5. 设置图片边框

由于这里选用的图片背景颜色比较浅，不太容易与文档背景区分，所以，可以为图片添加一个边框。添加边框的具体操作步骤如下。

**1** 在【图片样式】组中单击【图片边框】按钮的右半部分，在弹出的下拉列表中选择【粗细】➤【6磅】选项。

**2** 再次单击【图片边框】按钮的右半部分，在弹出的下拉列表中选择【其他轮廓颜色】选项。

**3** 弹出【颜色】对话框，切换到【自定义】选项卡，在【颜色模式】下拉列表中选择【RGB】选项，通过调整【红色】【绿色】和【蓝色】微调框中的数值来选择合适的颜色，此处【红色】【绿色】和【蓝色】微调框中的数值分别设置为【118】【113】和【113】，单击 确定 按钮。

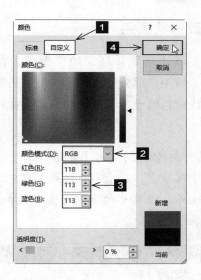

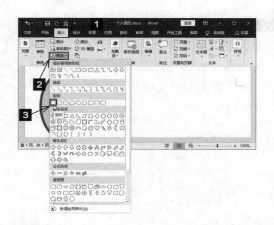

**2** 当鼠标指针变为 **+** 形状时，将鼠标指针移动到要插入矩形的位置上，按住鼠标左键不放，拖曳鼠标就可以绘制一个矩形，绘制完毕，放开鼠标左键即可。

**4** 返回Word文档中，可以看到设置后的效果。

## 6. 插入形状

为了突出简历中的个人基本信息，这里在简历上方插入一个浅蓝色的矩形作为底图，插入形状的具体操作步骤如下。

**1** 换到【插入】选项卡，在【插图】组中单击【形状】按钮 ，从弹出的下拉列表中选择【矩形】选项 。

**3** 选中矩形，切换到【绘图工具】下的【格式】选项卡，在【大小】组中【高度】输入框中输入"8.87厘米"，可以看到宽度也会等比例变化。

**4** 这里矩形的【宽度】需要单独进行调整，可以按照前面介绍的方法，在【布局】对话框中撤销勾选【锁定纵横比】选项，然后在【宽度】输入框中输入"11.11厘米"。

**5** 切换到【位置】选项卡，在【水平】组合框中，选中【绝对位置】单选钮，在其后面的【右侧】下拉列表中选择【页面】选项，然后在【绝对位置】输入框中输入"8.1厘米"；在【垂直】组合框中选中【绝对位置】单选钮，在【下侧】输入框中输入"0.03厘米"选项，在【下侧】下拉列表中选择【页面】选项，单击 确定 按钮。

## 7. 更改形状颜色

绘制的矩形默认底纹填充颜色为深蓝色。为了使矩形部分突出显示，这里将矩形设置为浅蓝色填充、无轮廓，具体的操作步骤如下。

**1** 选中矩形，切换到【绘图工具】下的【格式】选项卡，在【形状样式】组中单击 形状填充▾ 按钮，从弹出的下拉列表中选择【其他填充颜色】选项。

**2** 弹出【颜色】对话框，切换到【自定义】选项卡，在【颜色模式】下拉列表中选择【RGB】选项，然后通过调整【红色】【绿色】【蓝色】微调框中的数值来选择合适的颜色，此处【红色】【绿色】【蓝色】微调框中的数值分别设置为【63】【127】【187】，单击 确定 按钮。

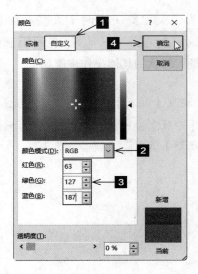

**3** 返回Word文档，可以看到设置的颜色，由于需要的颜色为浅蓝色，因此还可以对颜色进行透明度的设置。单击【形状样式】组右侧的【对话框启动器】按钮 🔳。

**4** 弹出【设置形状格式】任务窗格，切换到【填充与线条】选项卡，单击【填充】选项，在弹出的列表框中的【透明度】输入框中输入"80%"。

**5** 设置完毕，单击【关闭】按钮 ✕ ，返回Word文档中，可以看到设置后的效果。

**6** 在【形状样式】组中单击 ☑ 形状轮廓 ▾ 按钮，从弹出的下拉列表中选择【无轮廓】选项，可以将形状设置为无轮廓。

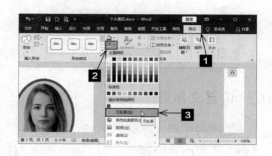

## 8. 插入并设置文本框

插入图片与底图后，还需要插入求职者的姓名与求职意向，这里可以通过插入文本框的方法来输入相关信息，具体的操作步骤如下。

### ⭘ 插入文本框

**1** 切换到【插入】选项卡，在【文本】组中单击【文本框】按钮 🔳 ，在弹出的下拉列表中选择【绘制横排文本框】选项。

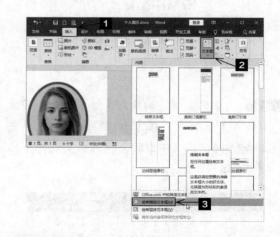

**2** 当鼠标指针变为 ✚ 形状时，将鼠标指针移动到要插入文本框的位置，按住鼠标左键不放，拖曳鼠标可以绘制一个文本框，绘制完毕，释放鼠标左键即可。

## ○ 设置文本框

绘制的横排文本框默认底纹填充颜色为白色，边框颜色为黑色。为了使文本框与简历在整体上更加契合，这里我们需要将文本框设置为无填充、无轮廓，具体的操作步骤如下。

**1** 选中文本框，切换到【绘图工具】下的【格式】选项卡，在【形状样式】组中单击 形状填充 按钮，从弹出的下拉列表中选择【无填充】选项。

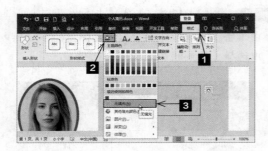

**2** 选中文本框，切换到【绘图工具】下的【格式】选项卡，在【形状样式】组中单击 形状轮廓 按钮，从弹出的下拉列表中选择【无轮廓】选项。

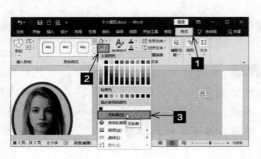

## ○ 设置字体格式

设置完文本框格式后，接下来就可以在文本框中输入求职者的姓名以及求职意向，并设置输入内容的字体格式，具体的操作步骤如下。

**1** 在文本框中输入文本"于恬"，然后选中文本，切换到【开始】选项卡，在【字体】组中【字体】下拉列表中选择【微软雅黑】选项，在【字号】下拉列表中选择【48】选项。

**2** 文本框中文字默认字体颜色为黑色，而浓重的黑色会使文档整体显得比较压抑，所以这里可以适当将文字的字体颜色调浅一点，并与形状颜色相呼应。

**3** 选中文字，切换到【开始】选项卡，单击【字体颜色】按钮 右侧的下三角，在弹出的下拉列表中选择【其他颜色】选项。

**4** 弹出【颜色】对话框，切换到【自定义】选项卡，在【颜色模式】下拉列表中选择【RGB】选项，通过调整【红色】【绿色】和【蓝色】微调框中的数值来选择合适的颜色，此处【红色】【绿色】和【蓝色】微调框中的数值分别设置为【118】【113】和【113】，单击 确定 按钮。

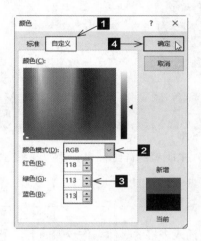

**5** 返回Word文档，可以看到设置后的效果如下图所示。

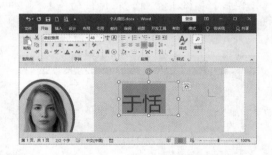

**6** 按照相同的方法，在姓名文本框下方再绘制一个文本框，并将其设置为无轮廓、无填充。然后在文本框中输入"求职意向：美术老师"，并设置其格式，此处将字体设置为"华文细黑"，字号为"26"，字体颜色与姓名颜色一致。

## ○ 设置对齐方式

前面我们已经设置了矩形的位置，为了使文本框的位置更精准，可以使用对齐方式来调整文本框的位置，具体的操作步骤如下。

**1** 选中插入的两个文本框，切换到【绘图工具】下的【格式】选项卡，在【排列】组中单击【对齐】按钮，在弹出的下拉列表中选择【对齐所选对象】选项，使其前面出现一个对勾。

**2** 再次单击【对齐】按钮，在弹出的下拉列表中选择【水平居中】选项。

3 将文本框对齐后，为了移动方便可以将其组合在一起。在【排列】组中单击【组合】按钮 组合，在弹出的列表中选择【组合】选项。

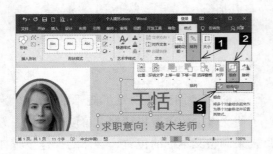

4 选择矩形与文本框，单击【对齐】按钮 对齐，在弹出的下拉列表中选择【水平居中】与【垂直居中】选项，返回Word文档中，可以看到基本信息的设置效果。

## 2.1.2 创建表格

前面讲解了插入求职者的基本信息，接下来需要输入求职者的详细信息，例如联系方式、教育背景、工作经验等信息进行设置。

本实例原始文件和最终效果文件请从网盘下载
原始文件\第2章\个人简历1
最终效果\第2章\个人简历1
扫码看视频

### 1. 插入表格

个人的联系方式、掌握的技能、教育经历、工作经历及个人评价等信息，比较整齐，对于这类信息，我们可以使用表格的形式输入。

表格部分的内容编辑完成后效果如下图所示。

插入表格的具体操作步骤如下。

1 切换到【插入】选项卡，在【表格】组中单击【表格】按钮，在弹出的下拉列表中选择【插入表格】选项。

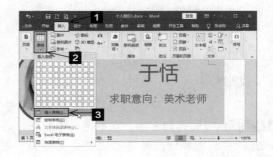

2 弹出【插入表格】对话框，在【表格尺寸】组合框中的【列数】微调框中输入"4"，在【行数】微调框中输入"10"，然后在【"自动调整"操作】组合框中选中【根据内容调整表格】单选钮，设置完毕，单击 确定 按钮即可在文档中插入表格。

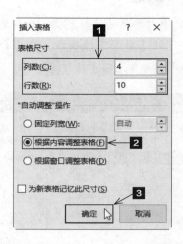

**3** 单击表格左上角的【表格】按钮⊞，选中整个表格，按住鼠标左键不放，拖曳鼠标，将表格移动到合适的位置。

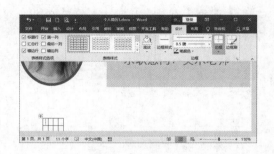

## 2. 设置表格

插入表格之后，还需要在表格中输入内容，并对表格进行设置。

## ○ 设置表格的字体格式

在表格中输入内容前，需要先设置表格的字体格式，具体的操作步骤如下。

**1** 选中表格的第1行，切换到【开始】选项卡，在【字体】组中的【字体】下拉列表中选择【幼圆】选项，在【字号】下拉列表中选择【小二】选项，【字体颜色】设置为【46】【116】【181】，然后单击【加粗】按钮 **B**，将表格第1行的字体设置为幼圆、字号为小二、加粗显示。

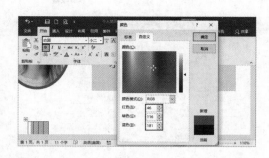

**2** 设置完成后，返回Word文档，并输入第一行的相关内容，效果如下图所示。

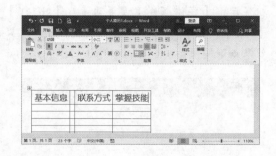

**3** 接着选中表格的第2~4行，在【字体】下拉列表中选择【微软雅黑】选项，在【字号】下拉列表中选择【小四】选项，【字体颜色】设置为【141】【141】【141】，【联系方式】栏需要重点突出，将【字号】设置为【四号】，【字体颜色】设置为【128】【128】【128】。

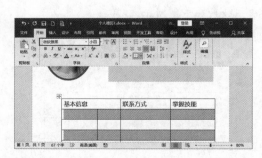

**4** 设置完成后，在表格第2~4行输入内容，效果如下图所示。

**5** 按照前面介绍的方法，将第5行、第7行和第9行字体设置为幼圆、字号为二号、加粗显示，【字体颜色】设置为【46】【116】【181】，然后在表格中输入相关内容，设置效果如下图所示。

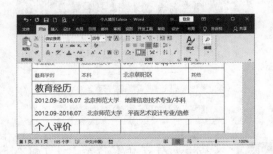

**6** 按照前面介绍的方法，将第6行、第8行和第10行字体设置为微软雅黑、字号为四号、加粗显示，【字体颜色】设置为【118】【113】【113】，然后在表格中输入相关内容，效果如下图所示。

## ◎ 表格的合并与拆分

在表格中输入相关内容后，可以看到输入的内容不是很整齐，这时我们可以通过使用表格的合并与拆分功能，来调整表格的整体布局，具体的操作步骤如下。

**1** 选中需要合并的单元格，切换到【表格工具】下的【布局】选项卡，在【合并】组中单击【合并单元格】按钮。

**2** 返回Word文档中，可以看到单元格合并的效果。

**3** 选中需要拆分的单元格，切换到【表格工具】下的【布局】选项卡，在【合并】组中单击【拆分单元格】按钮。

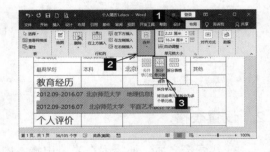

**4** 弹出【拆分单元格】对话框，在【列数】微调框中输入"4"，在【行数】微调框中输入"2"，单击 确定 按钮。

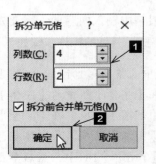

**5** 返回Word文档中，可以看到拆分的效果。按照同样的方法，将其他表格按需要合并与拆分，效果如下图所示。

## | 提示 |

用户也可以通过单击鼠标右键，在弹出的快捷菜单中选择【合并单元格】或【拆分单元格】来实现表格的合并与拆分。

## 2.1.3 美化表格

插入表格并输入内容后，还需要对表格进行美化设置。我们可以在表格中去除表格边框、调整表格行高、为表格中的文字添加边框以及插入一些小图标等。

美化前后对比图

### ○ 设置表格对齐方式

在文档中设置表格对齐方式的具体操作步骤如下。

选中表格中需要设置的表格，切换到【表格工具】下的【布局】选项卡，在【对齐方式】组中单击【水平居中】选项。

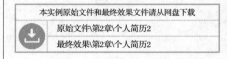

本实例原始文件和最终效果文件请从网盘下载

原始文件\第2章\个人简历2
最终效果\第2章\个人简历2

扫码看视频

### 1. 去除边框

表格带有边框会显得比较中规中矩，这里可以将表格的边框删除。去除边框的具体操作步骤如下。

**Word/Excel/PPT 2019 办公应用**
**从入门到精通**

**1** 选中整个表格，切换到【表格工具】栏的【设计】选项卡，在【边框】组中单击【边框】按钮，在弹出的下拉列表中选择【无框线】选项，即可以将表格的边框删除。

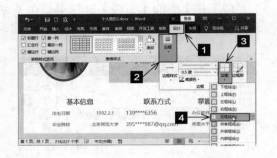

**2** 返回Word文档中，可以看到单元格的边框已经被全部删除。

**3** 如果将表格中的边框全部删除，会显得整体比较单调，我们可以在某些表格下方保留部分表格的边框。选中需要设置的表格，单击【边框】按钮，在弹出的下拉列表中选择【下框线】选项。

**4** 为表格添加【下框线】后，需要对线的宽度进行调整，单击【边框】按钮，在弹出的下拉列表中选择【边框和底纹】选项。

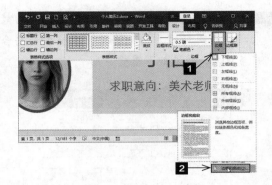

**5** 弹出【边框和底纹】对话框，系统自动切换到【边框】选项卡，在【宽度】列表中选择"2.25磅"，在【颜色】下拉列表中将【颜色】设置为【159】【159】【159】，并在【预览】列表框中选中【下边框】选项，单击 确定 按钮。

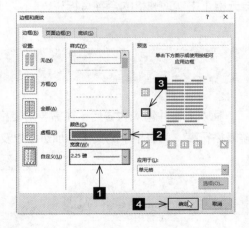

**6** 返回文档中，可以看到设置后的效果。使用同样的方法，将其余框线设置为一样的效果即可。

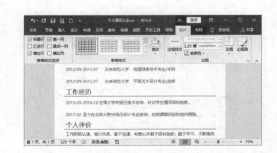

## 2. 调整行高

在表格中输入的内容有多有少，例如"个人评价"中的内容就很多，我们可以调整表格行与行之间的高度来控制表格的间距。

调整行高的具体操作步骤如下。

**1** 选中要调整的单元格，切换到【表格工具】下的【布局】选项卡，在【单元格大小】组中的【高度】微调框中输入"1.5厘米"，即可调整表格的行高。

**2** 设置完毕，选中"教育经历""工作经历"和"个人评价"部分的表格，将其行高设置为"1.5厘米"即可。

## 3. 为表格中的文字添加边框

输入设置完成表格中的内容后，我们可以看到这部分内容全是文字，略显单调。此处，还可以为表格中的内容添加边框，具体的操作步骤如下。

**1** 切换到【插入】选项卡，在【插图】组中单击【形状】按钮，在弹出的下拉列表中选择【矩形：剪去单角】选项。

**2** 当鼠标指针变为 ✚ 形状时，将鼠标指针移动到要插入矩形的位置上，按住鼠标左键不放，拖曳鼠标就可以绘制一个矩形，绘制完毕，放开鼠标左键即可。

**3** 选中插入的形状，按照前面介绍的方法，在【大小】组中将形状大小调整为【高度】为"1.35厘米"，【宽度】为"9.39厘米"。

**4** 调整大小后，按照前面介绍的方法，将形状设置为【无填充】，【形状轮廓】的颜色为【浅灰色，背景2，深色25%】，【粗细】为【1磅】。

**5** 设置完成后，可以看到边框中只有"教育经历"4个字，有点空旷的感觉，这里可以在其后面输入"教育经历"的英文"Educational experience"，字体格式为【幼圆】【小四】，字体颜色与"教育经历"这4个字的相同，效果如下图所示。

**6** 使用同样的方法，为"工作经历"和"个人评价"添加边框和英文。

**7** 查看个人简历，可以看到"掌握技能"部分还没有对其进行详细描述，这里同样可以使用插入形状的方法，来表述个人技能的掌握情况。

**8** 在"办公软件"部分后面，插入一个【圆角矩形】。系统自动切换到【绘图工具】下的【格式】选项卡，单击【形状样式】组右侧的【对话框启动器】按钮，弹出【设置形状格式】任务窗格，切换到【填充与线条】选项卡，在【填充】列表框中单击【渐变填充】单选钮，将【渐变光圈】上的前两个光圈颜色设置为【177】【203】【233】，后两个光圈设置为【白色，背景1】。

**9** 设置完成后，单击【关闭】按钮，将其【轮廓颜色】设置为【91】【155】【213】，即可在文档中查看设置效果。使用同样的方法，将"英语水平"和"其他"技能进行设置，效果如下图所示。

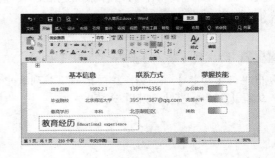

### 4. 插入并编辑图标

Word 2019新增了一项"图标"功能，可以让用户非常方便地插入一些小图标，而不用再从网络上寻找，节省了用户的时间，具体的操作步骤如下。

#### ○ 插入图标

在文档的表格中插入图标的具体操作步骤如下。

**1** 将光标定位要插入图标的位置，切换到【插入】选项卡，在【插图】组中单击【图标】按钮。

**2** 弹出【插入图标】对话框，因为这里要插入是联系方式的图标，所以在左侧单击【通讯】选项，在右侧选择一个【电话】的图标，图标上方出现一个对勾，单击 插入 按钮。

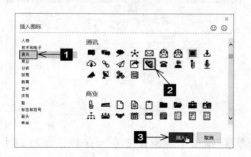

**3** 返回Word文档，可以看到插入的图标。下面来设置图标的大小。单击图标旁边的【布局选项】按钮，在弹出的快捷菜单中选择【浮于文字上方】选项，然后将图标移动到合适的位置。

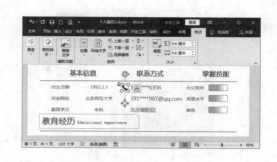

#### ○ 设置图标的颜色

插入图标后，为了使其与简历的整体协调，还需要对图标的颜色进行设置，具体的操作步骤如下。

**1** 切换到【图形工具】下的【格式】选项卡，在【图形样式】组中单击 图形填充 按钮，在弹出的下拉列表中选择【其他填充颜色】选项。

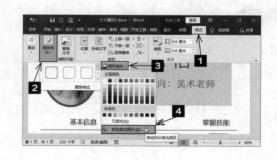

**2** 弹出【颜色】对话框，切换到【自定义】选项卡，在【颜色模式】下拉列表中选择【RGB】选项，然后通过调整【红色】【绿色】【蓝色】微调框中的数值来选择合适的颜色，此处【红色】【绿色】【蓝色】微调框中的数值分别设置为【118】【113】【113】，单击 确定 按钮。

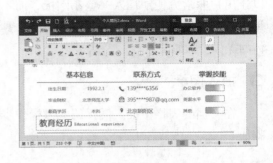

**3** 返回Word文档，可以看到图标的设置颜色，按照相同的方法插入邮箱以及地址的图标，效果如下图所示。

# 2.2 企业人事管理制度

企业人事管理制度是用于规范本企业职工的行动、办事方法、规定工作流程等一切活动的规章制度。它是针对劳动人事管理中经常重复发生或预测将要重复发生的事情制定的对策及处理原则。

## 2.2.1 设置页面

页面设计工作主要先设置布局，然后对页面颜色进行调整。

扫码看视频

### 1. 设置布局

设计企业人事管理制度的布局前，要先确定纸张大小、纸张方向、页边距等要素。设置页面布局的具体操作步骤如下。

**1** 打开本实例的原始文件，切换到【布局】选项卡，单击【页面设置】组右下角的【对话框启动器】按钮。

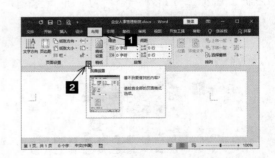

**2** 弹出【页面设置】对话框，切换到【页边距】选项卡，在【页边距】组合框中设置文档的页边距，然后在【纸张方向】组合框中选中【纵向】选项。

**1** 切换到【设计】选项卡，在【页面背景】组中单击【页面颜色】按钮，在弹出的下拉列表中的【主题颜色】库中选择一种合适的颜色。

**3** 切换到【纸张】选项卡，在【纸张大小】下拉列表中选择【A4】选项，单击 确定 按钮即可。

**2** 如果用户对颜色要求比较高，也可以在弹出的下拉列表中选择【其他颜色】选项。

**3** 弹出【颜色】对话框，切换到【自定义】选项卡，在【颜色模式】下拉列表中选择【RGB】选项，然后通过调整【红色】【绿色】和【蓝色】微调框中的数值来选择合适的颜色，单击 确定 按钮。

## 2. 设置背景颜色

Word文档默认使用的页面背景颜色一般为白色，而白色页面会显得比较单调，此处应该综合考虑页面的背景颜色与管理制度整体的搭配效果。

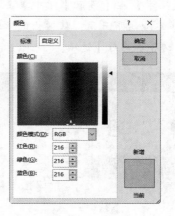

## 2.2.2 添加边框和底纹

通过在Word 2019文档中插入段落边框和底纹，可以使相关段落的内容更加醒目，从而增强Word文档的可读性。

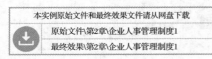

| 本实例原始文件和最终效果文件请从网盘下载 |
| 原始文件\第2章\企业人事管理制度1 |
| 最终效果\第2章\企业人事管理制度1 |

扫码看视频

### 1. 添加边框

在默认情况下，段落边框的格式为黑色单直线。用户可以通过设置段落边框的格式，使其更加美观。为文档添加边框的具体步骤如下。

**1** 打开本实例的原始文件，输入正文内容，设置其字体格式并添加相应的项目符号，效果如下图所示。

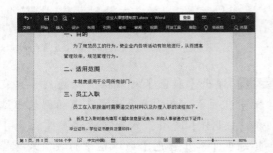

**2** 选中要添加边框的文本，切换到【开始】选项卡，在【段落】组中单击【边框】按钮右侧的下三角，从弹出的下拉列表中选择【边框和底纹】选项。

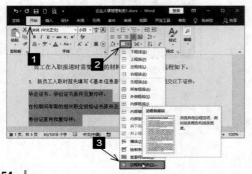

**3** 弹出【边框和底纹】对话框，系统自动切换到【边框】选项卡，在【设置】列表框中选择【自定义】选项，在【样式】列表框中选择【虚线】选项，在【预览】列表框中选择【上边框】和【下边框】选项，单击 确定 按钮。

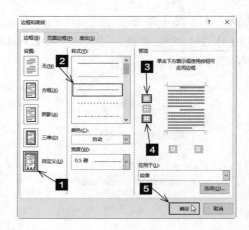

**4** 返回Word文档，效果如下图所示。

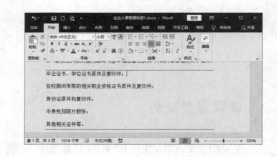

## 2. 添加底纹

为文档添加底纹的具体操作步骤如下。

**1** 选中要添加底纹的文档，切换到【设计】选项卡，在【页面背景】组中单击【页面边框】按钮。

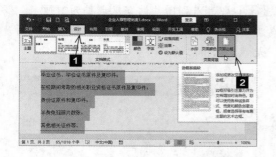

**2** 弹出【边框和底纹】对话框，切换到【底纹】选项卡，在【图案】组中的【样式】下拉列表中选择【10%】选项，单击 确定 按钮。

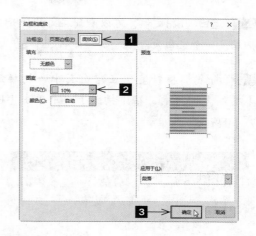

**3** 返回Word文档，效果如下图所示。

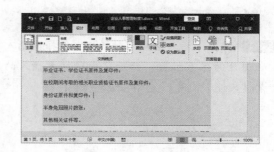

## 2.2.3 插入封面

在Word文档中，通过插入图片和文本框，用户可以快速地为文档设计封面。

本实例原始文件和最终结果文件请从网盘下载

素材文件\第2章\图片1、图片2

原始文件\第2章\企业人事管理制度2

最终效果\第2章\企业人事管理制度2

扫码看视频

### 1. 插入并编辑图片

### ○ 插入图片

图片可以起到美化文档的效果，在封面上插入图片的具体操作步骤如下。

**1** 打开本实例的原始文件，将光标定位在第一行文本前，切换到【插入】选项卡，在【页面】组中单击【空白页】按钮。

**2** 返回Word文档，可以看到在文档的开头插入了一个空白页。

**3** 将鼠标指针定位在空白页中，切换到【插入】选项卡，在【插图】组中单击【图片】按钮 。

**4** 弹出【插入图片】对话框，选择要插入的图片的保存位置，然后从中选择要插入的素材文件"图片1"，单击 插入(S) 按钮。

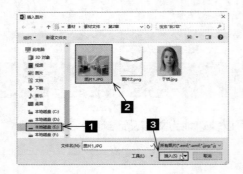

**5** 返回Word文档，可以看到选中的素材图片已经插入Word文档中。

## ◯ 设置图片大小

由于这里插入的图片要作为管理制度的封面，所以还需要将图片的宽度更改为与页面宽度一致。更改图片大小的具体操作步骤如下。

**1** 选中图片，切换到【图片工具】栏的【格式】选项卡，在【大小】组中的【宽度】微调框中输入"21厘米"。

**2** 即可看到图片的宽度调整为21厘米，高度也会等比例增大，这是因为系统默认图片是锁定纵横比的。

## ◯ 让照片衬于文字下方

插入Word文档中的图片是嵌入式的，为了灵活移动图片的位置，需要对图片的环绕方式进行更改。具体的操作步骤如下。

**1** 选中图片，切换到【图片工具】下的【格式】选项卡，在【排列】组中，单击 环绕文字 按钮，在弹出的下拉列表中选择【衬于文字下方】选项。

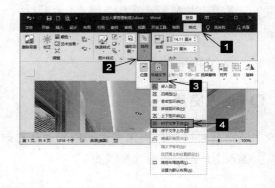

**2** 设置好图片的环绕方式后，就可以在文档中调整图片的位置了。

## ○ 调整图片的位置

为了使图片的位置更精确，这里使用【对齐方式】来调整图片位置。具体的操作步骤如下。

1　选中图片，切换到【图片工具】栏的【格式】选项卡，在【排列】组中，单击【对齐】按钮 ，在弹出的下拉列表中选择【对齐页面】选项，使【对齐页面】选项前面出现一个对勾。

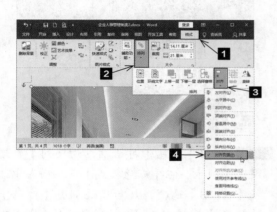

2　再次单击【对齐】按钮 ，在弹出的下拉列表中选择【左对齐】选项。

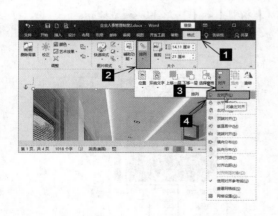

3　返回Word文档可以看到图片相对于页面左对齐，效果如下图所示。

4　单击【对齐】按钮 ，在弹出的下拉列表中选择【顶端对齐】选项。

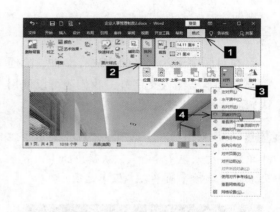

5　返回Word文档，可以看到图片相对于页面顶端对齐，效果如下图所示。

6　使用同样的方法，为文档插入另外一张图片"图片2"，并调整其位置，效果如下图所示。

## 2. 设置封面文本

在封面中输入文字的方法有多种，除通过绘制文本框输入文字外，我们还可以使用内置的文本框来输入文字。

 **1** 切换到【插入】选项卡，在【文本】组中单击【文本框】按钮，从弹出的【内置】列表框中选择【简单文本框】选项。

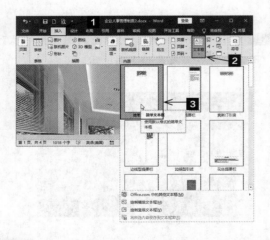

 **2** 在文本框中输入文本"企业人事管理制度"，然后选择文本，切换到【开始】选项卡，在【字体】组中的【字体】下拉列表中选择【微软雅黑】选项，在【字体】组中的【字号】下拉列表中选择【小初】选项，单击【加粗】按钮 **B** 。

 **3** 在【字体】组中单击【字体颜色】按钮 **A**，在弹出的下拉列表中选择【其他颜色】选项。

 **4** 弹出【颜色】对话框，切换到【自定义】选项卡，在【颜色模式】下拉列表中选择【RGB】选项，然后通过调整【红色】【绿色】和【蓝色】微调框中的数值来选择合适的颜色，此处【红色】【绿色】和【蓝色】微调框中的数值分别设置为【88】【88】【88】，单击 确定 按钮。

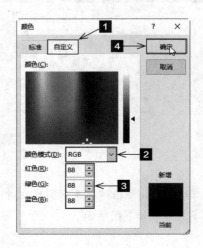

**5** 设置完毕，调整文本框大小，并将其移动到合适的位置，效果如下图所示。

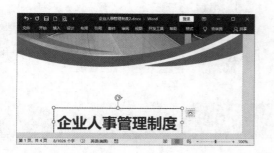

**6** 选择文本框，按照前面介绍的方法，将其设置为无填充、无轮廓，设置后的效果如下图所示。

**7** 图片的下方只有一个文本框，会略显单调，使用同样的方法，插入两个无填充、无轮廓的文本框，并输入内容，字体设置为【微软雅黑】【小三】【加粗】即可。

# 妙招技法

## 实现Word表格行列对调

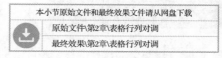

| 本小节原始文件和最终效果文件请从网盘下载 |
| --- |
| 原始文件\第2章\表格行列对调 |
| 最终效果\第2章\表格行列对调 |

扫码看视频

在Excel中可以实现表格行列对调，但在Word中实现表格行列对调却很困难，这里可以利用Excel轻松对调Word表格。具体的操作步骤如下。

**1** 打开本实例的原始文件，选中要进行行列对调的表格，然后按【Ctrl】+【C】组合键将其复制。

**2** 启动Excel 2019，新建一个空白工作簿，单击空白单元格后按【Ctrl】+【V】组合键，将复制的表格粘贴到工作表中。

**3** 再次选中粘贴的单元格区域，然后按【Ctrl】+【C】组合键复制单元格区域。

**4** 在空白单元格上单击鼠标右键，在弹出的快捷菜单中选择【选择性粘贴】▶【转置】选项。

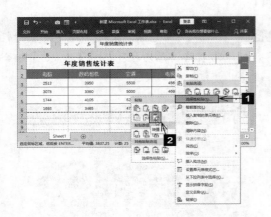

**5** 返回表格中即可看到表格中的行列内容已经互换。

**6** 将转换后的Excel表格选中，并粘贴到Word中，调整一下行高和列宽即可。

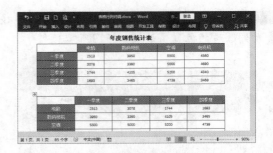

# 精确地排列图形或图片

本小节原始文件和最终效果文件请从网盘下载

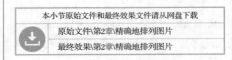

| 原始文件\第2章\精确地排列图片 |
| 最终效果\第2章\精确地排列图片 |

扫码看视频

如果用户想把插入到文档中的多个图形或图片精确地排列在一条直线上，可以使用下面介绍的方法。具体的操作步骤如下。

**1** 打开本实例的原始文件，选中要参与排列的图片，切换到【图片工具】下的【格式】选项卡，在【排列】组中单击【环绕文字】按钮，在弹出的下拉列表中选择【浮于文字上方】选项。

**2** 按照同样的方法设置其他图片的格式。

**3** 切换到【视图】选项卡，在【显示】组中勾选【网格线】选项。

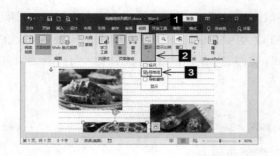

**4** 选择那些需要精确排列的图形或图片，然后利用网格线作为参考即可完成对这些图形或图片的精确排列。

# 职场拓展

## 快速提取Word中所有图片的方法

工作中有时会遇到需要从Word中提取所有图片的情况。例如打印所有图片，同时又不需要文档中的文字，或者需要打印最清楚的图片。这时如果从Word文档中一个个复制粘贴出来，就会费时费力，为了提高工作效率，这里来学习下怎样快速提取Word文档中的图片。

## ○ 提取单张图片

打开需要提取图片的Word文档，在图片上单击鼠标右键，在弹出的快捷菜单中选择【另存为图片】选项，弹出【保存文件】对话框，在【文件名】中输入图片文件的名称"提取图片"，单击 保存(S) 按钮，想要提取的图片就被保存下来。然后再将文档中其余图片按照相同的方法提取即可。

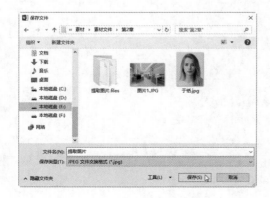

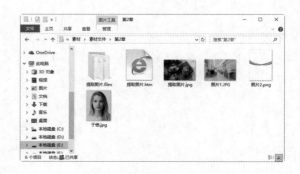

### ◯ 修改文件的格式

在电脑中，文件的扩展名改了，文件格式就被修改了。

例如，将文件"提取图片.docx"更改为"提取图片.zip"，系统会提示改变文件扩展名可能会导致文件不可用，单击【是】按钮，将Word文件改为压缩文件，可以看到文件的扩展名由docx变为了zip。双击压缩文件，然后双击打开"Word"文件夹中的"media"文件夹，可以看到所有图片已经保存在"media"文件夹中。

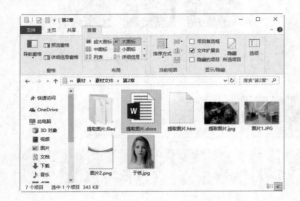

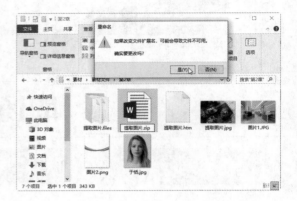

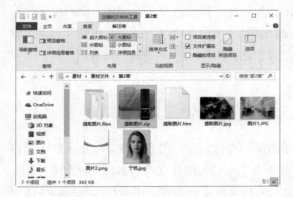

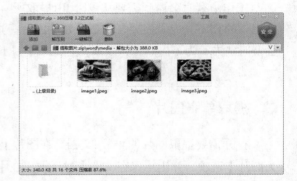

# 第3章

# Word高级排版

## 本章内容简介

本章结合实际工作中的案例介绍页面设置、使用样式、插入目录、插入页眉和页脚等操作，并在文档中插入 SmartArt 图形。

## 学完本章我能做什么

通过本章的学习，读者能熟练地制作一份条理清晰的项目计划书、流程明确的岗位职责说明书和公司请假制度。

视频链接

关于本章知识，本书配套教学资源中有相关的多媒体教学视频，视频路径为【Word高级排版】。

# 项目计划书

一份好的项目计划书的特点是关注产品、市场调研充分，以有力的资料说明行动的方针、展示优秀团队及良好的财务预计等，从而使合作伙伴更了解项目的整体情况及业务模型，也能让投资者判断该项目的可盈利性。

## 3.1.1 页面设置

为了真实反映文档的实际页面效果，在进行编辑操作之前，必须先对页面效果进行设置。页面设置内容包括纸张大小和纸张方向的设置。

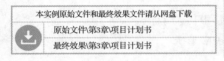

本实例原始文件和最终效果文件请从网盘下载
原始文件\第3章\项目计划书
最终效果\第3章\项目计划书

扫码看视频

### 1. 设置纸张大小

页边距是页面的边线到文字的距离。通常可在页边距内部的可打印区域中插入文字和图形，也可以将某些项目放置在页边距区域中（如页眉、页脚和页码等）。

通过设置页边距，可以使Word 2019文档的正文部分与页面边缘保持一个合适的距离。在设置页边距前，需要先设置纸张的大小，这里将纸张大小设置为A4。

为文档设置纸张大小和页边距的具体步骤如下。

**1** 打开本实例的原始文件，切换到【布局】选项卡，单击【页面设置】组中的 纸张大小 按钮，从弹出的下拉列表中选择【A4】选项。

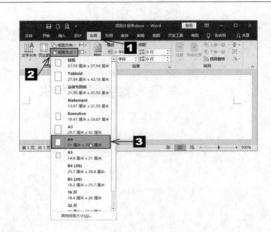

**2** 用户还可以自定义纸张大小。单击【页面设置】组中的 纸张大小 按钮，从弹出的下拉列表中选择【其他纸张大小】选项。

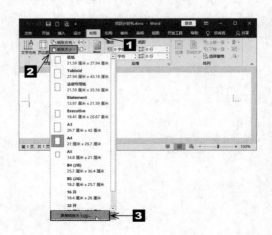

3 弹出【页面设置】对话框，切换到【纸张】选项卡，在【纸张大小】下拉列表中选择【自定义大小】选项，然后在【宽度】和【高度】微调框中设置其宽和高的值。设置完毕，单击 ▢确定▢ 按钮。

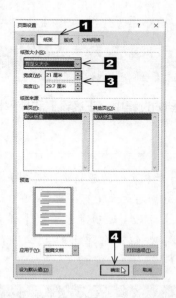

4 打开本实例的原始文件，切换到【布局】选项卡，单击【页面设置】组中的【页边距】按钮，从弹出的下拉列表中选择【中等】选项。

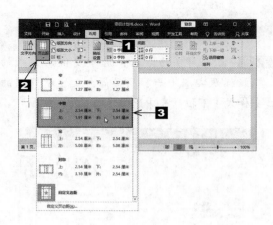

5 返回Word文档，可以看到设置后的效果。同时用户还可以自定义页边距。切换到【布局】选项卡，单击【页面设置】组右下角的【对话框启动器】按钮 ▫。

6 弹出【页面设置】对话框，切换到【页边距】选项卡，在【页边距】组合框中设置文档的页边距，然后在【纸张方向】组合框中选中【纵向】选项，单击 ▢确定▢ 按钮。

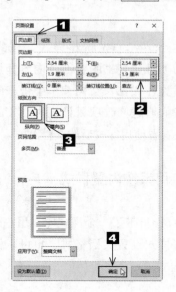

## 2. 设置纸张方向

除了设置页边距和纸张大小以外，用户还可以在Word 2019文档中非常方便地设置纸张的方向。设置纸张方向的具体步骤如下。

切换到【布局】选项卡，单击【页面设置】组中的 纸张方向 按钮，在弹出的下拉列表中选择纸张方向，例如，这里选择【纵向】选项。

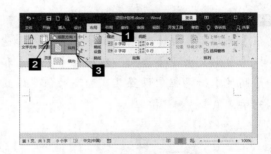

## 3.1.2 使用样式

样式是指一组已经命名的字符和段落格式。在编辑文档的过程中，正确设置和使用样式可以极大地提高工作效率。

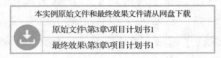 

本实例原始文件和最终效果文件请从网盘下载
原始文件\第3章\项目计划书1
最终效果\第3章\项目计划书1

扫码看视频

本小节我们先新建样式，样式建立好后再为项目计划书的各部分内容套用样式。为了体验样式在长文档编辑中带来的快捷高效，我们通过修改项目计划书正文的字体格式，来看看使用样式后的文档。

### 1. 套用系统内置样式

Word自带了一个样式库，用户既可以套用内置样式设置文档格式，也可以根据需要更改样式。

### ○ 使用【样式】库

下面介绍使用Word系统提供的【样式】库中的样式设置文档格式的方法。

**1** 打开本实例的原始文件，选中要使用样式的一级标题文本（第一部分 项目概况），切换到【开始】选项卡，单击【样式】组中【样式】按钮，在弹出的下拉列表中选择【标题1】选项。

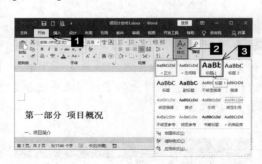

**2** 使用同样的方法，选中要使用样式的二级标题文本（一、项目简介），从弹出的【样式】下拉列表中选择【标题2】选项。

## ○ 利用【样式】任务窗格

除了利用【样式】库之外，用户还可以利用【样式】任务窗格应用内置样式。具体的操作步骤如下。

**1** 选中要使用样式的三级标题文本（1.工作范围），切换到【开始】选项卡，单击【样式】组右下角的【对话框启动器】按钮🔲。

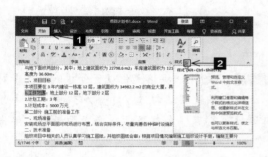

**2** 弹出【样式】任务窗格，然后单击右下角的【选项...】按钮。

**3** 弹出【样式窗格选项】对话框，在【选择要显示的样式】下拉列表中选择【所有样式】选项，单击 确定 按钮。

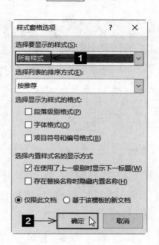

**4** 返回【样式】任务窗格，然后在【样式】列表框中选择【标题3】选项。

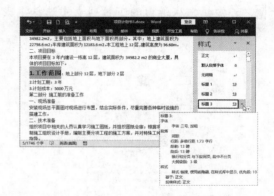

**5** 使用同样的方法，用户可以设置其他标题的格式。

## 2. 自定义样式

在Word的空白文档窗口中，用户可以新建一种全新的样式，例如新的文本样式、新的表格样式或者新的列表样式等。新建样式的具体步骤如下。

**1** 选中要应用新建样式的图片，然后在【样式】任务窗格中单击【新建样式】按钮 <sub></sub>。

**2** 弹出【根据格式化创建新样式】对话框，在【名称】文本框中输入新样式的名称"图"，在【后续段落样式】下拉列表中选择【图】选项，在【格式】组合框单击【居中】按钮 ，经过这些设置后，应用"图"样式的图片就会居中显示在文档中。单击 格式(O)▼ 按钮，从弹出的下拉列表中选择【段落】选项。

**3** 弹出【段落】对话框，在【行距】下拉列表中选择【最小值】选项，在【设置值】微调框中输入"12磅"，然后分别在【段前】和【段后】微调框中输入"0.5行"。经过设置后，应用"图"样式的图片就会以行距12磅，段前、段后各空0.5行的方式显示在文档中，单击 确定 按钮。

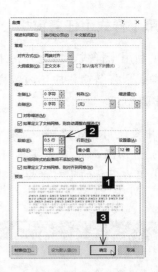

**4** 返回【根据格式化设置创建新样式】对话框。系统默认勾选了【添加到样式库】复选框，所有样式都显示在样式面板中，单击 确定 按钮。

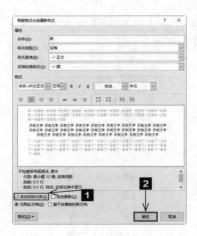

**5** 返回Word文档，此时新建样式"图"就显示在【样式】任务窗格中了，选中的图片自动应用该样式。

## 3. 修改样式

无论是Word 2019的内置样式，还是Word 2019的自定义样式，用户都可以随时对其进行修改。在Word 2019中修改正文的字体、段落样式的具体步骤如下。

**1** 将光标定位到正文文本中，在【样式】任务窗格中的【样式】列表中选择【正文】选项，然后单击鼠标右键，从弹出的快捷菜单中选择【修改】选项。

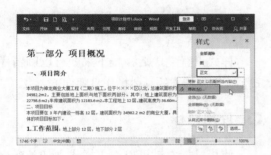

**2** 弹出【修改样式】对话框，可以查看正文的样式，单击【格式(O)▼】按钮，从弹出的下拉列表中选择【字体】选项。

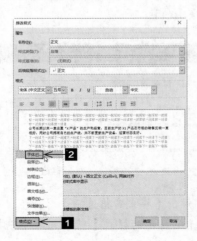

**3** 弹出【字体】对话框，系统自动切换到【字体】选项卡，在【中文字体】下拉列表中选择【华文中宋】选项，其他设置保持不变，单击【确定】按钮。

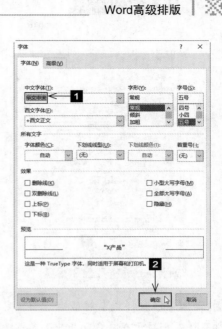

**4** 返回【修改样式】对话框，然后单击【格式(O)▼】按钮，从弹出的下拉列表中选择【段落】选项。

**5** 弹出【段落】对话框，切换到【缩进和间距】选项卡，然后在【特殊格式】下拉列表中选择【首行缩进】选项，在【缩进值】微调框中输入"2字符"，单击【确定】按钮。

**6** 返回【修改样式】对话框，修改完成后的所有样式都显示在样式面板中，单击 确定 按钮。

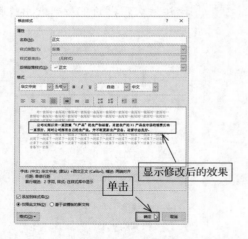

显示修改后的效果

单击

**7** 返回Word文档，此时文档中正文格式的文本以及基于正文格式的文本都自动应用了新的正文样式。

**8** 将鼠标指针移动到【样式】任务窗格中的【正文】选项上，此时可以查看正文的样式。使用同样的方法修改其他样式即可。

## 4. 刷新样式

样式设置完成后，接下来就可以刷新样式了。刷新样式的具体操作步骤如下。

### ○ 使用鼠标

使用鼠标左键可以在【样式】任务窗格中快速刷新样式。

**1** 打开【样式】任务窗格，单击右下角的【选项】按钮。

**2** 弹出【样式窗格选项】对话框，然后在【选择要显示的样式】下拉列表中选择【当前文档中的样式】选项，单击 确定 按钮。

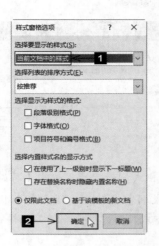

**3** 返回【样式】任务窗格，此时【样式】任务窗格中只显示当前文档中用到的样式，便于用户刷新格式。

**4** 按【Ctrl】键，同时选中所有要刷新的一级标题的文本，然后在【样式】下拉列表中选择【标题1】选项，此时所有选中的一级标题的文本都应用该样式。

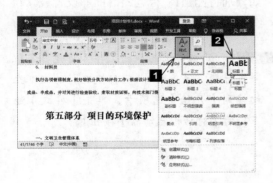

## ◎ 使用格式刷

除了使用鼠标刷新样式外，用户还可以使用剪贴板上的【格式刷】按钮，复制一个文本的样式，通过【格式刷】然后将其应用到另一个文本。

**1** 在Word文档中，选中已经应用"标题2"样式的二级标题文本，然后切换到【开始】选项卡，单击【剪贴板】组中的【格式刷】按钮，此时格式刷呈蓝色底纹显示，说明已经复制了选中文本的样式。

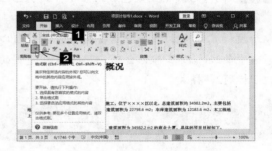

**2** 将鼠标指针移动到文档的编辑区域，此时鼠标指针变成 形状。

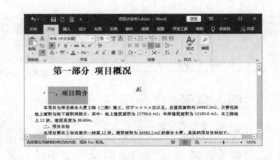

**3** 滑动鼠标滚轮或拖曳文档中的垂直滚动条，将鼠标指针移动到要刷新样式的文本段落上，然后单击鼠标左键，此时该文本段落就自动应用格式刷复制的"标题2"样式。

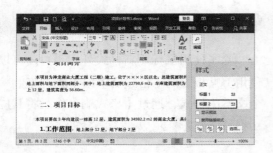
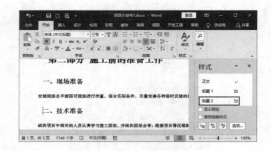

**4** 如果用户要将多个文本段落刷新成同一样式，那么，要先选中已经应用了"标题2"样式的二级标题文本，然后双击【剪贴板】组中的【格式刷】按钮 。

**5** 此时格式刷呈蓝色底纹显示，说明已经复制了选中文本的样式，然后依次在想要刷新该样式的文本段落中单击鼠标左键，随即选中的文本段落都会自动应用格式刷复制的"标题2"样式。

**6** 该样式刷新完毕，单击【剪贴板】组中的【格式刷】按钮 ，退出复制状态。使用同样的方式，用户可以刷新其他样式。

## 3.1.3 插入并编辑目录

项目计划书文档创建完成后，为了便于阅读，还可以为文档添加一个目录。使用目录可以使文档的结构更加清晰，便于阅读者对整个文档进行定位。

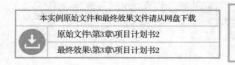

本实例原始文件和最终效果文件请从网盘下载
原始文件\第3章\项目计划书2
最终效果\第3章\项目计划书2

扫码看视频

### 1. 插入目录

生成目录之前，先要根据文本的标题样式设置大纲级别，大纲级别设置完毕后，再在文档中插入目录。

#### ◯ 设置大纲级别

Word 2019是使用层次结构来组织文档的，大纲级别就是段落所处层次的级别编号。Word 2019提供的内置标题样式中的大纲级别都是默认设置的，用户可以直接生成目录。当然，用户也可以自定义大纲级别，例如分别将标题1、标题2和标题3设置成1级、2级和3级。设置大纲级别的具体步骤如下。

**1** 打开本实例的原始文件，将光标定位在一级标题"第一部分 项目概况"的文本上，切换到【开始】选项卡，单击【样式】组右下角的【对话框启动器】按钮 。

**2** 弹出【样式】任务窗格，在【样式】列表框中选择【标题1】选项，然后单击鼠标右键，从弹出的快捷菜单中单击【修改】选项。

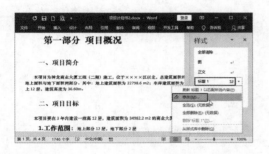

**3** 弹出【修改样式】对话框，然后单击格式(O)▼按钮，从弹出的下拉列表中选择【段落】选项。

**4** 弹出【段落】对话框，切换到【缩进和间距】选项卡，在【常规】组合框中的【大纲级别】下拉列表中选择【1级】选项，单击确定按钮。

**5** 返回【修改样式】对话框，再次单击确定按钮，返回Word文档，设置效果如下图所示。

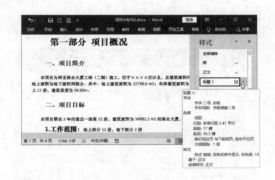

**6** 使用同样的方法，将"标题2"的大纲级别设置为"2级"。

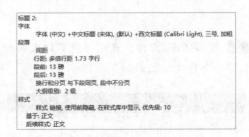

**7** 使用同样的方法，将"标题3"的大纲级别设置为"3级"。

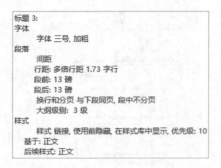

标题 3:
字体
　　字体 三号, 加粗
段落
　　间距
　　行距: 多倍行距 1.73 字行
　　段前: 13 磅
　　段后: 13 磅
　　换行和分页 与下段同页, 段中不分页
　　大纲级别: 3 级
样式
　　样式 链接, 使用前隐藏, 在样式库中显示, 优先级: 10
基于: 正文
后续样式: 正文

## ○ 生成目录

大纲级别设置完毕, 接下来就可以生成目录了。生成自动目录的具体步骤如下。

**1** 将光标定位到文档中第一行的行首, 切换到【引用】选项卡, 单击【目录】组中的【目录】按钮, 从弹出下拉列表中选择【内置】中的目录选项即可, 例如选择【自动目录1】选项。

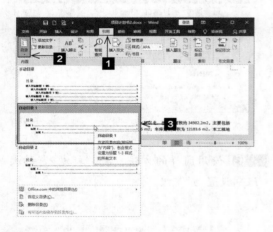

**2** 返回Word文档, 在光标所在位置自动生成了一个目录, 效果如下图所示。

## 2. 修改目录

如果用户对插入的目录不是很满意, 还可以修改目录或自定义个性化的目录。修改目录的具体步骤如下。

**1** 切换到【引用】选项卡, 单击【目录】组中的【目录】按钮, 从弹出的下拉列表中选择【自定义目录】选项。

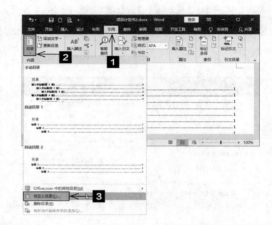

**2** 弹出【目录】对话框, 系统自动切换到【目录】选项卡, 在【常规】组合框中的【格式】下拉列表中选择【来自模板】选项, 单击 修改(M)... 按钮。

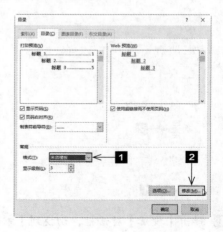

**3** 弹出【样式】对话框，在【样式】列表框中选择【TOC1】选项，单击 修改(M)... 按钮。

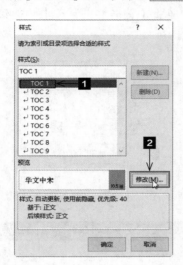

**4** 弹出【修改样式】对话框，在【格式】组合框中的【字体颜色】下拉列表中选择【紫色】选项，然后单击【加粗】按钮 B，单击 确定 按钮。

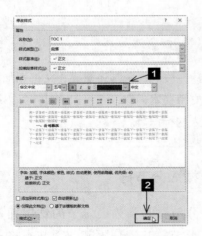

**5** 返回【样式】对话框，在【预览】组合框中可以看到"TOC1"的设置效果，单击 确定 按钮，返回【目录】对话框。

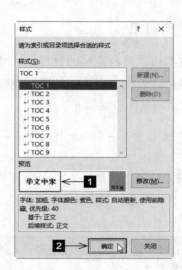

**6** 在预览组合框中可以看到"TOC1"的设置效果，单击 确定 按钮，弹出【Microsoft Word】提示对话框，询问用户要替换此目录吗，单击 是(Y) 按钮。

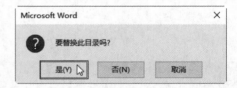

**7** 返回Word文档，可以看到设置后的效果，用户还可以直接在生成的目录中对目录的字体格式和段落格式进行设置，设置完毕，效果如下图所示。

### 3. 更新目录

在编辑或修改文档的过程中，如果文档内容或格式发生了变化，则需要更新目录。更新目录的具体步骤如下。

**1** 将文档中第一个一级标题（第一部分 项目概况）文本改为"第一部分 项目概要"，切换到【引用】选项卡，单击【目录】组中的【更新目录】按钮□。

**2** 弹出【更新目录】对话框，在【Word 正在更新目录，请选择下列选项之一：】组合框中单击【更新整个目录】单选钮，单击 确定 按钮。

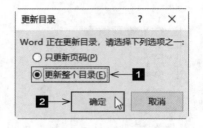

**3** 返回 Word 文档，效果如下图所示。

## 3.1.4 插入页眉和页脚

为了使文档的整体显示效果更具专业水准，文档创建完成后，通常还需要为文档添加页眉、页脚、页码等元素。Word 2019文档的页眉或页脚不仅支持文本内容，还可以在其中插入图片，例如在页眉或页脚中插入公司的Logo、单位的徽标、个人的标识等。

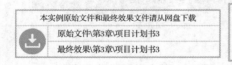
本实例原始文件和最终效果文件请从网盘下载
原始文件\第3章\项目计划书3
最终效果\第3章\项目计划书3

扫码看视频

### 1. 插入分隔符

当文本或图形等内容填满一页时，Word文档会自动插入一个分页符并开始新的一页。另外，用户还可以根据需要进行强制分页或分节。

### ○ 插入分节符

分节符是指为表示节的结尾插入的标记。分节符起着分隔其前面文本格式的作用，如果删除了某个分节符，它前面的文字会合并到后面的节中，并且采用后者的格式设置。在Word文档中插入分节符的具体步骤如下。

**1** 打开本实例的原始文件，将光标定位在一级标题"第一部分 项目概要"的行首。切换到【布局】选项卡，单击【页面设置】组中的【插入分页符和分节符】按钮，从弹出的下拉列表中选择【分节符】列表框中的【下一页】选项。

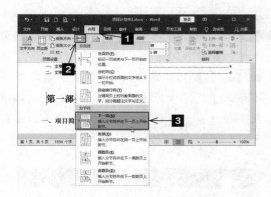

**2** 此时在文档中插入了一个分节符，光标之后的文本自动切换到了下一页。如果看不到分节符，可以切换到【开始】选项卡，然后在【段落】组中单击【显示/隐藏编辑标记】按钮。

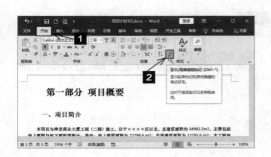

## ○ 插入分页符

分页符是一种符号，显示在上一页结束以及下一页开始的位置。在Word文档中插入分页符的具体步骤如下。

**1** 将光标定位在一级标题"第二部分 施工前的准备工作"的行首。切换到【布局】选项卡，单击【页面设置】组中的【插入分页符和分节符】按钮，从弹出的下拉列表中选择【分页符】列表框中的【分页符】选项。

**2** 此时在文档中插入了一个分页符，光标之后的文本自动切换到了下一页。使用同样的方法，在所有的一级标题前分页。

**3** 将光标移动到首页，选中文档目录，然后单击鼠标右键，在弹出的快捷菜单中选择【更新域】选项。

**4** 弹出【更新目录】对话框，在【Word正在更新目录，请选择下列选项之一：】组合框中单击【只更新页码】单选钮，单击 确定 按钮即可更新目录页码。

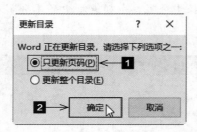

## 2. 插入页眉

页眉和页脚常用于显示文档的附加信息，在页眉和页脚中既可以插入文本，也可以插入图片。下面以在项目计划书中的页眉中插入Logo，在页脚中插入页码为例来具体讲解。

在计划书的页眉中插入Logo，能体现公司所具有的属性或特征，在页眉中插入Logo的具体操作步骤如下。

**1** 在第2节中第1页的页眉或页脚处双击鼠标左键，此时页眉和页脚处于编辑状态，同时激活【页眉和页脚工具】栏。

**2** 切换到【页眉和页脚工具】栏中的【设计】选项卡，在【选项】组中勾选【奇偶页不同】复选框，然后在【导航】组中单击【链接到前一条页眉】按钮，将其撤选。

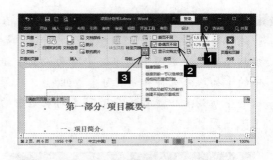

**3** 在页眉中插入一个无填充、无轮廓的文本框，并输入文字（如输入"LOGO"），切换到【开始】选项卡，将其字体设置为【仿宋】，字号为【小二】，单击【字体颜色】按钮，在弹出的下拉列表中选择【蓝色，个性色1，深色25%】选项。

**4** 设置完毕，将文本框移动到合适位置。

**5** 使用同样的方法为第2节中的奇数页插入页眉，同样在【选项】组中撤选【链接到前一条页眉】按钮。

**6** 设置完毕，切换到【页眉和页脚工具】栏中的【设计】选项卡，在【关闭】组中单击【关闭页眉和页脚】按钮，可以看到设置后的效果。

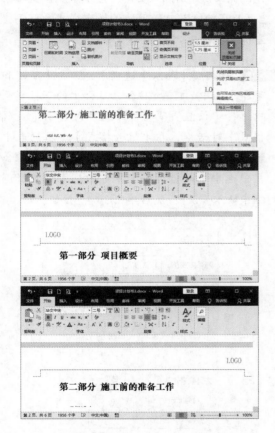

## 3. 插入页脚

项目计划书是一个多页的文档，为了便于用户的浏览和打印，需要在计划书的页脚处插入并编辑页码。

## ○ 从首页开始插入页码

默认情况下，Word文档都是从首页开始插入页码的。接下来为目录部分设置罗马数字样式的页码，具体的操作步骤如下。

**1** 切换到【插入】选项卡，单击【页眉和页脚】组中的页码·按钮，从弹出的下拉列表中选择【设置页码格式】选项。

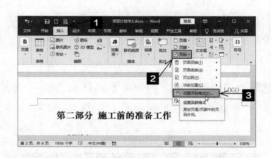

**2** 弹出【页码格式】对话框，在【编号格式】下拉列表中选择【Ⅰ,Ⅱ,Ⅲ,...】选项，然后单击 确定 按钮。

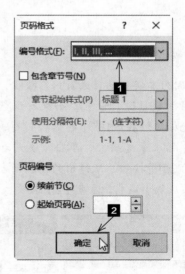

**3** 因为设置页眉、页脚时选中了【奇偶页不同】选项，所以此处的奇偶页页码也要分别进行设置。将光标定位在第1节中的奇数页中，单击【页眉和页脚】组中的页码·按钮，从弹出的下拉列表中选择【页面底端】▶【普通数字2】选项。

**4** 此时页眉、页脚处于编辑状态，并在第1节中的奇数页底部插入了罗马数字样式的页码。

**5** 因为本实例的目录页内容较少，所以不需要对偶数页进行设置，如果有偶数页，可以将光标定位在第1节中的偶数页页脚中，切换到【插入】选项卡，单击【页眉和页脚】组中的 页码· 按钮，从弹出的下拉列表中选择【页面底端】➢【普通数字2】选项。

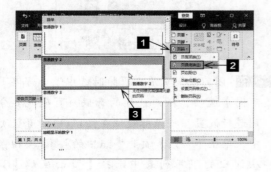

**6** 此时在第1节中的偶数页底部插入了罗马数字样式的页码。设置完毕，在【关闭】组中单击【关闭页眉和页脚】按钮 。

**7** 另外，用户可以按照自己的需要对插入的页码进行字体格式设置。

## ○ 从第N页开始插入页码

在Word文档中除了可以从首页开始插入页码以外，还可以使用"分节符"功能从指定的第N页开始插入页码。接下来从正文（第2页）开始插入普通阿拉伯数字样式的页码，具体的操作步骤如下。

**1** 切换到【插入】选项卡，单击【页眉和页脚】组中的 页码· 按钮，从弹出的下拉列表中选择【设置页码格式】选项。弹出【页码格式】对话框，在【编号格式】下拉列表中选择【1,2,3,...】选项，在【页码编号】组合框中选中【起始页码】单选钮，右侧的微调框中输入"2"，然后单击 确定 按钮。

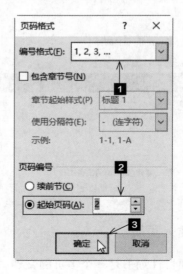

**2** 将光标定位在第2节中的奇数页中，单击【页眉和页脚】组中的 页码·按钮，从弹出的下拉列表中选择【页面底端】➤【普通数字1】选项。

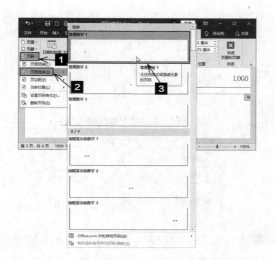

**3** 此时页眉、页脚处于编辑状态，并在第2节中的奇数页底部插入了阿拉伯数字样式的页码。

**4** 将光标定位在第2节中的偶数页页脚中，切换到【页眉和页脚工具】栏中的【设计】选项卡，在【页眉和页脚】组中单击 页码·按钮，从弹出的下拉列表中选择【页面底端】➤【普通数字3】选项，插入页码效果如下图所示。

**5** 设置完毕，在【关闭】组中单击【关闭页眉和页脚】按钮，返回Word文档即可看到第2节中的页眉和页脚以及页码的效果。

## ◎ 根据装订线位置来插入页码

文档编辑时，用户需要设定其装订线的位置。在日常办公中，多数的装订线都在文档的左侧或者文档的上方，那么在插入页码时，就需要根据装订线的位置来确定插入页码的位置。

如果文档的装订线在左侧，那么需要插入的页码为【页面底端】➤【普通数字3】选项。

如果文档的装订线在上方，那么需要插入的页码为【页面底端】➤【普通数字2】选项，将页码居中显示。

## 3.1.5 插入题注和脚注

在编辑文档的过程中，为了使读者便于阅读和理解文档内容，经常在文档中插入题注和脚注，用于对文档的对象进行解释说明。

本实例原始文件和最终效果文件请从网盘下载
原始文件\第3章\项目计划书4
最终效果\第3章\项目计划书4

扫码看视频

### 1. 插入题注

题注是指出现在图片下方的一段简短描述。题注是用简短的话语叙述关于该图片的一些重要的信息，例如图片与正文的相关之处。

在插入的图形中添加题注，不仅可以满足排版需要，而且便于读者阅读。插入题注的具体步骤如下。

**1** 打开本实例的原始文件，选中准备插入题注的图片，切换到【引用】选项卡，单击【题注】组中的【插入题注】按钮。

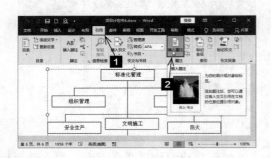

**2** 弹出【题注】对话框，在【题注】文本框中自动显示"Figure 1"，在【标签】下拉列表中选择【Figure】选项，在【位置】下拉列表中自动选择【所选项目下方】选项，单击 新建标签(N)... 按钮。

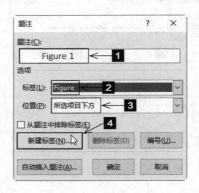

**3** 弹出【新建标签】对话框，在【标签】文本框中输入"图"，单击 确定 按钮。

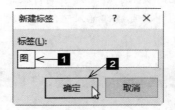

**4** 返回【题注】对话框，此时在【题注】文本框中自动显示"图 1"，在【标签】下拉列表中自动选择【图】选项，在【位置】下拉列表中自动选择【所选项目下方】选项，然后单击 确定 按钮。

**5** 返回 Word 文档，此时，在选中图片的下方自动显示题注"图1"。

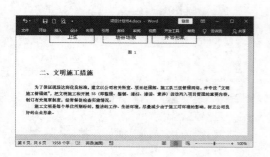

### 2. 插入脚注

除了插入题注以外，用户还可以在文档中插入脚注和尾注，对文档中某个内容进行解释、说明或提供参考资料等对象。插入脚注具体的操作步骤如下。

**1** 选中要设置段落格式的段落，将光标定位在准备插入脚注的位置，切换到【引用】选项卡，单击【脚注】组中的【插入脚注】按钮。

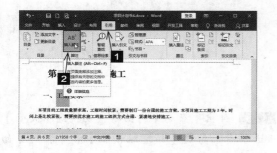

**2** 此时，在文档的底部出现一个脚注分隔符，在分隔符下方输入脚注内容即可。

**3** 将光标移动到插入脚注的标识上，可以查看脚注内容。

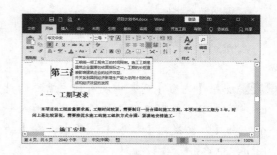

## 3.1.6 设计文档封面

在Word文档中，通过插入图片和文本框，用户可以快速地设计文档封面。

扫码看视频

### 1. 自定义封面

设计文档封面底图时，用户既可以直接使用系统内置的封面，也可以自定义封面底图。在Word文档中插入自定义封面底图的具体步骤如下。

1 打开本实例的原始文件，切换到【插入】选项卡，在【页面】组中单击【封面】按钮，从弹出的【内置】下拉列表中选择一种合适的选项。

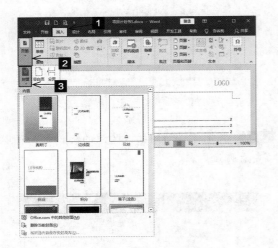

2 如果【内置】列表中没有用户需要的封面，用户可以自己创建文档的封面。插入一个空白页，切换到【插入】选项卡，在【插图】组中单击 图片按钮。

3 弹出【插入图片】对话框，从中选择要插入的图片素材文件"图片1"，单击 插入(S) 按钮。

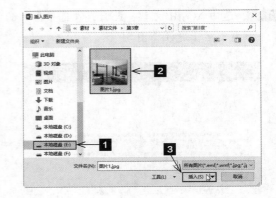

4 返回Word文档，此时，文档中插入了一个封面图片。选中该图片，然后单击鼠标右键，从弹出的快捷菜单中选择【大小和位置】选项。

5 弹出【布局】对话框，切换到【大小】选项卡，勾选【锁定纵横比】和【相对原始图片大小】复选框，然后在【高度】组合框中的【绝对值】微调框中输入"12.21厘米"，在【宽度】组合框中的【绝对值】微调框中输入"18.27厘米"。

**6** 切换到【文字环绕】选项卡，在【环绕方式】组合框中选择【衬于文字下方】选项。

**7** 切换到【位置】选项卡，在【水平】组合框中选中【绝对位置】单选钮，在【右侧】下拉列表中选择【页面】选项，在左侧的微调框中输入"-0.03厘米"；在【垂直】组合框中选中【绝对位置】单选钮，在【下侧】下拉列表中选择【页面】选项，在左侧的微调框中输入"4.29厘米"，单击 确定 按钮。

## 2. 使用形状为封面设置层次

返回Word文档，可以看到图片插入到页面中了，这时如若再输入文字，会让页面显得混乱。为了突出显示文字部分，这里可以在图片上插入四个交叉的三角形来为封面设置层次。插入形状的具体步骤如下。

**1** 切换到【插入】选项卡，在【插图】组中单击 形状 按钮，从弹出的下拉列表中选择【基本形状】▶【直角三角形】选项 。

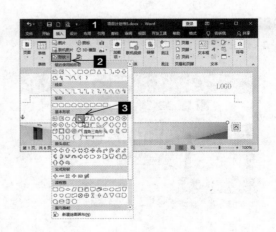

**2** 当鼠标指针变为 ✚ 形状时，将鼠标指针移动到要插入形状的位置上，按住鼠标左键不放，拖曳鼠标指针即可绘制一个三角形，绘制完毕，放开鼠标左键即可。

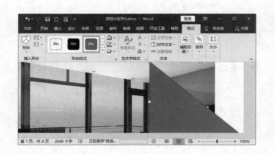

**3** 选中三角形，切换到【绘图工具】下的【格式】选项卡，在【形状样式】组中单击🎨形状填充▾按钮，从弹出的下拉列表中选择【白色，背景1】选项。

**4** 在【形状样式】组中单击 ✏️形状轮廓▾按钮，从弹出的下拉列表中选择【无轮廓】选项。

**5** 在【排列】组中单击【旋转】按钮🔄，在弹出的下拉列表中选择【水平翻转】选项。

**6** 设置三角形的大小，并将其移动到合适的位置，效果如下图所示。

**7** 使用同样的方法再插入一个白色的三角形，并将其移动到合适的位置，效果如下图所示。

**8** 只插入白色的形状，会略显单调，此处可以在白色的形状上面再插入两个浅蓝色的形状，复制并粘贴设置好的两个三角形。

**9** 选中粘贴的一个三角形，切换到【绘图工具】下的【格式】选项卡，在【形状样式】组中单击 形状填充 按钮，从弹出的下拉列表中选择【其他填充颜色】选项。

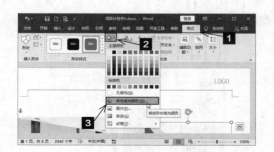

**10** 弹出【颜色】对话框，切换到【自定义】选项卡，在【颜色模式】下拉列表中选择【RGB】选项，然后通过调整【红色】【绿色】【蓝色】微调框中的数值来选择合适的颜色，此处【红色】【绿色】【蓝色】微调框中的数值分别设置为【157】【195】【230】，单击 确定 按钮。

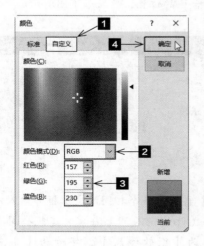

**11** 首先设置另一个三角形的RGB颜色为【208】【227】【242】，然后移动两个三角形的位置，效果如下图所示。

**12** 为了使页面协调，还可以将下方的形状设置为【置于顶层】。选中下方的形状，单击鼠标右键，在弹出的快捷菜单中选择【置于顶层】➤【置于顶层】选项。

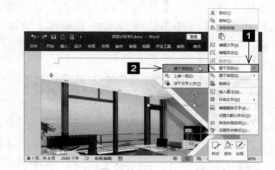

### 3. 设计封面文字

在编辑Word文档中经常使用文本框设计封面文字，具体步骤如下。

**1** 切换到【插入】选项卡，单击【文本】组中的【文本框】按钮，从弹出的【内置】列表框中选择【简单文本框】选项。

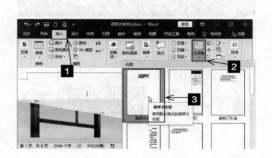

**2** 此时，文档中插入了一个简单文本框，在文本框中输入名称"项目计划书"。

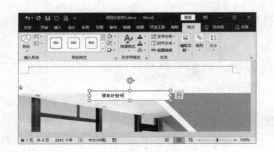

**3** 选中该文本框，切换到【开始】选项卡，在【字体】组中的【字体】下拉列表中选择【微软雅黑】选项，在【字号】下拉列表中选择【初号】选项，单击【加粗】按钮 B 。

**4** 设置完成后，可以看到字体是浓重的黑色，为了整体页面美观，可以对字体进行颜色设置。在【字体】组单击【字体颜色】按钮 ，在弹出的下拉列表中选择【其他颜色】选项。

**5** 弹出【颜色】对话框，切换到【自定义】选项卡，在【颜色模式】下拉列表中选择【RGB】选项，然后通过调整【红色】【绿色】【蓝色】微调框中的数值来选择合适的颜色，此处【红色】【绿色】【蓝色】微调框中的数值分别设置为【91】【155】【213】，单击 确定 按钮。

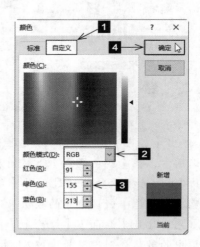

**6** 将文本框设置为无填充、无轮廓后，移动到合适的位置，效果如下图所示。

**7** 再插入一个相同的文本框并输入对应的文字（此处输入"上海××建筑公司"），字体为【微软雅黑】，字号为【小三】，其颜色与上面字体颜色一样，效果如下图所示。

**8** 为了页面的整体协调，可以插入一个 Logo图标，调整其环绕方式和大小，并移动到合适的位置，效果如下图所示。

**9** 版面上只有文字，略显空旷，此处可以在"项目计划书"底层插入一个箭头。切换到【插入】选项卡，在【插图】组中单击 ☐形状▾ 按钮，从弹出的下拉列表中选择【箭头总汇】▶【箭头：右】选项。

**10** 当鼠标指针变为 ✚ 形状时，将鼠标指针移动到要插入箭头的位置上，按住鼠标左键不放，拖曳鼠标即可绘制一个箭头，绘制完毕，放开鼠标左键即可。

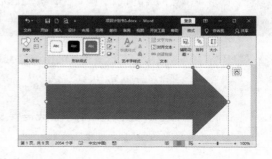

**11** 选中箭头，按照前面介绍的方法，调整其大小，并将其填充颜色设置为【222】【235】【247】，形状轮廓为【无轮廓】，并将其【置于底层】，效果如下图所示。

**12** 选中箭头和文本框，切换到【绘图工具】下的【格式】选项卡，在【排列】组中单击【组合】按钮 ⊞，在弹出的下拉列表中选择【组合】选项。

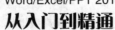

# 3.2 岗位职责说明书

岗位职责说明书,是表明企业规定员工应该做些什么、怎么做和在什么样的情况下履行职责的总汇。岗位工作说明书最好是根据公司的具体情况进行制定。

## 3.2.1 设计结构图标题

在制作岗位职责说明书之前,首先需要设置说明书的标题。

### 1. 设置纸张方向

在制作岗位职责说明书之前,首先要设置纸张的方向,具体的操作步骤如下。

**1** 新建一个Word文档,将其命名为"岗位职责说明书",保存到合适的位置。

**2** 打开文件,切换到【布局】选项卡,在【页面设置】组中单击 纸张方向 按钮右侧的下三角,在弹出的下拉列表中选择【横向】选项,返回到文档中即可看到纸张变为横向。

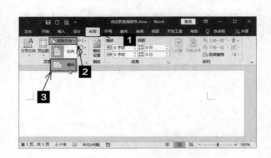

### 2. 插入标题

设置完纸张方向,可以输入标题内容,并设置其字体格式,具体步骤如下。

**1** 在Word文档中输入标题内容,选中文本,切换到【开始】选项卡,在【字体】组中的【字体】下拉列表中选择【华文中宋】选项,在【字号】下拉列表中选择【小一】,单击【加粗】按钮 B。

**2** 在【段落】组中单击【居中】按钮 ，将标题在页面中居中显示。

**3** 设置标题后，在文档中输入正文内容，并设置其字体格式，效果如下图所示。

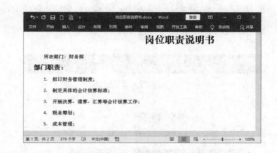

## 3.2.2 绘制SmartArt图形

如果要展示整个部门的岗位设置情况时，常规做法是通过添加形状与文字来完成，但这种做法步骤繁琐，涉及形状的对齐和分布以及连接线等工具。这时可以使用Word自带的SmartArt图形，会更快速方便。

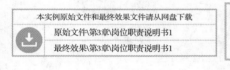

本实例原始文件和最终效果文件请从网盘下载
原始文件\第3章\岗位职责说明书1
最终效果\第3章\岗位职责说明书1

扫码看视频

### 1. 插入SmartArt图形

插入SmartArt图形的操作步骤如下。

**1** 打开本实例的原始文件，将光标定位在要插入图形的位置，切换到【插入】选项卡，单击【插图】组中的 SmartArt 按钮。

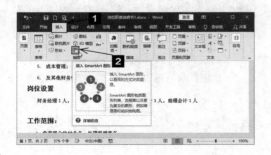

**2** 弹出【选择SmartArt图形】对话框，切换到【层次结构】选项卡，在右侧的列表框中选择【组织结构图】，单击 确定 按钮。

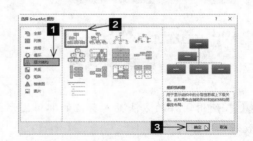

**3** 返回Word文档，此时就可以看到插入的SmartArt图形。

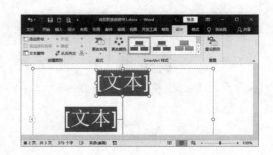

**4** 因插入的SmartArt图形与公司要添加的组织结构图有差异，我们可以对插入的图形进行删减与调整，选中多余或位置不合适的图形，按【Delete】键删除。

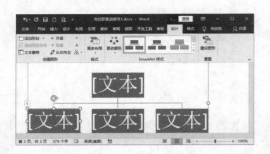

**5** 如果还要添加职位，可以通过右键添加形状来实现。选中需要添加的形状，单击鼠标右键，在弹出的快捷菜单中选择【在下方添加形状】选项。

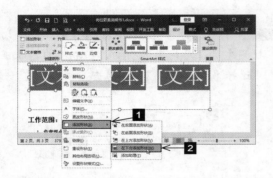

**6** 使用同样的方法插入其他的职位图形，效果如下图所示。

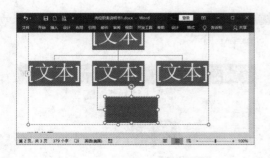

**7** 在结构图框上单击鼠标左键，输入文本内容。

**8** 一个一个地输入比较麻烦，用户也可以单击左侧的【展开】按钮，弹出【在此处键入文字】任务窗格，然后输入文字。

**9** 返回Word文档，用户可以看到在SmartArt图形四周有8个控制点，将鼠标指针放在控制点上，鼠标指针呈⟷形状，按住鼠标左键不放，此时鼠标指针呈十形状显示，拖曳鼠标指针即可调整图形的大小。

## 2. 美化SmartArt图形

SmartArt图形对文本内容具有强大的图形化表达能力，可以让文本内容突出层次、顺序和结构的关系。

如果用户对插入的图形不满意，可以对SmartArt图形进行设置更改，具体步骤如下。

**1** 从图中可以看到，插入的新形状与原来的布局不太相符，这里可以对其进行设置。选中需要调整的形状，切换到【SmartArt工具】下的【设计】选项卡，在【创建图形】组中单击【布局】按钮，在弹出的下拉列表中选择【标准】选项。

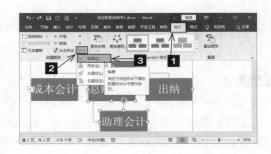

**2** 设置布局后，可以对图形的大小进行设置。选中所有的图形，切换到【格式】选项卡，在【大小】组中的【高度】微调框中输入"1.5厘米"。

**3** 选中SmartArt图形，切换到【设计】选项卡，在【SmartArt样式】组中选择【中等效果】选项。

**4** 如果要为SmartArt图形添加颜色，在【SmartArt样式】组中单击【更改颜色】按钮，从弹出的下拉列表中选择【彩色填充—个性色1】选项。

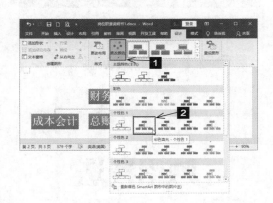

**5** 设置完成，返回Word文档，可以看到设置后的效果。

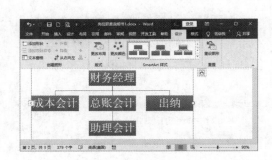

**6** 从图中可以看到，图形中的文字几乎充满了图形，那么就需要对字体进行设置。按照前面介绍的方法，将字体设置为【宋体】，字号为【18】。

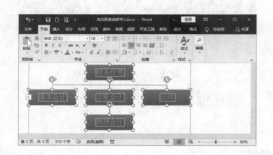

**7** 设置完成，即可在Word文档中看到设置后的效果。

# 妙招技法

## 锁住样式

对于已经设置好样式的文本，如果用户不希望被别人修改，可以设置修改权限，锁住自己的文本样式。具体的操作步骤如下。

本实例原始文件和最终效果文件请从网盘下载
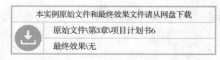
原始文件\第3章\项目计划书6
最终效果\无

扫码看视频

**1** 打开本实例的原始文件，切换到【开发工具】选项卡，在【保护】组中单击【限制编辑】按钮。

**2** 弹出【限制编辑】任务窗格，选中【限制对选定的样式设置格式】复选框，接着单击【设置】链超接。

**3** 弹出【格式化限制】对话框，在【样式】组合框中，单击【当前允许使用的样式】列表框下方的 无(N) 按钮，撤选列表框中所有的复选框，然后选择该文档中使用的样式，单击 确定 按钮。

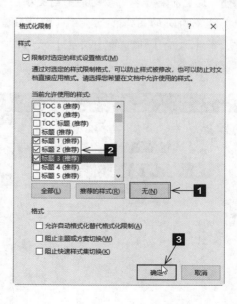

**4** 弹出【Microsoft Word】信息提示框，单击 否(N) 按钮。

**5** 返回文档中，然后在【限制编辑】任务窗格中单击 是，启动强制保护 按钮。

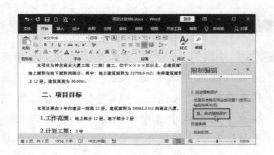

**6** 弹出【启动强制保护】对话框，在【新密码（可选）】和【确认新密码】文本框中输入密码"123"，单击 确定 按钮。

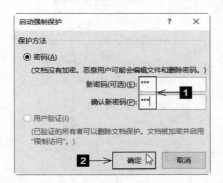

**7** 返回文档，保护文档的操作就完成了。

**8** 切换到【开始】选项卡，单击【样式】组右下角的【对话框启动器】按钮，弹出【样式】任务窗格，此时用户可以发现被保护的样式都不显示，并且功能区的工具处于非激活状态。

## 为文档设置多格式的页码

用户可以使用Word提供的插入页码功能为文档插入页码，插入页码的方法很多，而且插入的位置和格式也可以各不相同。例如，页码可以设置在底端右侧居中等。而且对于有目录的公司刊物，目录和内容的页码还可以设置为不同的格式。

下面就以编辑招生传真文档为例，为该文档插入两种格式的页码，具体的操作步骤如下。

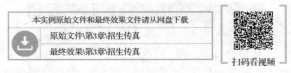

本实例原始文件和最终效果文件请从网盘下载
原始文件\第3章\招生传真
最终效果\第3章\招生传真

扫码看视频

**1** 打开本实例的原始文件，切换到【插入】选项卡，在【页眉和页脚】组中单击【页码】按钮，在弹出的下拉列表中选择【设置页码格式】选项。

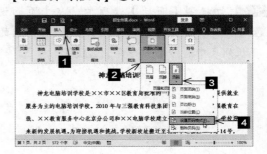

**2** 弹出【页码格式】对话框，在【编号格式】下拉列表中选择【Ⅰ,Ⅱ,Ⅲ…】选项，然后在【页码编号】组合框中选中【起始页码】单选钮，【起始页码】微调框中会自动出现"Ⅰ"，单击 确定 按钮。

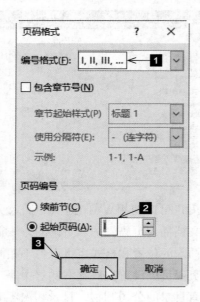

**3** 返回文档中，将插入点定位到要分节的页面尾部，这里要将第1页和第2页的页码分为两种格式，所以将插入点定位在第1页内容的尾部，即"创造未来！"的后面。

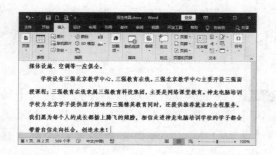

**4** 切换到【布局】选项卡，在【页面设置】组中单击【分隔符】按钮 ，在弹出的下拉列表中选择【下一页】选项。

**5** 此时将第1页和第2页分为两节。

**6** 按照前面介绍的插入页码的方法为后面的页数插入新的页码。在【编号格式】下拉列表中选择【A,B,C,…】选项，然后在【页码编号】组合框中选中【起始页码】单选钮，【起始页码】微调框中会自动出现"A"，单击 确定 按钮。

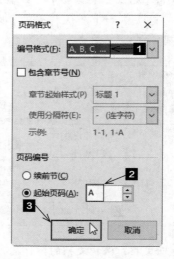

**7** 返回文档中，即可看到文档中插入的新页码。

**8** 此时原来的第1页的页码为"Ⅰ"，第2页的页码为"A"。

# 职场拓展

## 公司请假制度

这里我们来学习公司请假制度的制作。在制作请假制度前，首先要对纸张进行设置，设置完成后，根据需要插入制度标题以及形状，并配置对应的文字。下面是一个请假制度及请假流程，用户需要在原始文件的基础上插入对应的流程图、输入文本、插入连接线，并对请假制度进行格式设置，以及对流程图进行美化。具体制作过程请扫右侧二维码观看视频学习。

扫码看视频

　　(2) 符合晚婚年龄（女23周岁，男25周岁）结婚的，可享受晚婚7天（含3天法定婚假）婚假。

　　(3) 婚假包括公休假和法定婚假，符婚的可以享受法定婚假，不折算法定婚假。

**4. 丧假**

　　(1) 员工直系亲属去世，准假3天。

　　(2) 近亲亲属去世，准假1天。

**5. 工伤假**

　　(1) 员工因工负伤，经职业资格考试确认后方可按工伤假处理。

　　(2) 在医疗、休养期间，凭医院出具的相关证明，工伤待遇根据工伤保险条例及当地工伤险有关规定由具的工伤险管理执行。

**6. 产假**

　　(1) 女员工生育符合国家相关计划生育，办妥生育登记手续的，公司准予产假。

　　(2) 请产假应提前15天填写《请假单》，报公司总经理，由总经理安排其人员接替其工作，并持《请假单》到职业资格招考试报备案。

**四、假期计算**

　　(1) 假期连续在5天或5天以下的，其间的公休日或法定假期日均不计算在内。

　　(2) 假期连续在5天以上的，其间公休日或法定假期日均计算去内。

　　(3) 请假以半小时为最小单位，0-35分钟为半小时，35-65分钟为1小时，65-95分钟为1.5小时，95-125分钟为2小时，单次请假超过2小时以半天计。

**六、附则**

　　(1) 凡未按规定办理请假手续的，均按矿工处理。

　　(2) 各部门要把各类请假与考核挂钩，与分配挂钩，严格请假制度，按月上报请假情况。

　　(3) 凡未按规定办理请假手续的，均按矿工处理。

　　(4) 各部门要把各类请假与考核挂钩，与分配挂钩，严格请假制度，按月上报请假情况。

# 第2篇

# Excel办公应用

在本篇中，我们不仅介绍 Excel 的主要功能及经典应用，还教你如何制作出数据完善且具备分析功能的 Excel 表格，以及如何在数据分析的基础上制作出数据分析报告中的图表。学完本篇你能制作出人力资源管理、销售管理、生产管理、仓储管理、财务管理等方面的基础表单和统计分析报表。

第4章 工作簿与工作表的基本操作

第5章 创建商务化表格

第6章 公式与函数的应用

第7章 排序、筛选与汇总数据

第8章 图表与数据透视表

第9章 数据分析与数据可视化

# 第4章

# 工作簿与工作表的基本操作

## 本章内容简介

　　本章主要结合实际工作中的案例介绍了工作簿的新建、保存和保护操作，工作表的插入、删除、复制、移动、隐藏、显示及重命名等操作，还介绍了如何在工作表中填充数据以及如何对工作表进行简单美化等操作。

## 学完本章我能做什么

　　通过本章的学习，读者可以独立地完成员工基本信息表工作簿的创建、保存等操作，还可以快速地为采购信息表输入数据，对工作表进行美化，并将采购信息表中的重要数据进行标记。

视频链接

　　关于本章知识，本书配套教学资源中有相关的教学视频，请读者参见资源中的【工作簿与工作表的基本操作】。

# 4.1 Excel可以用来做什么

工欲善其事，必先利其器。要想学好Excel，首先要清楚Excel能做什么，Excel中的工作表可以分为哪几类，各自有什么特点。

## 4.1.1 Excel到底能做什么

Excel是一个电子表格软件，最重要的功能是存储数据，并对数据进行统计与分析，然后输出数据。

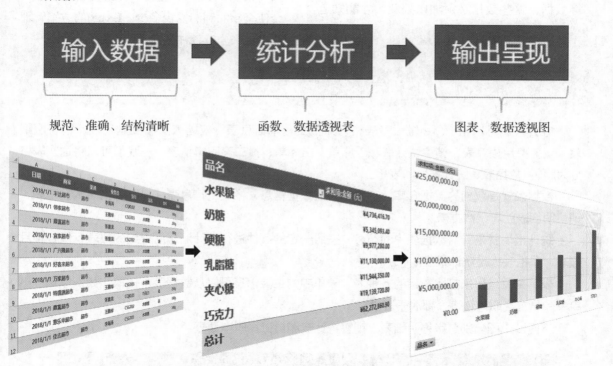

对于Excel的具体应用，我们可以从以下几个方面来认识。

### 1. 制作表单

建立或填写表单是我们日常工作、学习中经常遇到的事情。手工制作表单不仅效率低，且格式单调，难以制作出美观、实用的表单。利用Excel提供的格式化命令，我们就可以轻松制作出专业水平的各类表单。

### 2. 完成复杂的运算

在Excel中，用户不但可以自己编辑公式，还可以使用系统提供的大量函数进行复杂的运算；也可以使用Excel的分类汇总功能，快速完成对数据的分类汇总操作。

### 3. 建立图表

Excel提供了多种类型的图表，用户只需几个简单的操作，就可以制作出精美的图表。在图表向导的一步步引导下，选用不同的选项，即可快速得到所需要的图表。

### 4. 数据管理

对于一个公司，每天都会产生许多新的业务数据，例如销售、货物进出、人事变动等数据，这些数据必须加以处理，才能知道每个时间段的销售金额、库存量、工资等的变化。要对这些数据进行有效的处理就离不开数据库系统，Excel就是一个小的数据库系统。

### 5. 决策指示

Excel的单变量求解、双变量求解等功能，可以根据一定的公式和结果，倒推出变量。例如我们可以假设如果材料成本价格上涨一倍，那么全年的成本费用会增加多少，会使全年的利润减少多少。Excel的方案管理可以用来分析各种方案。

## 4.1.2  3种不同用途的表——数据表、统计报表、表单

办公人员可以用Excel做很多表格，如员工基本信息表、应聘人员面试登记表、销售明细表、业务费用预算表、销售统计表、入库单、出库单、员工离职申请表……我们可以将这些表格分为3种：数据表、统计报表和表单。

数据表就是我们的数据仓库，存储着大量数据信息，像员工信息表、应聘人员面试登记表、销售明细表就属于数据表。

统计报表就是针对数据表中的信息，按照一定的条件进行统计汇总后得到的报表，像各种月报表、季报表就是统计报表。

表单主要是用来打印输出的各种表，表单中的主要信息可以从数据表中提取，如入库单、出库单、员工离职申请表，都属于表单。

下面三个图分别是销售明细表、销售统计表和员工离职申请表。

| 日期 | 商家 | 渠道 | 区域 | 业务员 | 货号 | 品名 | 型号 | 规格 | 单价(元) | 销量 | 金额(元) |
|---|---|---|---|---|---|---|---|---|---|---|---|
| 2018/12/1 | 家家福超市 | 超市 | 黄浦区 | 李海涛 | CNT01 | 奶糖 | 袋 | 100g | ¥5.90 | 371 | ¥2,188.90 |
| 2018/12/1 | 家家福超市 | 超市 | 黄浦区 | 李海涛 | CNT02 | 奶糖 | 袋 | 180g | ¥9.90 | 354 | ¥3,504.60 |
| 2018/12/1 | 家家福超市 | 超市 | 黄浦区 | 李海涛 | CQKL03 | 巧克力 | 盒 | 250g | ¥17.80 | 382 | ¥6,799.60 |
| 2018/12/1 | 佳吉超市 | 超市 | 静安区 | 李海涛 | CNT01 | 奶糖 | 袋 | 100g | ¥5.90 | 371 | ¥2,188.90 |
| 2018/12/1 | 佳吉超市 | 超市 | 普陀区 | 李海涛 | CNT02 | 奶糖 | 袋 | 180g | ¥9.90 | 305 | ¥3,019.50 |
| 2018/12/1 | 辉宏超市 | 超市 | 虹口区 | 李海涛 | CQKL01 | 巧克力 | 袋 | 100g | ¥6.60 | 347 | ¥2,290.20 |
| 2018/12/1 | 辉宏超市 | 超市 | 杨浦区 | 李海涛 | CQKL02 | 巧克力 | 袋 | 180g | ¥11.20 | 330 | ¥3,696.00 |
| 2018/12/1 | 辉宏超市 | 超市 | 闵行区 | 李海涛 | CQKL03 | 巧克力 | 盒 | 250g | ¥17.80 | 363 | ¥6,461.40 |
| 2018/12/2 | 祥隆批发市场 | 批发市场 | 宝山区 | 李海涛 | PYT01 | 硬糖 | 箱 | 10kg | ¥380.00 | 565 | ¥214,700.00 |
| 2018/12/2 | 祥隆批发市场 | 批发市场 | 嘉定区 | 李海涛 | PRZT01 | 乳脂糖 | 箱 | 10kg | ¥420.00 | 527 | ¥221,340.00 |
| 2018/12/2 | 祥隆批发市场 | 批发市场 | 浦东新区 | 李海涛 | PJXT01 | 夹心糖 | 箱 | 10kg | ¥450.00 | 528 | ¥237,600.00 |
| 2018/12/2 | 祥隆批发市场 | 批发市场 | 金山区 | 李海涛 | PQKL01 | 巧克力 | 箱 | 10kg | ¥490.00 | 583 | ¥285,670.00 |
| 2018/12/2 | 前进超市 | 超市 | 松江区 | 李海涛 | CNT01 | 奶糖 | 袋 | 100g | ¥5.90 | 383 | ¥2,259.70 |

|  | 张明 | 王敏 | 刘桂芳 | 赵敏 | 合计 |
|---|---|---|---|---|---|
| 1月 | ¥2,188.90 | ¥3,696.00 | ¥4,198.50 | ¥2,330.50 | ¥12,413.90 |
| 2月 | ¥3,504.60 | ¥6,461.40 | ¥3,940.20 | ¥2,052.60 | ¥15,958.80 |
| 3月 | ¥6,799.60 | ¥2,259.70 | ¥4,256.00 | ¥5,285.50 | ¥18,600.80 |
| 4月 | ¥2,188.90 | ¥3,554.10 | ¥5,856.20 | ¥1,607.20 | ¥13,206.40 |
| 5月 | ¥3,019.50 | ¥6,184.50 | ¥4,846.50 | ¥3,875.20 | ¥17,925.70 |
| 6月 | ¥2,290.20 | ¥3,293.60 | ¥2,039.40 | ¥5,549.00 | ¥13,172.20 |
| 合计 | ¥19,991.70 | ¥25,449.30 | ¥25,136.80 | ¥20,700.00 | ¥91,277.80 |

# 4.2 员工基本信息表

公司为加强对员工的管理，在员工入职的时候都会对员工的基本情况进行登记，以便日后查询。

员工基本信息表是数据表，它里面存储着员工的基本数据信息，本节我们就以员工基本信息表为例，介绍工作簿和工作表的基本操作。

## 4.2.1 工作簿的基本操作

工作簿是指用来存储并处理工作数据的文件，它是一个或多个工作表的集合。通过学习工作簿的基本操作，读者可以熟练地新建和保存工作簿。

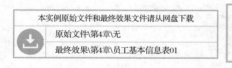

本实例原始文件和最终效果文件请从网盘下载

原始文件\第4章\无

最终效果\第4章\员工基本信息表01

扫码看视频

### 1. 新建工作簿

通常情况下，启动Excel 2019 程序后，按【Ctrl】+【N】组合键或者直接单击界面中的【空白工作簿】即可新建一个空白工作簿。

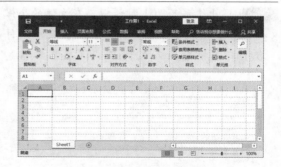

如果已经有打开的工作簿，单击快速访问工具栏中的【其他】按钮，在弹出的下拉列表中选择【新建】选项，将【新建】按钮添加到快速访问工具栏中。然后单击【新建】按钮，也可以新建一个空白工作簿。

## 2. 保存工作簿

创建工作簿后，用户可以在工作表中输入相关内容。输入完成后，用户可以将工作簿进行保存，以供日后查阅。

### ○ 保存新建的工作簿

保存工作簿最常用的方法是按【Ctrl】+【S】组合键，具体步骤如下。

**1** 在新建的空白文档中输入数据后，按【Ctrl】+【S】组合键，系统会自动切换为【另存为】界面，在此界面中单击【浏览】选项。

**2** 弹出【另存为】对话框，在左侧的【保存位置】列表框中选择保存位置，在【文件名】文本框中输入文件名"员工基本信息表"。

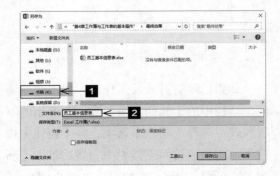

**3** 设置完毕，单击【保存】按钮即可。

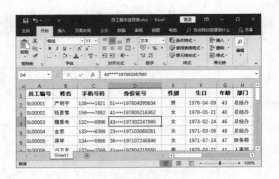

### ○ 保存已有的工作簿

如果用户对已有的工作簿进行了编辑操作，也需要进行保存。对于已存在的工作簿，用户既可以将其保存在原来的位置，也可以将其保存在其他位置，还可以更改文件名并保存。

**1** 如果用户希望将工作簿保存在原来的位置，方法很简单，直接单击快速访问工具栏中的【保存】按钮🔲即可。

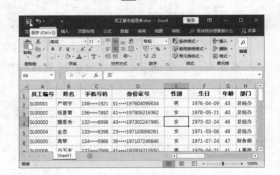

**2** 如果想将工作簿保存到其他位置或保存为其他名称，单击 文件 按钮，从弹出的界面中选择【另存为】选项，弹出【另存为】界面，在此界面中单击【浏览】选项。

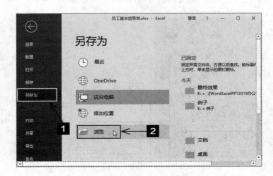

3 弹出【另存为】对话框，从中设置工作簿的保存位置和文件名称。例如，将工作簿的名称更改为"员工基本信息表01"。

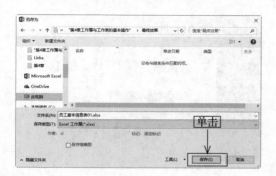

4 设置完毕，单击【保存】按钮即可。

## ◯ 自动保存工作簿

使用 Excel 2019 提供的自动保存功能，可以在断电或死机的情况下最大限度地减小损失。设置自动保存的具体步骤如下。

1 单击 文件 按钮，从弹出的界面中单击【选项】选项。

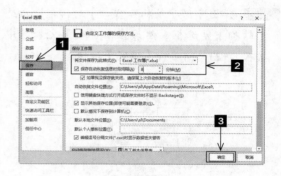

2 弹出【Excel 选项】对话框，切换到【保存】选项卡，在【保存工作簿】组合框中的【将文件保存为此格式】下拉列表中选择【Excel工作簿】选项，然后勾选【保存自动恢复信息时间间隔】复选框，并在其右侧的微调框中输入"8"。输入完毕，单击【确定】按钮即可，以后系统就会每隔8分钟自动将该工作簿保存一次。

## 3. 保护工作簿

在日常办公中，为了保护公司机密，用户可以对相关的工作簿设置保护。用户既可以对工作簿的结构进行密码保护，也可以设置工作簿的打开和修改密码。

## ◯ 保护工作簿的结构

保护工作簿结构是指保护工作簿中的工作表。一旦保护了工作簿结构，任何人都不能插入、移动、删除、隐藏或重命名该工作簿中的工作表。

1 打开本实例的原始文件，切换到【审阅】选项卡，单击【保护】组中的【保护工作簿】按钮。

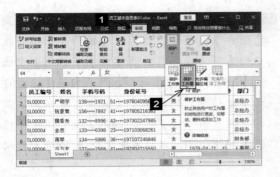

**2** 弹出【保护结构和窗口】对话框，勾选【结构】复选框，然后在【密码】文本框中输入"123"，单击【确定】按钮。

**3** 弹出【确认密码】对话框，在【重新输入密码】文本框中输入"123"，然后单击【确定】按钮即可。

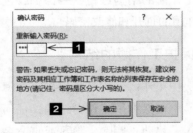

## 设置工作簿的打开和修改密码

由于Excel工作表功能强大，可以进行各类数据的汇总、分析、统计处理，所以它在日常工作中的使用范围非常广泛。如果Excel表中一些重要的数据需要有较高的安全性，甚至是要绝对保密，此时应该加设密码。工作簿的密码分为打开密码和修改密码。本例中，为了讲述方便，我们将打开密码和修改密码设置为相同数字。实际工作中，为了提高安全性，应将其设置为不同的密码。

**1** 单击 文件 按钮，从弹出的界面中单击【另存为】选项，弹出【另存为】界面，在此界面中单击【浏览】选项。

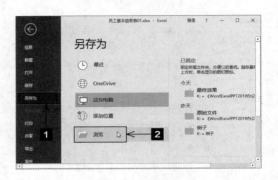

**2** 弹出【另存为】对话框，从中选择合适的保存位置，然后单击 工具(L) ▼ 按钮，从弹出的下拉列表中选择【常规选项】选项。

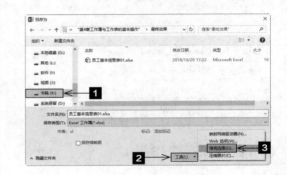

**3** 弹出【常规选项】对话框，在【打开权限密码】和【修改权限密码】文本框中均输入"123"，然后勾选【建议只读】复选框，单击【确定】按钮。

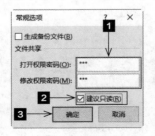

**4** 弹出【确认密码】对话框，在【重新输入密码】文本框中输入"123"，单击【确定】按钮。

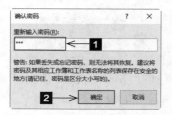

**5** 弹出【确认密码】对话框，在【重新输入修改权限密码】文本框中输入"123"，单击【确定】按钮。

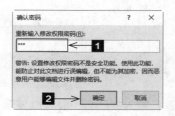

**6** 返回【另存为】对话框，然后单击 保存(S) 按钮，此时弹出【确认另存为】提示对话框，单击 是(Y) 按钮即可。

**7** 当用户再次打开该工作簿时，系统便会自动弹出【密码】对话框，要求用户输入打开文件所需的密码，这里在【密码】文本框中输入"123"，单击【确定】按钮。

**8** 弹出【密码】对话框，要求用户输入修改密码，这里在【密码】文本框中输入"123"，单击【确定】按钮。

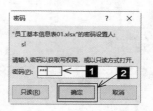

**9** 弹出【Microsoft Excel】提示对话框，询问用户是否以只读方式打开，此时单击 否(N) 按钮即可打开并编辑该工作簿。

## ○ 撤销保护工作簿

**1** 撤销对结构和窗口的保护。切换到【审阅】选项卡，单击【保护】组中的【保护工作簿】按钮，弹出【撤消工作簿保护】对话框，在【密码】文本框中输入"123"，然后单击【确定】按钮即可。

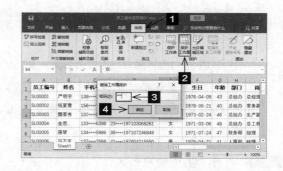

**2** 撤销对整个工作簿的保护。按照前面介绍的方法打开【另存为】对话框，单击【工具】按钮 工具(L) ▼ ，从弹出的下拉列表中选择【常规选项】选项。

**3** 弹出【常规选项】对话框，将【打开权限密码】和【修改权限密码】文本框中的密码删除，然后撤选【建议只读】复选框，单击【确定】按钮。

**4** 返回【另存为】对话框，然后单击 保存(S) 按钮，此时弹出【确认另存为】提示对话框，再次单击 是(Y) 按钮。

## 4.2.2 工作表的基本操作

工作表是 Excel 完成工作的基本单位，用户可以对其进行插入或删除、隐藏或显示、移动或复制、重命名、设置工作表标签颜色以及保护工作表等基本操作。下面通过设置"员工基本信息表"来具体学习工作表的基本操作。

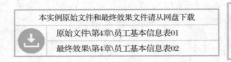

本实例原始文件和最终效果文件请从网盘下载
原始文件\第4章\员工基本信息表01
最终效果\第4章\员工基本信息表02

扫码看视频

### 1. 插入或删除工作表

工作表是工作簿的组成部分，默认每个新工作簿中包含1个工作表，命名为"Sheet1"。用户可以根据工作需要插入或删除工作表。

**1** 打开本实例的原始文件，在"Sheet1"工作表标签上单击鼠标右键，然后从弹出的快捷菜单中选择【插入】选项。

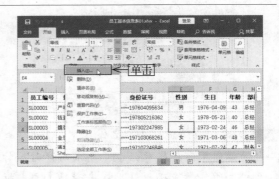

**2** 弹出【插入】对话框，切换到【常用】选项卡，然后单击【工作表】选项。

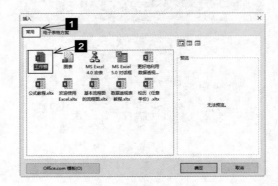

**3** 单击【确定】按钮，即可在"Sheet1"工作表的左侧插入一个新的工作表"Sheet2"。

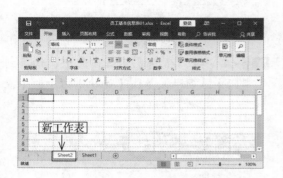

**4** 除此之外，用户还可以在工作表列表区的右侧单击【新工作表】按钮，在"Sheet2"工作表的右侧插入新的工作表"Sheet3"。

删除工作表的操作非常简单，选中要删除的工作表标签，然后单击鼠标右键，从弹出的快捷菜单中选择【删除】选项即可。

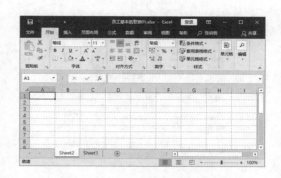

## 2. 工作表的其他基本操作

除了插入、删除操作，日常工作中我们还经常需要重命名工作表、移动或复制工作表、设置工作表标签的颜色、隐藏工作表等，这些操作，都可以通过右键菜单完成，因为操作简单，此处不展开叙述。读者可以扫描4.2.2小节的二维码观看视频学习。

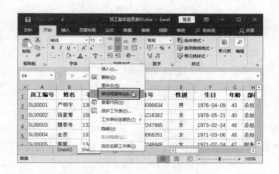

## 3. 保护工作表

当我们制作好工作表后，为了防止他人随意更改工作表，用户也可以为工作表设置保护。

**1** 在"员工信息表"工作表中，切换到【审阅】选项卡，单击【保护】组中的【保护工作表】按钮。

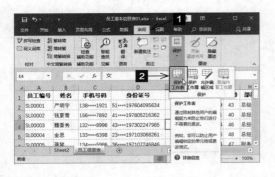

**2** 弹出【保护工作表】对话框，选中【保护工作表及锁定的单元格内容】复选框，在【取消工作表保护时使用的密码】文本框中输入"123"，然后在【允许此工作表的所有用户进行】列表框中勾选【选定锁定单元格】和【选定未锁定的单元格】复选框，单击【确定】按钮。

**3** 弹出【确认密码】对话框，在【重新输入密码】文本框中输入"123"。

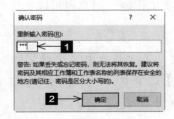

**4** 设置完毕，单击【确定】按钮即可。此时，如果要修改某个单元格中的内容，则会弹出【Microsoft Excel】提示对话框，直接单击【确定】按钮即可。

## ○ 撤销工作表的保护

**1** 在"员工信息表"工作表中，切换到【审阅】选项卡，单击【保护】组中的【撤消工作表保护】按钮。

**2** 弹出【撤消工作表保护】对话框，在【密码】文本框中输入"123"。

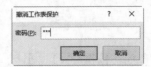

**3** 单击【确定】按钮即可撤销对工作表的保护，此时【保护】组中的【撤消工作表保护】按钮则会变成【保护工作表】按钮。

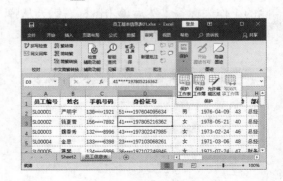

# 4.3 采购信息表

采购部门需要对每次的采购工作进行记录，以便于统计采购的数量和总金额，而且还可对各类办公用品的消耗情况进行统计分析。

## 4.3.1 输入数据

创建工作表后的第一步就是向工作表中输入各种数据。工作表中常用的数据类型包括文本型数据、常规型数据、货币型数据、会计专用型数据、日期型数据等。

本实例原始文件和最终效果文件请从网盘下载

| 原始文件 | 第4章\采购信息表 |
| 最终效果 | 第4章\采购信息表01 |

扫码看视频

### 1. 输入文本型数据

文本型数据指字符或者数值和字符的组合。在日常的表格输入中，类似产品编号、员工编号等很多都是以0开头的，如果直接输入，编号前面的0会消失。此时，将单元格设置成文本型数据，就可以正常显示了。

输入文本型数据的具体操作步骤如下。

**1** 打开本实例的原始文件，选中需要输入物料编号的单元格区域A2:A20，切换到【开始】选项卡，在【数字】组中，单击【数字格式右侧的下三角按钮，在弹出的下拉列表中选择【文本】选项。

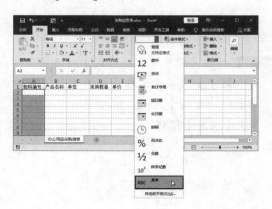

**2** 在单元格A2中输入物料编号，即可正常显示，同时单元格左上角会出现一个绿色小三角。

### 2. 输入常规型数据

Excel 2019默认状态下的单元格格式为【常规】，此时输入的数据没有特定格式。如果工作表中要输入的数据也没有特定的格式，那么用户就可以不设置数字格式直接输入数据，例如产品名称、单位和数量。

### 3. 输入货币型数据

货币型数据用于表示一般货币格式，例如单价、金额等。

**1** 首先选中需要输入单价的单元格区域E2:E20，然后切换到【开始】选项卡，单击【数字】组右下角的【对话框启动器】按钮 ⬚。

**2** 弹出【设置单元格格式】对话框，切换到【数字】选项卡，在【分类】列表框中选择【货币】选项，其他保持默认选项。

**3** 设置完毕，单击【确定】按钮即可。返回工作表，在单元格E2中输入单价"1.5"，Excel将显示为"￥1.50"，效果如下图所示。

### 4. 输入会计专用型数据

会计专用型数据与货币型数据基本相同，只是在显示上略有不同：币种符号位置不同，货币型数据的币种符号与数字是连在一起靠右的，会计专用型数据的币种符号是靠左、数字靠右的。

**1** 首先选中需要输入金额的单元格区域F2:F20，然后单击鼠标右键，在弹出的快捷菜单中选择【设置单元格格式】选项。

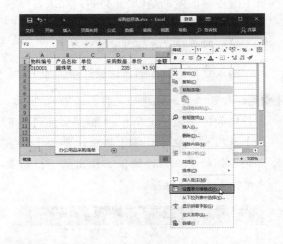

**2** 弹出【设置单元格格式】对话框，切换到【数字】选项卡，在【分类】列表框中选择【会计专用】选项，其他保持默认选项。单击【确定】按钮。

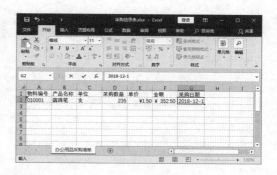

**2** 按【Enter】键，此时就可以看到日期变成"2018/12/1"。

**3** 设置完毕，在金额栏输入金额即可，效果如下图所示。

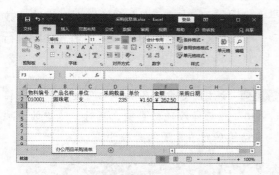

## 5. 输入日期型数据

日期型数据用户直接输入就可以了，但需注意以下几点：如果使用数字型日期，必须按照格式"年/月/日"或"年-月-日"。年份可以只输入后两位，系统自动添加前两位。月份不得超过12，日不得超过31，否则系统将其认为是文本型数据。

**1** 选中单元格G2，输入"2018-12-1"，中间用"-"隔开。

**提示** ∷∷∷∷∷

输入的日期"2018-12-1"之所以变成"2018/12/1"，是因为Excel 2019可以自动识别日期，但是其默认的日期格式为"2012/3/14"。

**3** 如果用户对日期格式不满意，可以进行自定义。选中单元格区域G2:G20，按照前面的方法，打开【设置单元格格式】对话框，切换到【数字】选项卡，在【分类】列表框中选择【日期】选项，然后在右侧的【类型】列表框中选择一种合适的日期显示方式，例如选择【2012-03-14】选项。

**4** 设置完毕，单击【确定】按钮，此时日期变成"2018-12-01"。

## 4.3.2 填充数据

在Excel工作表中填写数据时，经常会遇到一些在内容上相同，或者在结构上有规律的数据，例如1、2、3……，星期一、星期二、星期三……，对这些数据用户可以采用填充功能进行快速填充。

扫码看视频

### 1. 连续单元格填充数据

如果用户要在连续的单元格中输入相同或连续的数据，可以直接使用"填充柄"进行快速填充，例如填充办公用品采购清单中的物料编号，具体的操作步骤如下。

**1** 打开本实例的原始文件，选中单元格A2，将鼠标指针移至单元格的右下角，此时鼠标指针变为 **+** 形状。

**2** 按住鼠标左键不放，向下拖曳到单元格A20，然后释放鼠标左键，此时，选中的区域自动按序列填充了物料编号。

## 提示

如果其他列已有数据，用户也可以在鼠标指针变为 **+** 形状的时候，以双击鼠标左键的方式，完成物料编号的快速填充。

## 2. 不连续单元格填充数据

用户在输入数据时，经常需要在不连续的单元格中输入相同的数据，例如在"办公用品采购清单"中输入单位。具体的操作步骤如下。

**1** 在单元格B2:B20中输入产品名称，然后选中单元格区域C2:C20中需要输入相同单位的单元格。

**3** 用户可以使用相同的方法输入工作表中的其他数据。

**2** 通过键盘输入"支"，然后按【Ctrl】+【Enter】组合键，即可在选中的单元格中同时输入"支"。

## 4.3.3 4步让表格变得更专业

工作表中输入数据后，为了更清楚地查看数据，用户还可以对工作表进行美化，美化工作表的操作主要包括设置字体格式、设置对齐方式、调整行高和列宽、设置边框和底纹等。

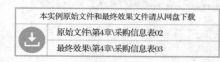

### 1. 设置字体格式

在Excel 2019中，工作表的默认字体为等线，字号为11，而且标题和具体数据采用的是同一种字体格式，不方便区分。为了方便

查看数据，用户可以对工作表中数据的字体格式进行重新设置。设置字体格式的具体操作步骤如下。

**1** 打开本实例的原始文件，选中列标题所在的单元格区域 A1:G1，切换到【开始】选项卡，在【字体】组中的【字体】下拉列表中选择一种合适的字体，例如选择【微软雅黑】选项。

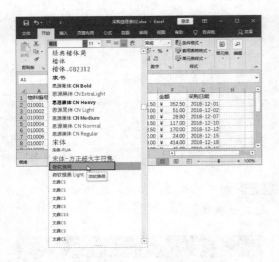

**2** 在【字号】下拉列表中选择一个合适的字号，例如选择【14】选项。

**5** 弹出【设置单元格格式】对话框，切换到【字体】选项卡，在【字体】列表框中选择【宋体】选项，在【字号】列表框中选择【12】选项。

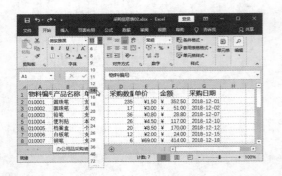

**3** 单击【加粗】按钮 **B**，使标题文本加粗显示。

**6** 设置完毕，单击【确定】按钮，返回工作表，效果如图所示。

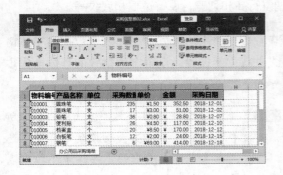

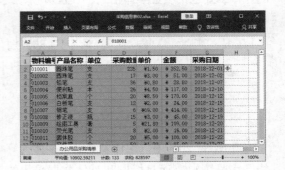

**4** 选中标题以外的数据区域，单击【字体】组右下角的【对话框启动器】按钮。

## 2. 调整行高和列宽

工作表中的数据在设置过字体和字号之后，原来的行高和列宽可能已经不再适合了，行高/列宽过小会让数据显示不完整，过大会让读者感觉空旷，所以在设置字体格式后，用户还需适当地调整行高和列宽。

**1** 调整行高。单击工作表中编辑区域左上角的绿色小三角，选中整个工作表。

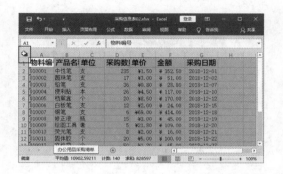

**2** 在行号上单击鼠标右键，在弹出的快捷菜单中选择【行高】选项。

**3** 弹出【行高】对话框，在【行高】文本框中输入合适的行高值，此处设置行高为24磅。

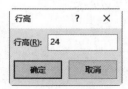

**4** 单击【确定】按钮，返回工作表，效果如图所示。

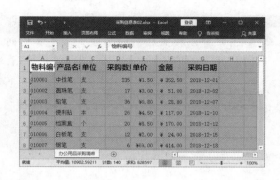

## 提示

行高和列宽的默认单位都是磅，行高默认是14.25磅，列宽默认是24磅。

**5** 调整列宽。列宽的调整方式与行高相同。可以将工作表中的列调整为相同列宽，也可以根据内容，逐一调整各列列宽。将鼠标指针移动到需要调整列的列号的右侧框线上，鼠标指针变成 ✛ 形状。

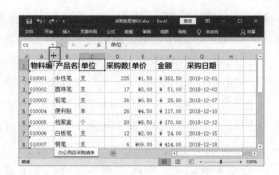

**6** 此时，按住鼠标左键不放，左右拖动鼠标，即可调整列宽。调整过程中，鼠标指针旁边会显示当前列宽的磅值和像素值。

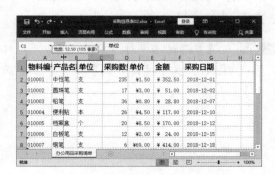

**7** 调整到合适的列宽后，释放鼠标左键即可。用户可以按照相同的方法，调整其他列的列宽。

### 3. 设置对齐方式

设置了行高/列宽后，工作表中的数据已经都完整显示在单元格中了。用户可以看到单元格中的数据默认都是水平方向靠左对齐，垂直方向靠下对齐的，这样的显示方式会让人看起来不舒服。下面我们介绍几种比较常见的对齐方式。

在Excel工作表中，常规型和文本型的数据，如果长度相同，一般选择居中对齐，长度不同则选择左对齐；会计型和货币型的数据通常选择右对齐，其他格式的数据保持默认即可，但是列标题通常都选择水平居中对齐。

垂直方向上，根据习惯一般选择靠下或居中对齐，很少选择靠上对齐。

下面我们就根据这几种常见的对齐原则来设置"办公用品采购清单"中数据的对齐方式。

**1** 设置标题的水平对齐方式。选中单元格区域A1:G1，在【对齐方式】组中单击【居中】按钮▤。

**2** 即可将选中的列标题水平居中对齐，效果如图所示。

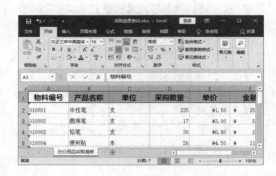

**3** 选中"单位"列的数据区域C2:C20，在【对齐方式】组中单击【居中】按钮▤，使其水平居中对齐。

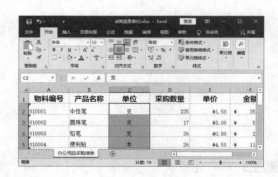

**4** 设置垂直对齐方式。选中整个工作表，单击【垂直居中】按钮▤，即可将工作表中的内容垂直居中对齐。

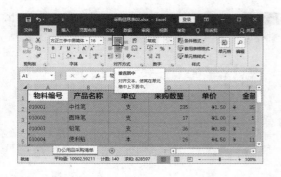

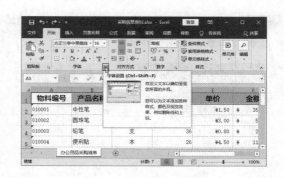

## 4. 设置边框和底纹

工作表中默认是没有边框和底纹的，用户看到的工作表中的框线只是工作表的网格线而非边框。

**提示**

这里需要注意的是，网格线并非真实存在的线，它只是在用户未设置边框时，辅助用户区分各单元格的。一旦关闭网格线，工作表中的线就会消失，如下图所示。

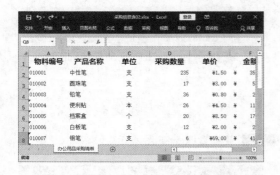

所以我们在做好一个工作表后，最好还是设置一个专属的边框和底纹，这样别人在查看时，无论是否显示网格线，都可以清晰分辨各行各列。设置边框和底纹的具体操作步骤如下。

**1** 设置边框。选中单元格区域A1:G1，切换到【开始】选项卡，单击【字体】组右下角的【对话框启动器】按钮。

**2** 弹出【设置单元格格式】对话框，切换到【边框】选项卡，在【样式】列表框中选择【双实线】选项，然后依次单击【边框】组合框中的【上框线】按钮和【下框线】按钮。

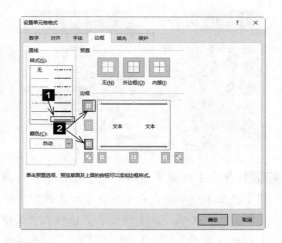

**3** 在【样式】列表框中选择【单实线】选项，单击【边框】组合框中的【中间竖框线】按钮。

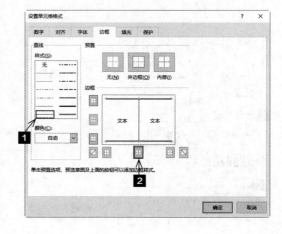

**4** 设置完毕，单击【确定】按钮，返回工作表，效果如下图所示。

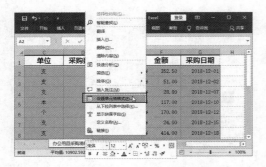

**5** 选中标题以外的所有数据区域A2:G20，单击鼠标右键，在弹出的快捷菜单中选择【设置单元格格式】选项。

**6** 弹出【设置单元格格式】对话框，切换到【边框】选项卡，在【样式】列表框中选择【单实线】选项，在【颜色】下拉列表中选择【白色，背景1，深色25%】选项，依次单击【边框】组合框中的【中间横框线】按钮、【下框线】按钮和【中间竖框线】按钮。

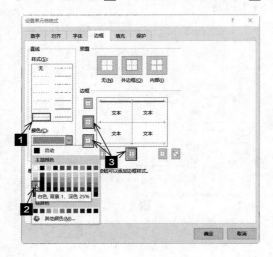

**7** 设置完毕，单击【确定】按钮，返回工作表，效果如下图所示。

| 物料编号 | 产品名称 | 单位 | 采购数量 | 单价 | 金额 | 采购日期 |
|---|---|---|---|---|---|---|
| 010001 | 中性笔 | 支 | 235 | ¥1.50 | ¥ 352.50 | 2018-12-01 |
| 010002 | 圆珠笔 | 支 | 17 | ¥3.00 | ¥ 51.00 | 2018-12-02 |
| 010003 | 铅笔 | 支 | 36 | ¥0.80 | ¥ 28.80 | 2018-12-07 |
| 010004 | 便利贴 | 本 | 26 | ¥4.50 | ¥ 117.00 | 2018-12-10 |
| 010005 | 档案盒 | 个 | 20 | ¥8.50 | ¥ 170.00 | 2018-12-12 |
| 010006 | 白板笔 | 支 | 12 | ¥2.00 | ¥ 24.00 | 2018-12-15 |
| 010007 | 钢笔 | 支 | 6 | ¥69.00 | ¥ 414.00 | 2018-12-18 |
| 010008 | 修正液 | 瓶 | 15 | ¥3.00 | ¥ 45.00 | 2018-12-19 |
| 010009 | 绘图工具 | 套 | 5 | ¥21.80 | ¥ 109.00 | 2018-12-20 |
| 010010 | 荧光笔 | 支 | 8 | ¥2.00 | ¥ 16.00 | 2018-12-21 |
| 010011 | 固体胶 | 个 | 20 | ¥5.00 | ¥ 100.00 | 2018-12-22 |
| 010012 | 文件袋 | 个 | 50 | ¥1.30 | ¥ 65.00 | 2018-12-23 |
| 010013 | 名片盒 | 个 | 23 | ¥5.80 | ¥ 133.40 | 2018-12-24 |
| 010014 | 记号笔 | 支 | | ¥ | 12.00 | 2018-12-25 |
| 010015 | 文件匣 | 个 | 10 | ¥14.80 | ¥ 148.00 | 2018-12-26 |
| 010016 | 燕尾夹 | 个 | | ¥0.50 | ¥ 50.00 | 2018-12-27 |
| 010017 | 笔记本 | 个 | 50 | ¥4.00 | ¥ 200.00 | 2018-12-28 |
| 010018 | A4纸 | 包 | 21.9 | ¥5.00 | ¥ 109.50 | 2018-12-29 |
| 010019 | 不干胶标贴 | 包 | 9.8 | ¥2.00 | ¥ 19.60 | 2018-12-30 |

**8** 设置底纹。为了使标题更加突出显示，用户可以为标题行添加底纹。选中单元格区域A1:G1，在【字体】组中单击【填充颜色】按钮右侧的下三角按钮，在弹出的下拉颜色库中选择一种合适的颜色，例如选择【白色，背景1，深色15%】选项。

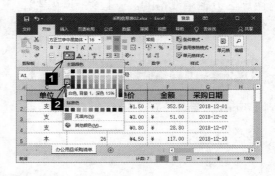

**9** 最终效果如下图所示。

| 物料编号 | 产品名称 | 单位 | 采购数量 | 单价 | 金额 | 采购日期 |
|---|---|---|---|---|---|---|
| 010001 | 中性笔 | 支 | 235 | ¥1.50 | ¥ 352.50 | 2018-12-01 |
| 010002 | 圆珠笔 | 支 | 17 | ¥3.00 | ¥ 51.00 | 2018-12-02 |
| 010003 | 铅笔 | 支 | 36 | ¥0.80 | ¥ 28.80 | 2018-12-07 |
| 010004 | 便利贴 | 本 | 26 | ¥4.50 | ¥ 117.00 | 2018-12-10 |
| 010005 | 档案盒 | 个 | 20 | ¥8.50 | ¥ 170.00 | 2018-12-12 |
| 010006 | 白板笔 | 支 | 12 | ¥2.00 | ¥ 24.00 | 2018-12-15 |
| 010007 | 钢笔 | 支 | 6 | ¥69.00 | ¥ 414.00 | 2018-12-18 |
| 010008 | 修正液 | 瓶 | 15 | ¥3.00 | ¥ 45.00 | 2018-12-19 |
| 010009 | 绘图工具 | 套 | 5 | ¥21.80 | ¥ 109.00 | 2018-12-20 |
| 010010 | 荧光笔 | 支 | 8 | ¥2.00 | ¥ 16.00 | 2018-12-21 |
| 010011 | 固体胶 | 个 | 20 | ¥5.00 | ¥ 100.00 | 2018-12-22 |
| 010012 | 文件袋 | 个 | 50 | ¥1.30 | ¥ 65.00 | 2018-12-23 |
| 010013 | 名片盒 | 个 | 23 | ¥5.80 | ¥ 133.40 | 2018-12-24 |
| 010014 | 记号笔 | 支 | | ¥ | 12.00 | 2018-12-25 |
| 010015 | 文件匣 | 个 | 10 | ¥14.80 | ¥ 148.00 | 2018-12-26 |
| 010016 | 燕尾夹 | 个 | 100 | ¥0.50 | ¥ 50.00 | 2018-12-27 |
| 010017 | 笔记本 | 个 | 50 | ¥4.00 | ¥ 200.00 | 2018-12-28 |
| 010018 | A4纸 | 包 | 21.9 | ¥5.00 | ¥ 109.50 | 2018-12-29 |
| 010019 | 不干胶标贴 | 包 | 9.8 | ¥2.00 | ¥ 19.60 | 2018-12-30 |

边框和底纹的设置没有特定的设置原则，只要美观，方便查看数据就可以。对于表格边框，这里给出的建议是标题行采用开放双框线，正文采用浅色开放单实线。对于底纹，给出的建议是底纹颜色与文字颜色为对比色最佳。

# 妙招技法

## 单元格里也能换行

如果在单元格中输入了很多字符，Excel会因为单元格的宽度不足而无法正常显示。如果长文本单元格的右侧是空单元格，那么Excel会继续显示文本的其他内容，直到全部内容都显示出来或遇到一个非空单元格而不再显示，如下图所示。

如果用户希望单元格中输入的文本可以像Word中的文档一样，可以自动换行，那么用户可以进行如下设置。

**1** 选中长文本单元格A1和B1，切换到【开始】选项卡，在【字体】组中，单击【自动换行】按钮。

**2** 即可使选中单元格中的长文本自动换行，效果如图所示。

自动换行能够满足用户在显示方面的基本要求，但做得不够好，因为它不允许用户按照自己希望的位置进行换行。如果要自定义换行，可以使用组合键【Alt】+【Enter】强制单元格中的内容在指定的位置换行。

选定单元格A1，将光标定位在"圣人训。"后面，按【Alt】+【Enter】组合键，效果如图所示。

## 职场好习惯——工作表应用要做到"两要两不要"

对于工作表的应用，很多初入职场的人，会犯一些自以为无所谓的错误，殊不知这些小错误也可能会为以后的工作带来巨大的麻烦。

① 工作表命名要使用工作表标签，不要在工作表编辑区域。

② 使用工作表进行数据分析时，要使用复制工作表，不要使用原工作表。

# 第5章

## 创建商务化表格

### 本章内容简介

本章主要结合实际工作中的案例讲解如何通过函数和数据验证等方式辅助用户更快更准确地输入数据，使用表格格式快速美化表格以及通过条件格式突出重点数据等。

### 学完本章我能做什么

通过本章的学习，读者可以快捷地创建应聘人员面试登记表，快速地将销售明细表以商务化表格形式展示，将销售情况分析表中的重点数据突出显示。

视频链接

关于本章知识，本书配套教学资源中有相关的教学视频，请读者参见资源中的【创建商务化表格】。

# 5.1 应聘人员面试登记表

应聘人员面试登记表对HR非常有用，能够帮助HR更好地了解每一个应聘人员的信息。

## 5.1.1 借助数据验证使数据输入更快捷准确

在录入表格数据时，用户可以借助Excel的数据验证功能提高数据的输入速度与准确率。例如，在面试前公司已经确定了要招聘的岗位和部门，为了更快捷准确地输入应聘岗位，用户可以提前通过"招聘岗位一览表"中的"招聘岗位"列限定"应聘岗位"列的数据输入。除此之外，手机号和身份证号这种极易输错的长数字串，用户也可以通过数据验证功能来限定其文本长度，减少出错率。

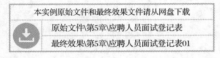

本实例原始文件和最终效果文件请从网盘下载
原始文件\第5章\应聘人员面试登记表
最终效果\第5章\应聘人员面试登记表01

扫码看视频

### 1. 通过下拉列表输入"应聘岗位"

"应聘人员面试登记表"中的"应聘岗位"应来源于"招聘岗位一览表"中的"招聘岗位"列，此处为了提高"应聘人员面试登记表"中"应聘岗位"列数据的输入速度和准确性，用户可以通过数据验证功能生成下拉列表的方式来输入"应聘岗位"。

具体操作步骤如下。

**1** 打开本实例的原始文件，在工作表"应聘人员面试登记表"中选中单元格区域B2:B38，切换到【数据】选项卡，在【数据工具】组中单击【数据验证】按钮的左半部分。

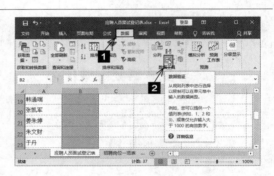

**2** 弹出【数据验证】对话框，切换到【设置】选项下，在【验证条件】组合框中的【允许】下拉列表中选择【序列】选项，将光标定位到【来源】文本框中，切换到"招聘岗位一览表"工作表中，选中单元格区域A2:A22，即可将数据序列的"来源"设置为"=招聘岗位一览表!$A$2:$A$22"。

**3** 设置完毕，单击【确定】按钮，返回工作表"应聘人员面试登记表"中，即可看到选中单元格的右侧出现了一个下拉按钮▼。

**4** 选中单元格B2，单击下拉按钮，在下拉列表中选择"总经理"选项，即可在单元格B2中输入"总经理"。

**5** 按照相同的方法，在B列的其他单元格中输入应聘岗位。

## 2. 限定文本长度

手机号码和身份证号码是我们在日常工作中经常需要填写的长数字串。由于其数字较多。填写过程中多一位少一位的情况时有发生。此时，我们就可以使用数据验证来限定其长度，具体操作步骤如下。

**1** 打开本实例的原始文件，在工作表"应聘人员面试登记表"中选中单元格区域D2:D38，按照前面的方法打开【数据验证】对话框，在【允许】下拉列表中选择【文本长度】选项，在【数据】下拉列表中选择【等于】选项，在【长度】文本框中输入"11"。

**2** 切换到【出错警告】选项卡，在【错误信息】文本框中输入"请检查手机号码是否为11位。"。

**3** 设置完毕，单击【确定】按钮，返回工作表。当单元格区域D2:D38中输入的手机号码不是11位时，就会弹出如下图所示的对话框进行提示。

**4** 单击【重试】按钮，即可重新输入手机号码。

**5** 用户可以按照相同的方法将单元格区域E2:E38通过数据验证的方式限定其文本长度为18位，出错警告为"请检查身份证号是否为18位。"。

数据验证除了可以帮助我们进行序列填充和限制文本长度外，还可以限定很多条件，比如，可以通过与函数的综合应用同时限定身份证号码为文本格式，长度为18位，且身份证号唯一。关于数据验证与函数的综合应用我们会在第6章进行讲解。

## 5.1.2 借助函数快速输入数据

在实际工作中，表格数据交叉引用的现象非常普遍，为了减少数据重复输入的工作量，有些工作表中的数据用户可以直接借用函数从其他工作表中引用到当前工作表中。例如"招聘岗位一览表"中有"招聘岗位"和"部门"的信息，且一个"招聘岗位"只能对应一个"部门"，在"应聘人员面试登记表"中录入"应聘岗位"和"部门"的信息时，就可以只输入"应聘岗位"，"部门"则可以通过"VLOOKUP"函数直接引用到"应聘人员面试登记表"中。

本实例原始文件和最终效果文件请从网盘下载
原始文件\第5章\应聘人员面试登记表01
最终效果\第5章\应聘人员面试登记表02

扫码看视频

VLOOKUP函数是Excel中的一个纵向查找函数，它是按列查找，根据一个条件，在指定的数据区域内，从包含条件的列开始向右查询，找到满足该条件的数据。

其语法格式如下。

VLOOKUP(lookup_value,table_array,col_index_num,range_lookup)

语法解释就是VLOOKUP（查找值,查找范围,查找列数,精确匹配或者近似匹配）。

需要注意的是，在日常工作中，几乎都使用精确匹配查找，该项的参数一定要选择为FALSE。否则返回值会出乎你的意料，这也是VLOOKUP函数操作实例的一个小诀窍。

下面我们以具体实例来讲解VLOOKUP函数的实际应用。

**1** 打开本实例的原始文件，选中单元格C2，切换到【公式】选项卡，在【函数库】组中单击【查找与引用函数】按钮，在弹出的下拉列表中选择【VLOOKUP】函数选项。

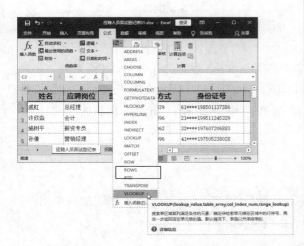

**2** 弹出【函数参数】对话框，将查找值参数设置为"B2"，即查找的应聘岗位为"总经理"。

**提示**

参数解释：B2为我们想查找的应聘岗位，即总经理。为什么要写B2，而不是直接写总经理？因为这样方便公式进行拖曳填充，以及保证准确性。

**3** 将查找范围设置为"招聘岗位一览表!A:B"，查找列数设置为"2"，逻辑值为"FALSE"。

**提示**

参数解释："招聘岗位一览表!A:B"表示我们需要在此范围内查找；"2"表示用户要查询的部门在查找数据范围的第2列（这里需要注意的是列数是从引用范围的第一列作为1，而不是以A列作为第一列）；"FALSE"作为逻辑值，代表的是精确查找。

**4** 设置完毕，单击【确定】按钮，即可以得到应聘岗位"总经理"所属的部门。

**5** 将鼠标指针移动到单元格C2的右下角，鼠标指针变成黑色十字形状时，双击鼠标左键，即可将单元格C2的公式，快速填充到单元格区域C3:C38中。

**6** 但是由于快速填充默认是复制单元格，即带格式的填充，而此处我们只需要填充公式，因此需要单击【自动填充选项】按钮，在弹出的下拉列表中选中【不带格式填充】单选钮，即可使快速填充的单元格区域不带格式。

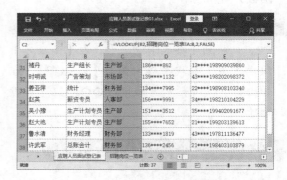

至此，VLOOKUP函数的操作实例就讲解完毕了。在Excel中，除了VLOOKUP函数外，用户还可以通过其他函数来辅助数据输入，例如可以利用IF、MOD、MID等函数从身份证号中提取性别、出生日期等信息。关于函数的应用，我们将在本书第6章中详细讲解，此处不再赘述。

# 5.2 销售明细表

销售明细就是按时间顺序显示商品的销售流水账。在销售明细表中用户可以查看任何商品在某一时间的销售情况。

## 5.2.1 套用Excel表格格式

在实际工作中，大部分人对于如何设计漂亮的Excel表格都没有接受过相应的培训，做出来的表格基本上都是黑白分明，线条简单。本小节我们就来学习一种快速美化工作表的方法。

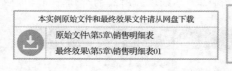

扫码看视频

### 1. 套用系统自带表格格式

Excel 2019内置了大量的表格格式，这些格式中预设了字形、字体颜色、边框和底纹

等属性，套用格式后，既可以美化工作表，又可以大大提高工作效率。同时，工作表转化为Excel "官方认证"的这种表格格式后，再添加行和列时，会自动套用现在的表格格式。

为工作表套用系统自带表格格式的具体操作步骤如下。

**1** 打开本实例的原始文件，选中数据区域的任意一个单元格，切换到【开始】选项卡，在【样式】组中单击【套用表格格式】按钮 套用表格格式 。

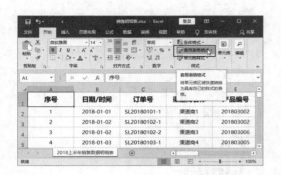

**2** 从弹出的下拉列表中选择一种合适的表格格式，例如选择【蓝色，表样式中等深浅2】选项。

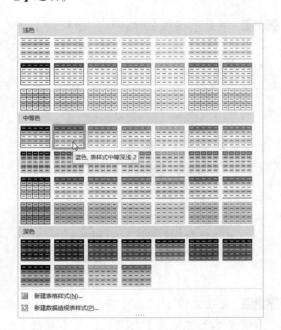

**3** 弹出【套用表格式】对话框，在【表数据的来源】文本框中Excel自动填充了"=$A$1:$M$61"，这个数据区域就是当前工作表中数据所占用的区域。由于表格是带有标题的，请勾选【表包含标题】复选框。

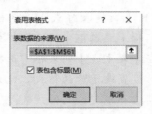

**4** 设置完毕单击【确定】按钮，套用系统自带表格格式后的效果如下图所示。

## 2. 自定义表格样式

虽然Excel 2019为我们提供了大量的表格套用样式，但是在面对某些工作时，你可能还是会感觉这些样式满足不了自己的需要，此时我们可以自定义Excel表格样式，让我们的表格样式与众不同。

**1** 切换到【开始】选项卡，在【样式】组中，单击【套用表格格式】按钮 套用表格格式 ，从弹出的下拉列表中选择【新建表格样式】选项。

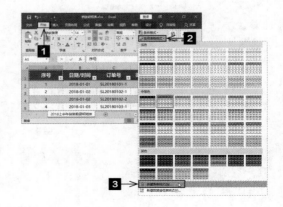

■ 2 弹出【新建表样式】对话框，用户可以在【名称】文本框中修改表样式的名称，也可以在【表元素】列表框中选择一个表元素，然后设置表元素的格式。此处我们保持表样式的名称不变，只修改表元素的格式，例如选中表元素【标题行】，单击【格式】按钮。

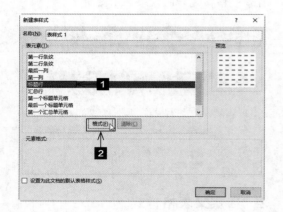

■ 3 弹出【设置单元格格式】对话框，切换到【字体】选项卡，在【字形】列表框中选择【加粗】选项，在【颜色】下拉列表中选择一种合适的字体颜色，此处选择【白色，背景1】选项。

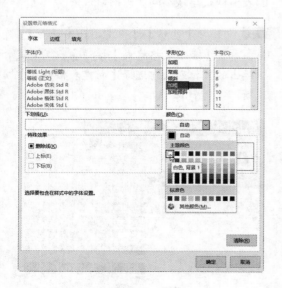

■ 4 设置完毕，切换到【边框】选项卡，在【样式】列表框中选择【粗线条】样式，在【颜色】下拉列表中选择【其他颜色】选项。

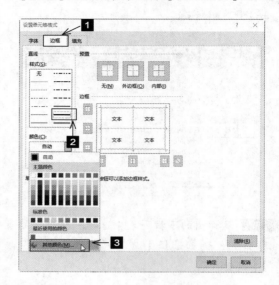

■ 5 弹出【颜色】对话框，切换到【自定义】选项卡，通过设置红色、绿色、蓝色的RGB色值设置标题行边框的颜色。

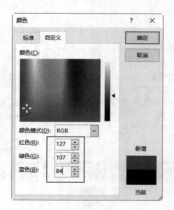

■ 6 设置完毕，单击【确定】按钮，返回【设置单元格格式】对话框，在【边框】组合框中，依次单击【上框线】按钮 ⊞ 和【下框线】按钮 ⊞。

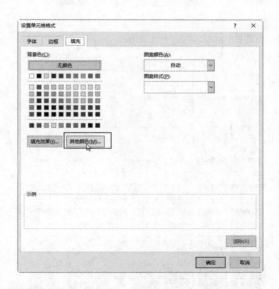

**7** 这样标题行的上、下边框就设置好了，用户可以按照相同的方法将标题行的中间竖框线设置为白色细框线。

**9** 弹出【颜色】对话框，切换到【自定义】选项卡，通过设置红色、绿色、蓝色的RGB色值设置标题行的填充颜色。

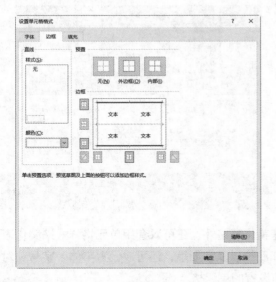

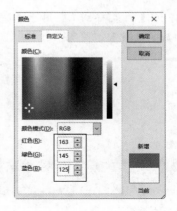

**8** 设置完毕，切换到【填充】选项卡，单击【其他颜色】按钮。

**10** 设置完毕，单击【确定】按钮，返回【设置单元格格式】对话框，再单击【确定】按钮，返回【新建表样式】对话框，按照相同的方法设置其他表元素的字体、边框和底纹，设置完毕，单击【确定】按钮，返回工作表，打开表格样式库，即可看到新创建的表样式1。

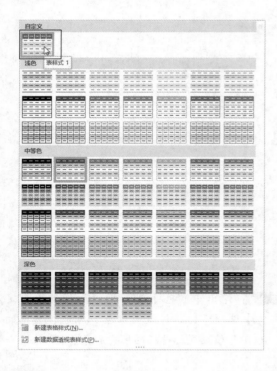

**11** 将新建的表样式1应用于单元格区域 A1:M61后的效果如下图所示。

## 提示

应用工作表样式后的单元格区域会自动转换为表格，并且自动添加筛选按钮。如果用户想要将表格转换为普通区域，只需切换到【表格工具】栏的【设计】选项卡，在【工具】组中单击【转换为区域】按钮即可。

## 5.2.2 套用单元格样式

在Excel中，用户除了可以套用表格样式快速美化表格外，还可以套用单元格样式来美化表格。套用单元格样式的好处是不仅可以设置边框和底纹以及字形等，还可以设置字体、字号、对齐方式等。套用单元格样式更适合于没进行过任何设置的单元格。

本实例原始文件和最终效果文件请从网盘下载

| 原始文件 | 第5章\销售明细表01 |
| 最终效果 | 第5章\销售明细表02 |

扫码看视频

### 1. 套用系统自带单元格样式

Excel 2019中有许多已经设置好了不同的字体格式、对齐方式、边框和底纹的单元格样式，用户可以根据自己的需要套用这些不同的单元格样式，迅速得到想要的效果。

套用单元格样式的具体操作步骤如下。

**1** 打开本实例的原始文件，选中标题行所在的单元格区域A1:M1，切换到【开始】选项卡，在【样式】组中，单击【单元格样式】按钮 单元格样式▾。

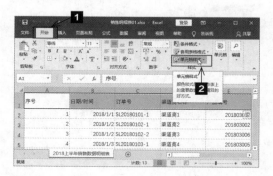

**2** 从弹出的下拉列表中选择一种合适的单元格样式，例如选择【标题1】选项。

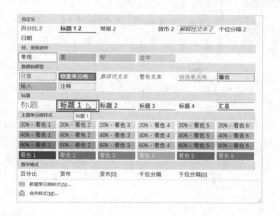

**3** 选中的单元格区域即可应用标题1样式，效果如图所示。

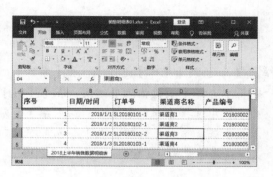

**4** 标题行应用标题1样式后，用户可以看到标题行的字号、字体颜色都发生了变化。除此之外，应用单元格样式还可以设置单元格的数字格式，例如选择单元格区域J2:K61和M2:M61，单击【单元格样式】按钮 单元格样式▾，从弹出的下拉列表中选择【数字格式】▶【货币】选项。

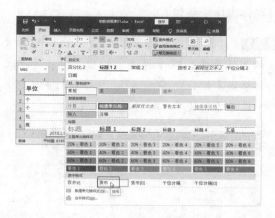

**5** 即可将选中的数据区域的数字格式设置为【货币】格式，效果如图所示。

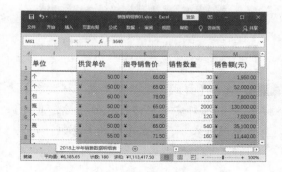

## 提示

在套用单元格样式时，用户可以对同一单元格套用多个样式，并且这些样式会自动合并。例如，如果第1个样式中设置了字体、字号和边框，第2个样式中只设置了字体和字号，那么在应用第2个样式时，只会改变单元格的字体和字号，边框仍保留第1个样式。

### 2. 自定义单元格样式

虽然Excel 2019为我们提供了一些单元格样式，但是相对来说都比较简单。这些系统自带的单元格样式对于用户创建商务化表格显然是不够用的，所以我们还需要针对商务化表格的一些特点自定义一些单元格样式，具体操作步骤如下。

**1** 打开本实例的原始文件，切换到【开始】选项卡，在【样式】组中，单击【单元格样式】按钮 单元格样式 ，从弹出的下拉列表中选择【新建单元格样式】选项。

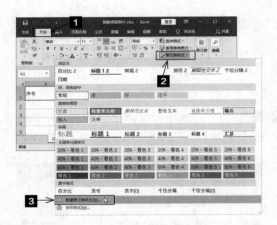

**2** 弹出【样式】对话框，在【样式名】文本框中输入新建单元格样式的名称，此处输入"标题样式"，单击【格式】按钮。

**3** 弹出【设置单元格格式】对话框，切换到【数字】选项卡，在【分类】列表框中选择【常规】选项。

**4** 切换到【对齐】选项卡，在【水平对齐】下拉列表中选择【居中】选项，在【垂直对齐】下拉列表中选择【居中】选项。

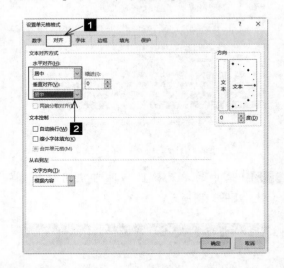

**5** 切换到【字体】选项卡，在【字体】列表框中选择【微软雅黑】选项，在【字形】列表框中选择【加粗】选项，在【字号】列表框中选择【14】选项，在【颜色】下拉列表中选择【黑色，文字1，淡色35%】选项。

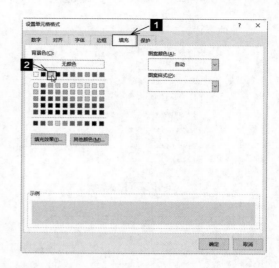

**6** 切换到【边框】选项卡，在【样式】列表框中选择【细线条】选项，在【颜色】下拉列表中选择【黑色，文字1，淡色25%】选项，在【边框】组合框中依次单击【上框线】按钮和【下框线】按钮。

**8** 设置完毕，单击【确定】按钮，返回【样式】对话框，再次单击【确定】按钮，返回工作表，即可在【单元格样式】库中看到新创建的单元格样式【标题样式】。

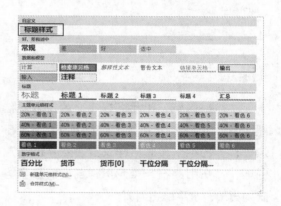

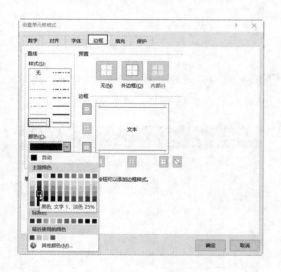

**9** 接下来用户可以按照相同的方法，设置数据区域的单元格样式。但是数据区域的样式相对标题行来说较复杂，因为数据区域可能会出现多种样式，所以针对数据区域用户可以创建多个单元格样式。此处用户可依次创建"数据区域""日期""货币靠右"3个单元格样式。

**7** 切换到【填充】选项卡，选择一种合适的背景色。

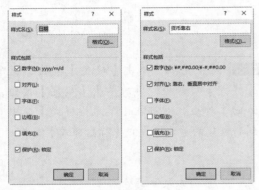

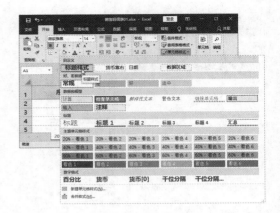

**提示**

"数据区域"单元格样式设置为微软雅黑字体，11磅字，水平居中对齐以及上下左右边框；"日期"单元格样式设置数字格式为日期；"货币靠右"单元格样式设置数字格式为货币、水平靠右对齐。

**10** 单元格样式都设置完成后，就可以应用样式了。选中标题行所在的单元格区域A1:M1，在【样式】组中，单击【单元格样式】按钮 单元格样式 ，从弹出的下拉列表中选择【标题样式】选项。

**11** 返回工作表，即可看到标题行已经应用了"标题样式"，效果如下图所示。

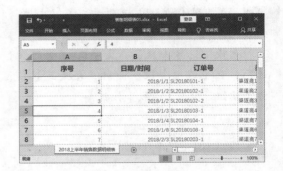

**12** 选中单元格区域A2:M61，对其应用单元格样式"数据区域"，效果如下图所示。

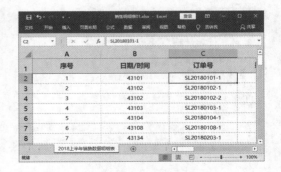

**13** 由于单元格样式"数据区域"选用的数字格式为"常规"，所以B列的日期都变成了常规数字格式。选中单元格区域B2:B61，应用单元格样式"日期"，即可使B列的日期正常显示。

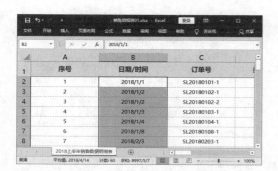

**14** 接下来对单元格区域J2:K61、M2:M61应用单元格样式"货币靠右",最终效果如下图所示。

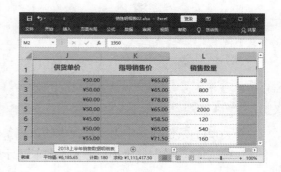

# 5.3 销售情况分析表

产品的销售情况关系到一个公司的收入状况和发展形势,所以对于产品的销售状况,公司一般都会在年初制订一个计划,在年末的时候,将一年的实际销售与计划做个对比。

## 5.3.1 突出显示重点数据

在实际工作中,用户在编辑数据时,对于表格中一些存在异常或者需要重点突出强调的数据,可以通过Excel中的条件格式功能将其突出显示出来。

本实例原始文件和最终效果文件请从网盘下载

原始文件\第5章\销售情况分析表

最终效果\第5章\销售情况分析表01

扫码看视频

在销售情况分析表中,每个月的完成率都是不同的,对于完成率过低的数据,应该得到重视,进而分析原因。突出显示工作表中完成率低于90%的单元格的具体操作步骤如下。

**1** 打开本实例的原始文件,选中单元格区域D2:D13,切换到【开始】选项卡,在【样式】组中,单击【条件格式】按钮 条件格式,在弹出的下拉列表中选择【突出显示单元格规则】➤【小于】选项。

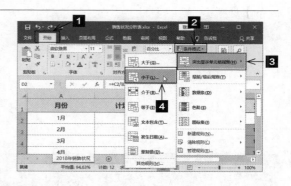

**2** 弹出【小于】对话框,在【设置为】前面的文本框中输入"90%",在【设置为】后面的下拉列表中选择一种合适的填充格式。

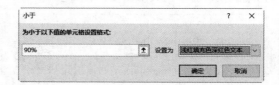

**3** 设置完毕，单击【确定】按钮，返回工作表，即可看到完成率低于90%的数据已经被突出显示出来了，效果如右图所示。

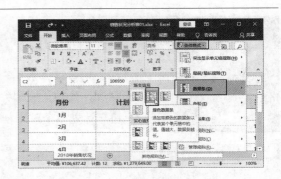

## 5.3.2 添加数据条辅助识别数据大小

Excel的条件格式中为用户提供的数据条功能，可以更直观地显示数据的大小关系。数据条的颜色长短表示数字的大小，数据条越长表示这个表格中的数据越大，反之越小。

本实例原始文件和最终效果文件请从网盘下载
原始文件\第5章\销售情况分析表01
最终效果\第5章\销售情况分析表02

扫码看视频

下面我们以为实际销售额添加数据条为例，介绍如何在表格中添加数据条，具体操作步骤如下。

**1** 选中单元格区域C2:C13，单击【条件格式】按钮 条件格式 ，在弹出的下拉列表中选择【数据条】▶【渐变填充】▶【绿色数据条】选项。

**2** 返回工作表，即可看到选中单元格区域C2:C13添加数据条后的效果。

## 5.3.3 插入迷你图——辅助用户查看数据走向

在销售情况分析表中，除了数据没有其他的图表，看着比较枯燥，如果我们能在下面增加一个折线图来表明全年的销售动态的变化情况，看着就直观多了，哪个月最大、哪个月最小、哪个月增长多、哪个月又降得多，一目了然。

本实例原始文件和最终效果文件请从网盘下载
原始文件\第5章\销售情况分析表02
最终效果\第5章\销售情况分析表03

扫码看视频

在表格中插入迷你图的具体操作步骤如下。

**1** 选中单元格区域B2:B13，切换到【插入】选项卡，在【迷你图】组中，单击【折线图】按钮。

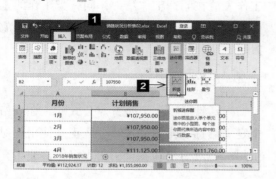

**2** 弹出【创建迷你图】对话框，将光标定位到【位置范围】文本框中，然后单击单元格B14，表示迷你图放置在B14单元格中。

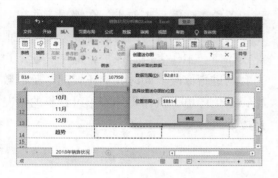

**3** 单击【确定】按钮，返回工作表，即可看到单元格B14中插入的迷你图。

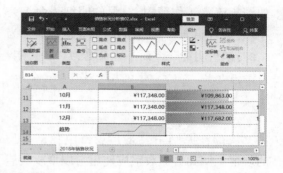

**4** 将鼠标指针移动到单元格B14的右下角，鼠标指针变成黑色十字形状时，按住鼠标左键不放，向右拖曳至单元格D14，释放鼠标左键，即可在单元格C14和D14中插入同样的迷你图。

# 妙招技法

## 表格商务化5原则

在实际工作中，大多人愿意学习一些技巧性的知识，而忽略了最基础的知识，此处我们将制作商务化表格的基本原则总结为以下5项原则。

① 一致性原则。

在设置商务化表格时一定要做到2同：同物同名称和同表同格式。

同物同名称就是说一个物品的名称，无论在任何部门、任何人员的表格中都应该是一致的，以方便多表之间的数据查询、引用和核对。

同表同格式就是说相同类型的表格其格式必须保持一致，以方便汇总统计分析。例如5月的销售明细和6月的销售明细格式必须保持一致。

另外，同表同格式还包含了一层意思，就是同一类工作表的名称也应保持一致。例如销售流水工作簿中，1月的明细表命名为"1月销售明细"，2月的明细表也应命名为"2月销售明细"，而不应命名为"2019年2月销售流水"。

② 规范性原则。

规范性原则主要是指表格中数据类型的规范。例如普通数字应使用常规型或数值型格式，单价或金额应使用货币型或会计型格式，日期则应使用日期型格式，而不能随便选用格式。例如日期选用文本格式输入成"2019.1.23"就是不可取的，这样的小错误，对我们日后的数据处理与分析会造成很大的困难。

③ 整体性原则。

整体性原则就是将同一类型同一事项的工作表放在同一工作簿中，同一类工作的工作簿放在同一文件夹中。这样分门别类地放置便于日后查找。

④ 灵活性原则。

灵活性原则主要是针对公式的。在表格中定义名称、使用公式时，应正确使用相对引用、绝对引用和混合引用，以便快速填充公式。

⑤ 安全性原则。

安全性原则就是指保护工作簿、工作表和备份工作簿、工作表。在编辑工作簿、工作表时，我们要时刻提高警惕，对一些重要工作簿、工作表进行保护，避免其他用户对数据进行修改。同时我们还要随时备份数据，避免停电、机器损坏等不可预料的情况造成数据丢失。

# 第6章

## 公式与函数的应用

### 本章内容简介

本章主要主要结合实际工作中的案例介绍了几类常用函数的应用，从实际应用出发，教读者根据问题的简易复杂程度选用不同的公式函数输入方法。

### 学完本章我能做什么

通过本章的学习，读者可以使用逻辑函数判断考勤表中的出勤情况，使用时间函数快速计算回款统计表中的应回款日期，使用查找与引用函数实现业绩管理表中明细表与参数表之间的关联引用等。

视频链接

关于本章知识，本书配套教学资源中有相关的教学视频，请读者参见资源中的【公式与函数的应用】。

# 6.1 认识公式与函数

公式与函数是Excel中进行数据输入、统计、分析必不可少的工具之一。要想学好公式与函数，理清问题的逻辑思路是关键。

## 6.1.1 初识公式

Excel中的公式是以等号"="开头，通过使用运算符将数据和函数等元素按一定顺序连接在一起的表达式。在Excel中，凡是在单元格先输入等号"="，再输入其他数据的，都会被自动判定为公式。

下面我们以如下两个公式为例，介绍一下公式的组成与结构。

公式1：

=TEXT(MID(A2,7,8),"0000-00-00")

这是一个从18位身份证号中提取出生日期的公式，如下图所示。

| | A | B | C | D |
|---|---|---|---|---|
| 1 | 身份证号 | 性别 | 生日 | 年龄 |
| 2 | 51***197604095634 | 男 | 1976-04-09 | 43 |
| 3 | 41***197805216362 | 女 | 1978-05-21 | 41 |
| 4 | 43***197302247985 | 女 | 1973-02-24 | 46 |
| 5 | 23***197103068261 | 女 | 1971-03-06 | 48 |
| 6 | 36***196107246846 | 女 | 1961-07-24 | 57 |
| 7 | 41***197804215550 | 男 | 1978-04-21 | 41 |

公式2：

=(TODAY()-C2)/365

这是一个根据出生日期计算年龄的公式，如下图所示。

| | A | B | C | D |
|---|---|---|---|---|
| 1 | 身份证号 | 性别 | 生日 | 年龄 |
| 2 | 51***197604095634 | 男 | 1976-04-09 | 43 |
| 3 | 41***197805216362 | 女 | 1978-05-21 | 41 |
| 4 | 43***197302247985 | 女 | 1973-02-24 | 46 |
| 5 | 23***197103068261 | 女 | 1971-03-06 | 48 |
| 6 | 36***196107246846 | 女 | 1961-07-24 | 57 |
| 7 | 41***197804215550 | 男 | 1978-04-21 | 41 |

公式由以下几种基本元素组成。

① 等号"="：公式必须以等号开头。如公式1、公式2。

② 常量：常量包括常数和字符串。例如公式1中的7和8都是常数，"0000-00-00"是字符串；公式2中的365也是常数。

③ 单元格引用：单元格引用是指以单元格地址或名称来代表单元格的数据进行计算。例如公式1中的A2，公式2中的C2。

④ 函数：函数也是公式中的一个元素，对一些特殊、复杂的运算，使用函数会更简单。例如公式1中的TEXT和MID都是函数，公式2中的TODAY也是函数。

⑤ 括号：一般每个函数后面都会跟一个括号，用于设置参数，另外括号还可以用于控制公式中各元素运算的先后顺序。

⑥ 运算符：运算符是将多个参与计算的元素连接起来的运算符号；Excel公式中的运算符包含引用运算符、算数运算符、文本运算符和比较运算符。例如公式2中的"/"。

**提示**

在Excel的公式中开头的等号"="可以用加号"+"代替。

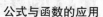

## 1. 单元格引用

单元格引用就是标识工作表中的单元格或单元格区域。

Excel单元格的引用包括相对引用、绝对引用和混合引用3种。

① 相对引用。相对引用就是在公式中用列标和行号直接表示单元格，例如A5，B6等。当某个单元格的公式被复制到另一个单元格时，原单元格中的公式的地址在新的单元格中就会发生变化，但其引用的单元格地址之间相对位置间距不变。例如在单元格A10中输入公式"=SUM(A2:A9)"，当将单元格A10中的公式复制到C10后，公式就会变成"=SUM(C2:C9)"。

② 绝对引用。绝对引用就是在表示单元格的列标和行号前面加上"$"符号。其特点是在将单元格中的公式复制到新的单元格时，公式中引用的单元格地址始终保持不变。例如在单元格A10中输入公式"=SUM($A$2:$A$9)"，当将单元格A10中的公式复制到C10后，公式依然是"=SUM($A$2:$A$9)"。

③ 混合引用。混合引用包括绝对列和相对行，或者绝对行和相对列。绝对列和相对行是指列采用绝对引用，而行采用相对引用，例如$A1、$B1等；绝对行和相对列是指行采用绝对引用，而列采用相对引用，例如A$1、B$1等；在公式中如果采用混合引用，当公式所在的单元格位置改变时，绝对引用不变，相对引用将对应改变位置。例如在单元格A10中输入公式"=A$2"，那么当将单元格A10复制到B11时，公式就会变成"=B$2"。

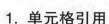

**提示**

【F4】键是引用方式之间转换的快捷方式。连续按【F4】键，就会依照相对引用➢绝对引用➢绝对行/相对列➢绝对列/相对行➢相对引用……这样的顺序循环。

## 2. 运算符

运算符是Excel公式中各操作对象的纽带，常用的运算符有算数运算符、文本运算符和比较运算符。

① 算数运算符用于完成基本的算术运算，按运算的先后顺序，算数运算符有负号（–）、百分号（%）、幂（^）、乘（*）、除（/）、加（+）、减（–）。

② 文本运算符用于两个或多个值连接或串起来产生一个连续的文本值，文本运算符主要是文本连接运算符&。例如，公式"=A1&B1&C1"就是将单元格A1、B1、C1的数据连接起来组成一个新的文本。

③ 比较运算符用于比较两个值，并返回逻辑值TRUE或FLASE。比较运算符有等于（=）、小于（<）、小于等于（<=）、大于（>）、大于等于（>=）、不等于（<>），常与逻辑函数搭配使用。

## 6.1.2 初识函数

Excel 2019提供了大量的内置函数，利用这些函数进行数据计算与分析，不仅可以大大提高工作效率，还可以提高数据的准确率。

### 1. 函数的基本构成

函数大部分由函数名称和函数参数两部分组成，即"=函数名(参数1,参数2,…,参数n)"，例如"=SUM(A1:A10)"就是单元格区域A1:A10的数值求和。

还有小部分函数没有函数参数，即"=函数名()"，例如"=TODAY()"就是得到系统的当前日期。

### 2. 函数的种类

根据运算类别及应用行业的不同，Excel 2019中的函数可以分为财务、日期与时间、数学与三角函数、统计、查找与引用、数据库、文本、逻辑、信息、多维数据集、兼容性、Web。

# 6.2 考勤表（逻辑函数）

考勤表是公司员工每天上班的凭证，也是员工领工资的凭证，因为它记录了员工上班的具体情况。考勤表中有具体的上下班时间，包括迟到、早退、旷工的情况。

逻辑函数是一种用于进行真假值判断或复合检验的函数。逻辑函数是Excel函数中最常用的函数之一，常用的逻辑函数包括AND、IF、OR等。

## 6.2.1 IF函数——判断一个条件是否成立

 本实例原始文件和最终效果文件请从网盘下载
原始文件\第6章\考勤表
最终效果\第6章\考勤表01

扫码看视频

### 1. Excel中的逻辑关系

Excel中常用的逻辑值是"TRUE"和"FALSE"，它们等同于我们日常语言中的"是"和"不是"，也就是"TRUE"是逻辑值真，表示"是"的意思；而"FALSE"是逻辑值假，表示"不是"的意思。

### 2. 用于条件判断的IF函数

IF函数可以说是逻辑函数中的王者了，它的应用十分广泛，基本用法是，根据指定的条件进行判断，得到满足条件的结果1或者不满足条件的结果2。其语法结构如下。

IF(判断条件,满足条件的结果1,不满足条件的结果2)

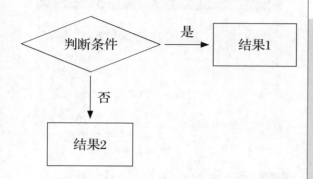

下面通过一个具体案例来学习一下IF函数的实际应用。

公司规定上班时间为8:00，下班时间为17:00，计算每个人迟到和早退的分钟数。

| | A | B | C | D | E | F |
|---|---|---|---|---|---|---|
| 1 | 编号 | 姓名 | 日期 | 上班时间 | 下班时间 | 迟到 |
| 2 | SL00001 | 王鹏 | 2018/4/1 | 7:37:11 | 10:42:32 | |
| 3 | SL00001 | 王鹏 | 2018/4/2 | 8:00:03 | 18:07:06 | |
| 4 | SL00001 | 王鹏 | 2018/4/3 | 8:06:22 | 17:02:40 | |
| 5 | SL00001 | 王鹏 | 2018/4/4 | 7:51:54 | 17:00:29 | |
| 6 | SL00001 | 王鹏 | 2018/4/7 | 7:52:17 | 17:01:29 | |
| 7 | SL00001 | 王鹏 | 2018/4/8 | 7:59:28 | 17:01:17 | |
| 8 | SL00001 | 王鹏 | 2018/4/9 | 7:59:35 | 17:01:20 | |
| 9 | SL00001 | 王鹏 | 2018/4/10 | 7:51:54 | 17:08:46 | |
| 10 | SL00001 | 王鹏 | 2018/4/11 | 7:49:39 | 17:03:29 | |
| 11 | SL00001 | 王鹏 | 2018/4/12 | 7:55:36 | 17:00:52 | |
| 12 | SL00001 | 王鹏 | 2018/4/13 | 7:49:39 | 17:01:59 | |
| 13 | SL00001 | 王鹏 | 2018/4/16 | 7:53:23 | 17:02:53 | |

首先，我们分析一下这个问题，并根据分析做一个逻辑关系图。

上班时间超过8点即为迟到，下班时间早于17:00即为早退。

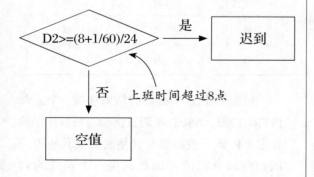

在公式函数中如果需要输入一个具体的时间时，不能按照时间的格式输入，例如"8:01:00"，因为在公式函数中，冒号是引用符号，而不是时间符号。因此在公式函数中输入具体时间时，需要先将其转换为数值。时间怎样转换为数值呢？

在Excel中日期和时间的基本单位是天，1代表1天，而时间是1天的一部分，1天24小时，1小时就是1/24天，例如8:00就是8/24，8:01就是（8+1/60）/24，因此时间就是小数。

**1** 打开本实例的原始文件，选中单元格F2，切换到【公式】选项卡，在【函数库】组中，单击【逻辑】按钮【逻辑▾】，在弹出的下拉列表中选择【IF】函数选项。

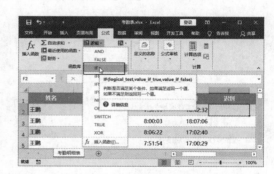

**2** 弹出【函数参数】对话框，按照我们的逻辑关系图，依次输入判断条件"D2>=(8+1/60)/24"，满足条件的结果1"迟到"，不满足条件的结果2为空值""。

**3** 设置完毕，单击【确定】按钮，返回工作表，效果如下图所示。

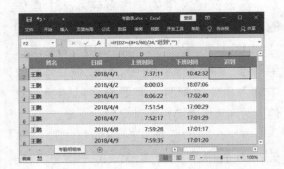

**4** 将鼠标指针移动到单元格F2的右下角，双击鼠标左键，即可将公式带格式地填充到下面的单元格区域，同时弹出一个【自动填充选项】按钮，单击此按钮，在弹出的下拉列表中选中【不带格式填充】单选钮，即可将公式不带格式地填到下面的单元格区域。

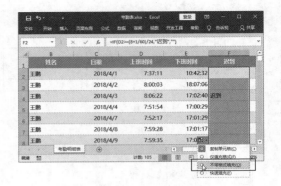

**5** 用户可以按照相同的方法，判断员工是否早退，效果如下图所示。

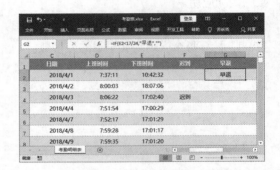

## 6.2.2 AND函数——判断多个条件是否同时成立

本实例原始文件和最终效果文件请从网盘下载

原始文件\第6章\考勤表01

最终效果\第6章\考勤表02

扫码看视频

AND就是用来判断多个条件是否同时成立的逻辑函数，其语法格式如下。

AND(条件1,条件2,...)

AND函数的特点是，在众多条件中，只有全部为真时，其逻辑值才为真；只要有一个为假，其逻辑值为假。

| 条件1 | 条件2 | 逻辑值 |
| --- | --- | --- |
| 真 | 真 | 真 |
| 真 | 假 | 假 |
| 假 | 真 | 假 |
| 假 | 假 | 假 |

但是由于AND函数的结果就是一个逻辑值TRUE或FALSE，不能直接参与数据计算和处理，因此一般需要与其他函数嵌套使用。例如前面介绍的IF函数只是一个条件的判断，在实际数据处理中，经常需要同时对几个条件进行判断，例如要判断员工是否正常出勤，所谓正常出勤，就是既不迟到也不早

退。也就是说要同时满足两个条件才能算正常出勤，此时只使用IF函数，是无法做出判断的，这里就需要使用AND函数来辅助了。

我们还是根据条件做一个逻辑关系图。首先确定判断条件，判断条件就是既不迟到也不早退，即上班时间早于8:01，下班时间晚于17:00；然后确定判断的结果，满足两个条件结果为"是"，不满足条件结果为"否"。

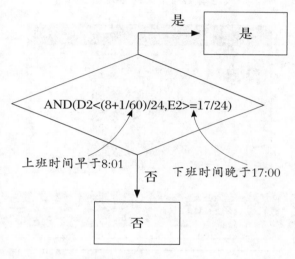

具体操作步骤如下。

**1** 打开本实例的原始文件，选中单元格I2，切换到【公式】选项卡，在【函数库】组中，单击【逻辑】按钮 逻辑▾ ，在弹出的下拉列表中选择【IF】函数选项。

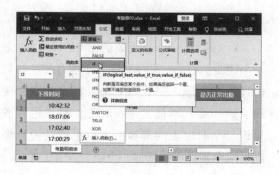

**2** 弹出【函数参数】对话框，首先我们先把简单的参数设置好，满足条件的结果1"是"，不满足条件的结果2"否"。

**3** 将光标移动到第一个参数判断条件所在的文本框中，单击工作表中名称框右侧的下三角按钮，在弹出的下拉列表中选择【其他函数】选项（如果下拉列表中有AND函数，也可以直接选择AND函数）。

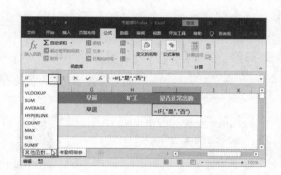

**4** 弹出【插入函数】对话框，在【或选择类别】下拉列表中选择【逻辑】选项，在【选择函数】列表框中选择【AND】函数。

**5** 单击【确定】按钮，弹出AND函数的【函数参数】对话框，依次在两个参数文本框中输入参数"D2<(8+1/60)/24"和"E2>=17/24"。

**6** 单击【确定】按钮，返回工作表，效果如下图所示。

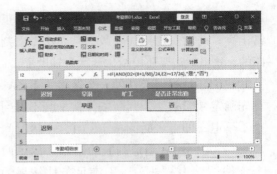

**7** 按照前面的方法，将单元格I2中的公式不带格式地填充到下面的单元格区域中。

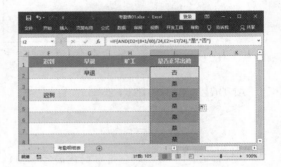

## 6.2.3 OR函数——判断多个条件中是否有条件成立

 本实例原始文件和最终效果文件请从网盘下载
原始文件\第6章\考勤表02
最终效果\第6章\考勤表03

扫码看视频

OR函数的功能是对公式中的条件进行连接，且这些条件中只要有一个满足条件，其结果就为真。其语法格式如下。

OR(条件1,条件2,...)

OR函数的特点是，在众多条件中，只要有一个为真时，其逻辑值就为真；只有全部为假时，其逻辑值才为假。

| 条件1 | 条件2 | 逻辑值 |
|---|---|---|
| 真 | 真 | 真 |
| 真 | 假 | 真 |
| 假 | 真 | 真 |
| 假 | 假 | 假 |

OR函数与AND函数的结果一样，也是一个逻辑值TRUE或FALSE，不能直接参与数据计算和处理，一般需要与其他函数嵌套使用。例如要判断员工是否旷工，假设迟到或早退半小时以上的都算旷工，也就是说只要满足两个条件中的任何一个条件就算旷工。

我们还是根据条件做一个逻辑关系图。首先确定判断条件，判断条件就是迟到半小时以上或早退半小时以上，即上班时间晚于于8:31，下班时间早于16:30；然后确定判断的结果，满足一个条件或两个条件的结果为"旷工"，不满足条件结果为空值。

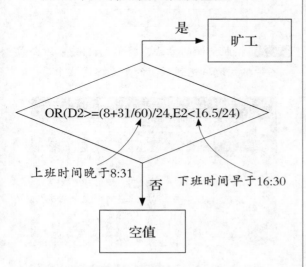

具体操作步骤如下。

**1** 打开本实例的原始文件，选中单元格H2，切换到【公式】选项卡，在【函数库】组中，单击【逻辑】按钮 逻辑·，在弹出的下拉列表中选择【IF】函数选项。

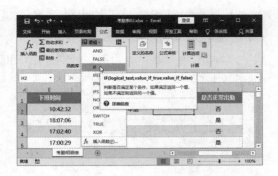

**2** 弹出【函数参数】对话框，首先我们先把简单的参数设置好，满足条件的结果1"旷工"，不满足条件的结果2为空值。

**3** 将光标移动到第一个参数判断条件所在的文本框中，单击工作表中名称框右侧的下三角按钮，在弹出的下拉列表中选择【其他函数】选项（如果下拉列表中有OR函数，也可以直接选择OR函数）。

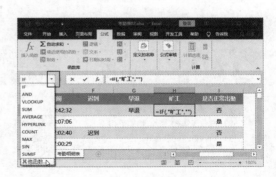

**4** 弹出【插入函数】对话框，在【或选择类别】下拉列表中选择【逻辑】选项，在【选择函数】列表框中选择【OR】函数。

**5** 单击【确定】按钮，弹出OR函数的【函数参数】对话框，依次在两个参数文本框中输入参数"D2>=(8+31/60)/24"和"E2<16.5/24"。

**6** 单击【确定】按钮，返回工作表，效果如右上图所示。

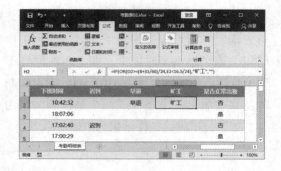

**7** 按照前面的方法，将单元格H2中的公式不带格式地填充到下面的单元格区域中。

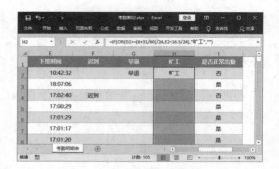

## 6.2.4 IFS函数 2019 ——检查多个条件中是否有条件成立

本实例原始文件和最终效果文件请从网盘下载

原始文件\第6章\考勤表03

最终效果\第6章\考勤表04

扫码看视频

IFS函数用于检查是否满足一个或多个条件，并返回与第一个 TRUE 条件对应的值。其语法格式如下。

IFS(条件1,结果1,条件2,结果2,...)

| 条件1 | 条件2 | 结果 |
| --- | --- | --- |
| 真 | 真 | 结果1 |
| 真 | 假 | 结果1 |
| 假 | 真 | 结果2 |

IFS函数是Excel 2019新增加的一个函数，它可以替换多个嵌套的 IF 函数，并且更方便用户理解。

下面我们以判断员工的出勤情况（非正常出勤次数≤3的为"好"，≤5的为"一般"，>5的为"差"）为例，分别使用IF和IFS函数来看一下两个函数的区别。

首先我们先来分析一下使用IF函数来判断员工的出勤情况的逻辑关系。

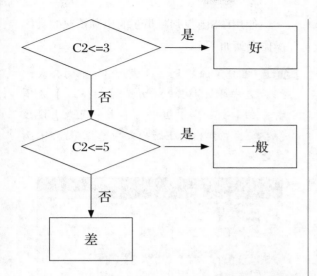

使用IF函数判断员工的出勤情况的具体操作步骤如下。

**1** 打开本实例的原始文件，新建一个"出勤情况统计表"工作表，并输入统计数据。

**2** 选中单元格D2，切换到【公式】选项卡，在【函数库】组中，单击【逻辑】按钮，在弹出的下拉列表中选择【IF】函数选项。

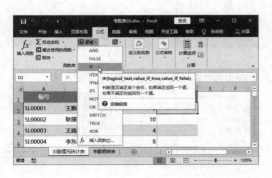

**3** 弹出【函数参数】对话框，首先我们先设置好判断条件"C2<=3"，满足条件的结果1"好"。

**4** 将光标移动到第三个参数不满足条件的结果所在的文本框中，单击工作表中名称框右侧的下三角按钮，在弹出的下拉列表中选择【IF】函数选项。

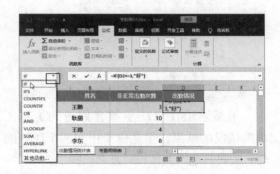

**5** 弹出【函数参数】对话框，在第一个参数文本框中输入第2个判断条件"C2<=5"，满足条件的结果1"一般"，不满足条件的结果2"差"。

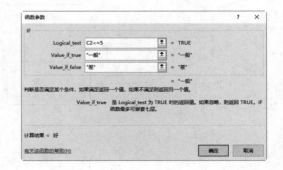

**6** 单击【确定】按钮，返回工作表，即可看到最终的公式是"=IF(C2<=3,"好",IF(C2<=5,"一般","差"))"，效果如下图所示。

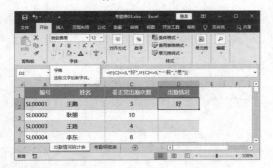

**7** 按照前面的方法，将单元格D2中的公式不带格式地填充到下面的单元格区域中。

虽然这里使用IF函数我们得到了员工出勤情况的结果，但是由于中间两个IF的嵌套，使得其逻辑关系相对复杂了些。

接下来分析一下使用IFS函数来判断员工的出勤情况的逻辑关系。

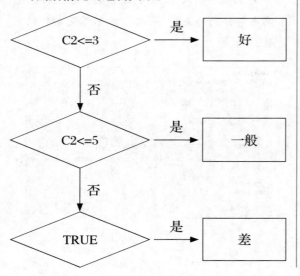

使用IFS函数判断员工的出勤情况的具体操作步骤如下。

**1** 首先清除单元格区域D2:D6中的公式，然后选中单元格D2，切换到【公式】选项卡，在【函数库】组中，单击【逻辑】按钮，在弹出的下拉列表中选择【IFS】函数选项。

**2** 弹出【函数参数】对话框，依次输入3个条件及对应的结果。

**3** 单击【确定】按钮，返回工作表，即可看到最终的公式是"=IFS(C2<=3,"好",C2<=5,"一般",TRUE,"差")"，效果如下图所示。

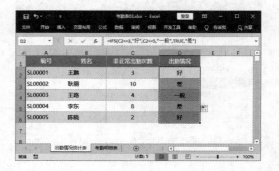

很明显，使用IFS函数来判断员工的出勤情况比使用IF函数逻辑简单清晰。再就是IFS函数可以允许最多测试127个条件，而IF最多嵌套7层，所以对于多个条件限定的判断，还是IFS函数更实用。

# 6.3 销售一览表（文本函数）

销售一览表是表单的一种，一般表单中包含有销售的基本信息，用于张贴在办公室，便于查看。

文本函数是指可以在公式中处理字符串的函数。常用的文本函数有计算文本长度的LEN函数，从字符串中截取部分字符的LEFT、RIGHT、MID函数，查找指定字符在字符串中位置的FIND函数，将数字转换为指定格式文本的TEXT函数等。

## 6.3.1 LEN函数——计算文本的长度

本实例原始文件和最终结果文件请从网盘下载

原始文件\第6章\销售一览表

最终效果\第6章\销售一览表01

扫码看视频

LEN函数是一个计算文本长度的函数。其语法结构如下。

LEN(参数)

LEN函数只能有一个参数，这个参数可以是单元格引用、定义的名称、常量或公式等，具体应用说明可参照下表。

| 公式 | 公式结果 | 公式说明 |
| --- | --- | --- |
| =LEN("神龙") | 2 | 参数是2个汉字组成的字符串，所以公式结果为2 |
| =LEN("shenlong") | 8 | 参数是8个字母组成的字符串，所以公式结果为8 |
| =LEN("神 龙") | 3 | 两个汉字之间有一个空格，空格也算一个字符，所以公式结果为3 |
| =LEN(A2) | 1 | 假设单元格A2中的内容为数字8，参数就是一个数字，所以公式结果为1 |

LEN函数在Excel中是一个很有用的函数，但是由于它计算的是字符的长度，而字符长度对我们计算分析数据没有实际意义，因此在实际工作中，我们更多的是将LEN函数与数据验证或者与其他函数结合使用。下面以一个具体实例来讲解如何将LEN函数与数据验证相结合。具体操作步骤如下。

### 1. 数据验证与LEN函数

在第5章我们讲解了如何通过数据验证中功能限定手机号码的长度。学习LEN函数后，我们也可以通过数据验证中来限定手机号码的长度，具体操作步骤如下。

**1** 打开本实例的原始文件，选中单元格区域D2:D11，切换到【数据】选项卡，在【数据工具】组中单击【数据验证】按钮的左半部分。

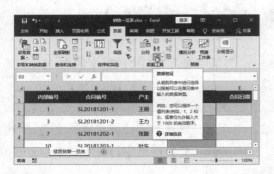

**2** 弹出【数据验证】对话框，切换到【设置】选项卡，在【允许】下拉列表中选择【自定义】选项，在【公式】列表框中输入公式"=LEN(D2)=11"。

**3** 切换到【出错警告】选项卡，在【错误信息】文本框中输入"请检查手机号码是否为11位！"。

**4** 设置完毕，单击【确定】按钮。返回工作表，当单元格区域D2:D12中输入的手机号码位数不是11位时，就会弹出如下提示框。

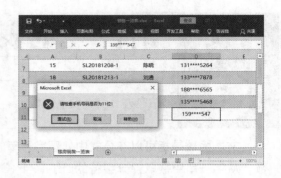

**5** 单击【重试】按钮，即可重新输入手机号码。

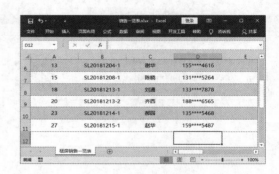

## 2. LEN与IF函数的嵌套应用

目前销售一览表中的内部编号是纯数字编号，而且数字位数不同，为了使编号更加统一，同时可以体现公司名称，我们可以重新定义一下内部编号规则：数字编号之前加上公司名称简写s1，数字编号都为3位数，不足3位的用0补齐，例如s1001。

在进行实际操作之前，首先我们来分析一下这个问题的条件和结果。

① 编号为1位数字的，需要在前面补齐两个0，然后在前面添加s1。

② 编号为2位数字的，需要在前面补齐一个0，然后在前面添加s1。

这是一个典型的IF与LEN函数嵌套的应用问题。由于有两个可能的条件，故需要使用一个IF与LEN函数嵌套来解决。

很多人在输入这样的嵌套函数公式时，都是手忙脚乱地直接在单元格中输入，费了九牛二虎之力好不容易输入完成，按【Enter】键又弹出警告框，提示有错误，顿时焦躁万分。这不是因为嵌套公式有多复杂，而是因为很多人在使用嵌套公式之前，没有理清逻辑思路。下图就是当前这个问题的一个逻辑流程图，通过这个流程图，我们可以一目了然地知道两个函数的逻辑关系。

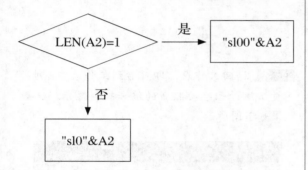

逻辑关系清楚了，接下来我们就可以根据这个逻辑关系来输入函数了。由于此处我们要在原编号的基础上生成新编号，所以此处我们可以先将新编号生成在K列中，然后再复制粘贴到A列，具体操作步骤如下。

**1** 选中单元格K2，切换到【公式】选项卡，在【函数库】组中，单击【逻辑】按钮，在弹出的下拉列表中选择【IF】函数选项。

**2** 弹出【函数参数】对话框，由于判断条件需要使用LEN函数，此处我们先输入符合条件的结果 ""sl00"&A2" 和不符合条件的结果 ""sl0"&A2"。

**3** 在第一个参数判断条件所在的文本框中输入 "=1"，再将光标定位到 "=1" 的前面，单击工作表中名称框右侧的下三角按钮，在弹出的下拉列表中选择【其他函数】选项。

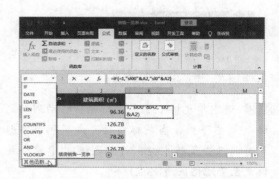

**4** 弹出【插入函数】对话框，在【或选择类别】下拉列表中选择【文本】选项，在【选择函数】列表框中选择【LEN】函数。

**5** 单击【确定】按钮，弹出LEN函数的【函数参数】对话框，在参数文本框中输入"A2"。

**6** 单击【确定】按钮，返回工作表，效果如下图所示。

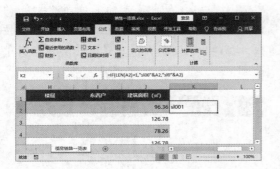

**7** 选中单元格K2，将鼠标指针移动到单元格K2的右下角，当鼠标指针变成黑色十字形状时，双击鼠标左键，将单元格K2中的公式填充至单元格区域K3:K11中。

**8** 选中单元格区域K2:K11，按组合键【Ctrl】+【C】进行复制，然后选中单元格A2，单击鼠标右键，在弹出的快捷菜单中选择【粘贴选项】➤【值】选项。

**9** 返回工作表，即可看到工作表中A列的员工编号已经按照新的编号规则显示了，效果如下图所示。

# 6.3.2 MID函数——从字符串中截取字符

MID函数主要功能是从一个文本字符串的指定位置开始，截取指定数目的字符。其语法结构如下。

MID(字符串,截取字符的起始位置,要截取的字符个数)

在销售一览表中，合同编号的编号规则是"SL"+"合同日期"+"-编号"，所以在输入合同编号后，合同日期就无需重复输入了，只需要通过MID函数从合同编号中提取就可以了。在提取之前，我们先来分析一下函数的各个参数："字符串"就是"合同编号"，合同编号中日期是从第3个字符开始的，所以"截取字符的起始位置"是"3"，日期包含了年月日，是8个字符，所以"要截取的字符个数"是"8"。函数的各个参数分析清楚后，就可以使用函数了，具体操作步骤如下。

**1** 选中单元格E2，切换到【公式】选项卡，在【函数库】组中，单击【文本】按钮，在弹出的下拉列表中选择【MID】函数选项。

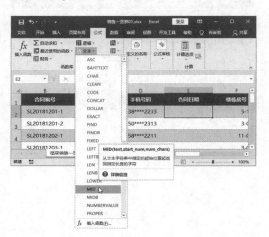

**2** 弹出【函数参数】对话框，在字符串文本框中输入"B2"，在截取的字符的起始位置文本框中输入"3"，在要截取的字符个数文本框中输入"8"。

**3** 单击【确定】按钮，返回工作表，即可看到合同日期已经从合同编号中提取出来了，如下图所示。

**4** 将单元格E2中的公式不带格式地填充到单元格区域E3:E11中即可。

## 6.3.3 LEFT函数——从字符串左侧截取字符

本实例原始文件和最终效果文件请从网盘下载
原始文件\第6章\销售一览表02
最终效果\第6章\销售一览表03

扫码看视频

LEFT函数是一个从字符串左侧截取字符的函数。其语法结构如下。

LEFT(字符串,截取的字符个数)

在销售一览表中，"楼栋房号"信息中既包含了楼号，还包含了楼层和房间号，但是为了避免阅读偏差，现在我们需要将这三项信息分开填写。楼号是位于"楼栋房号"字符串的最左侧，我们就可以使用LEFT从中提取出来。首先分析一下参数，显然"字符串"就是"楼栋房号"，"楼号"就是"楼栋房号"字符串中前1或2个字符，所以截取的字符个数为"1"或"2"。具体操作步骤如下。

**1** 选中单元格G2，切换到【公式】选项卡，在【函数库】组中，单击【文本】按钮，在弹出的下拉列表中选择【LEFT】函数选项。

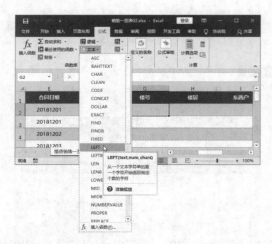

**2** 弹出【函数参数】对话框，在字符串文本框中输入"F2"，在截取的字符个数文本框中输入"1"。

**3** 单击【确定】按钮，返回工作表，即可看到楼号已经从楼栋房号中提取出来了，如下图所示。

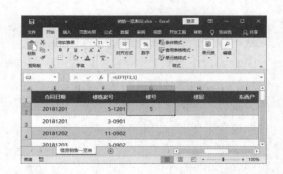

**4** 选中单元格G2，按【Ctrl】+【C】组合键进行复制，然后选中单元格G3和单元格区域G5:G9，单击鼠标右键，在弹出的快捷菜单中选择【粘贴选项】▶【公式】选项。

**5** 即可将公式填充到选中的单元格及单元格区域中。

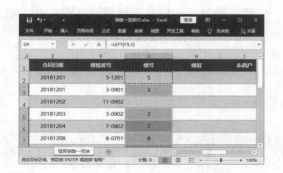

**6** 按照相同的方法，在单元格G4中输入公式"=LEFT(F4,2)"，并将公式复制到单元格区域G10:G11。

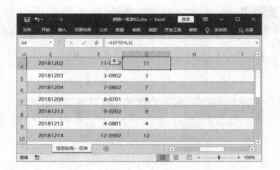

楼号提取完成后，我们可以观察一下工作表中的"楼栋房号"的文本长度是与"楼号"紧密相关的，"楼栋房号"的文本长度为6时，楼号字符数为1，"楼栋房号"的文本长度为7时，楼号字符数为2。由此，我们可以得到这样一个关系。

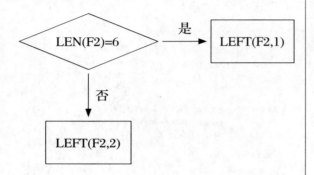

有了这个关系，我们就可以通过IF函数、LEN函数和LEFT三个函数的嵌套来从"楼栋房号"中提取"楼号"了。IF函数为主函数，LEN函数为IF函数的判断条件，两个LEFT函数为IF函数的两个结果。

**1** 清除单元格区域G2:G11中的公式，选中单元格G2，切换到【公式】选项卡，在【函数库】组中，单击【逻辑】按钮，在弹出的下拉列表中选择【IF】函数选项。

**2** 弹出【函数参数】对话框，在三个参数文本框中依次输入"LEN(F2)=6""LEFT(F2,1)""LEFT(F2,2)"。

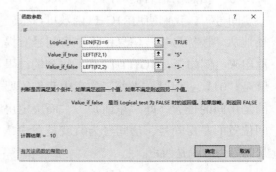

**3** 单击【确定】按钮，返回工作表，即可看到楼号已经从楼栋房号中提取出来了。然后将单元格G2中的公式不带格式地填充到下面的单元格区域即可，如下图所示。

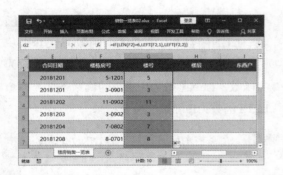

使用三个函数嵌套，我们只需要输入一次公式就可以从"楼栋房号"中准确地提取出所有楼号了。但是这里需要注意的是，对于多函数的嵌套，逻辑关系必须要清楚。

## 6.3.4 RIGHT函数——从字符串右侧截取字符

本实例原始文件和最终效果文件请从网盘下载

原始文件\第6章\销售一览表03

最终效果\第6章\销售一览表04

扫码看视频

RIGHT函数是一个从字符串右侧截取字符的函数。其语法结构如下。

RIGHT(字符串,截取的字符个数)

RIGHT函数与LEFT函数大同小异，只是截取字符的方向不同而已。

我们还是以"销售一览表"为例，"楼栋房号"信息中最右侧的两个数字代表的是"房间号"，我们使用RIGHT函数可以很轻松地从"楼栋房号"信息中将"房间号"提取出来。例如：=RIGHT(F2,2)，得到的结果就是"01"。但是在当前工作表中我们需要的是房间的位置，即"东西户"，而决定房间位置的是房间号，房间号为01就是东户，房间号为02就是西户。

所以此处我们需要将RIGHT函数与IF函数嵌套使用。

**1** 选中单元格I2，切换到【公式】选项卡，在【函数库】组中，单击【逻辑】按钮，在弹出的下拉列表中选择【IF】函数选项。

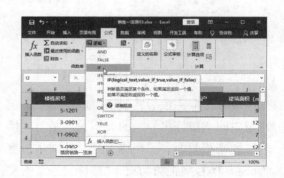

**2** 弹出【函数参数】对话框，在三个参数文本框中依次输入"RIGHT(F2,2)="01""""东户""""西户""。

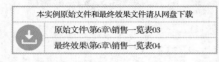
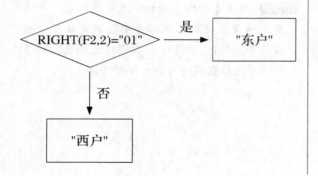

**3** 单击【确定】按钮，返回工作表，即可看到结果。然后将单元格I2中的公式不带格式地填充到下面的单元格区域即可，如右图所示。

## 6.3.5 FIND函数——查找指定字符的位置

本实例原始文件和最终效果文件请从网盘下载
原始文件\第6章\销售一览表04
最终效果\第6章\销售一览表05

扫码看视频

FIND函数用于从一个字符串中，查找指定字符的位置。其语法结构如下。

FIND(指定字符,字符串,开始查找的起始位置)

以编辑"销售一览表"为例，假设查找单元格F2中"–"出现的位置，则公式为"=FIND("–",F2)"，得到的结果为2，表明从坐标的第1个字符算起，第2个字符就是要找的"–"。这里忽略了该函数的第3个参数，表明从字符串的第1个字符开始查找。

由这个例子我们可以清晰地看出FIND函数最终返回的结果就是一个数字，它对于数据的运算处理没有什么意义，所以，一般情况下FIND函数需要与其他函数嵌套使用。

还是以"销售一览表"为例，前面我们介绍了如何从"楼栋房号"信息中提取楼号、房间号，那我们怎样从中提取出楼层呢？一种方法是使用IF函数、LEN函数和MID函数嵌套。

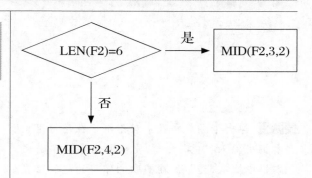

公式为"=IF(LEN(F2)=6,MID(F2,3,2),MID(F2,3,2)"，即当单元格F2中的字符长度为6时，就从F2中第3个字符开始，提取2个字符就是楼层数；单元格F2中的字符长度不为6时，就从F2中第4个字符开始，提取2个字符就是楼层数。计算过程中使用了3个函数嵌套，相对来说比较复杂。有了FIND函数以后，就简单多了。因为楼层数就是"–"后面的两个字符，所以我们只需要使用MID函数和FIND两个函数嵌套就可以了。MID作为主函数，F2是其第1个参数字符串，FIND函数找到的"–"的位置+1就是MID函数中指定字符的开始位置，2就是要截取的字符数。具体操作步骤如下。

**1** 选中单元格H2，切换到【公式】选项卡，在【函数库】组中，单击【文本】按钮 文本▾，在弹出的下拉列表中选择【MID】函数选项。

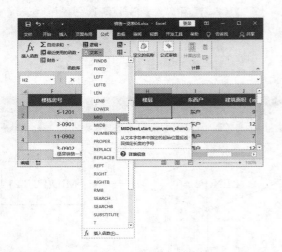

**2** 弹出【函数参数】对话框，在字符串文本框中输入"F2"，在要截取的字符个数文本框中输入"2"，在截取的字符的起始位置文本框中输入"+1"。

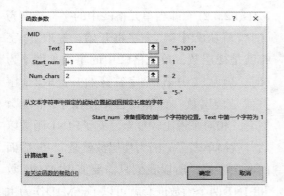

**3** 将光标定位到"+1"的前面，单击工作表中名称框右侧的下三角按钮，在弹出的下拉列表中选择【其他函数】选项。

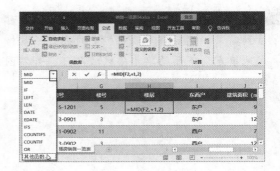

**4** 弹出【插入函数】对话框，在【或选择类别】下拉列表中选择【文本】选项，在【选择函数】列表框中选择【FIND】函数。

**5** 单击【确定】按钮，弹出FIND函数的【函数参数】对话框，在指定字符文本框中输入"-"，在字符串文本框中输入"F2"。

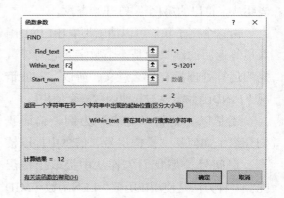

**6** 单击【确定】按钮，返回工作表，即可看到计算结果。按照前面的方法，将单元格H2中的公式不带格式地填充到下面的单元格区域中。

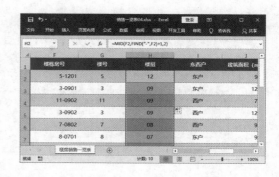

## 6.3.6 TEXT函数——将数字转换为指定格式的文本

本实例原始文件和最终效果文件请从网盘下载

原始文件\第6章\销售一览表05

最终效果\第6章\销售一览表06

扫码看视频

TEXT函数主要用来将数字转换为指定格式的文本。其语法结构如下。

TEXT(数字,格式代码)

TEXT函数，很多人称它是万能函数。其实，TEXT的宗旨就是将自定义格式体现在最终结果里。

前面我们介绍了如何从合同编号中提取合同日期，提取出的日期默认显示格式是"00000000"，但是这样的显示格式不一定符合我们的要求，如果要让合同日期按我们的指定格式显示，就需要使用TEXT函数了。例如=TEXT(E2,"0000-00-00")，显示结果为2018-12-01。如果使用TEXT函数与MID函数嵌套使用，我们就可以一步到位，直接从合同编号中提取出指定格式的合同日期了。具体操作步骤如下。

**1** 清除单元格区域E2:E11中的公式，选中单元格E2，切换到【公式】选项卡，在【函数库】组中，单击【文本】按钮，在弹出的下拉列表中选择【TEXT】函数选项。

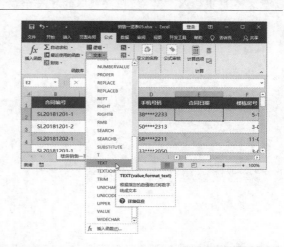

**2** 弹出【函数参数】对话框，格式代码文本框中输入""0000-00-00""，然后将光标定位到数字文本框中。

**3** 单击工作表中名称框右侧的下三角按钮，在弹出的下拉列表中选择【MID】函数选项。

**4** 弹出【函数参数】对话框，在字符串文本框中输入"B2"，在截取的字符的起始位置文本框中输入"3"，在要截取的字符个数文本框中输入"8"。

**5** 单击【确定】按钮，返回工作表，即可看到合同日期已经从合同编号中提取出来，且按指定格式显示。

**6** 将单元格E2中的公式不带格式地填充到单元格区域E3:E11中即可。

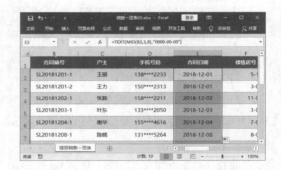

# 6.4 回款统计表（日期和时间函数）

回款统计表是记录合同签订日期、合同金额，账期以及回款日期等信息的一类表单。清晰规范的回款统计表可以帮助我们更好的掌握回款情况。

日期和时间函数是处理日期型或日期时间型数据的函数。日期在工作表中是一项重要的数据，我们经常需要对日期进行计算。例如，计算合同的应回款日期，距离还款日还有多少天等。

## 6.4.1 EDATE函数——指定日期之前或之后几个月的日期

本实例原始文件和最终效果文件请从网盘下载
原始文件\第6章\回款统计表
最终效果\第6章\回款统计表01

扫码看视频

EDATE函数用来计算指定日期之前或之后几个月的日期。其语法格式如下。

EDATE(指定日期,以月数表示的期限)

在回款统计表中给出了合同的签订日期和账期，且账期是月数，那么我们就可以使用EDATE函数计算出应回款日期，其参数分别是签订日期和账期。具体操作步骤如下。

**1** 选中单元格F2，切换到【公式】选项卡，在【函数库】组中，单击【日期和时间】按钮 ，在弹出的下拉列表中选择【EDATE】函数选项。

**2** 弹出【函数参数】对话框，在指定日期参数文本框中输入"B2"，在以月数表示的期限参数文本框中输入"E2"。

**3** 输入完毕，单击【确定】按钮，返回工作表，即可看到应回款日期已经计算完成了。

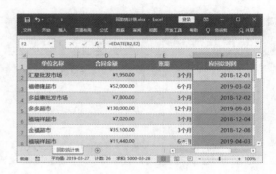

**4** 将单元格F2中的公式复制到下面的单元格中，即可得到所有合同的应还款日期。

## 提示

EDATE函数计算得到的是一个常规数字，所以在使用EDATE函数时，需要将单元格格式设置为日期格式。

EMONTH函数用来计算指定日期月份数之前或之后的月末的日期。其语法格式如下。

EMONTH(指定日期,以月数表示的期限)

EMONTH函数与EDATE函数的两个参数是一样的，只是返回的结果有所不同，EMONTH函数返回的是月末日期。

例如："=EDATE(B2,E2)"返回的日期为2018-12-01，而"=EMONTH(B2,E2)"返回的日期为2018-12-31。

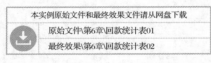

## 6.4.2 TODAY函数——计算当前日期

本实例原始文件和最终效果文件请从网盘下载

| | |
|---|---|
| 原始文件\第6章\回款统计表01 | |
| 最终效果\第6章\回款统计表02 | |

扫码看视频

TODAY函数的功能为返回日期格式的当前日期。其语法格式如下。

TODAY()

具体语法可以参照下表。

| 公式 | 结果 |
|---|---|
| =TODAY() | 今天的日期 |
| =TODAY()+10 | 从今天开始，10天后的日期 |
| =TODAY()–10 | 从今天开始，10天前的日期 |

在回款统计表中应回款日期减去今天日期就是距离到期日的剩余天数。具体操作步骤如下。

**1** 在单元格G2中输入公式"＝F2－TODAY()"，输入完毕，按下【Enter】键。

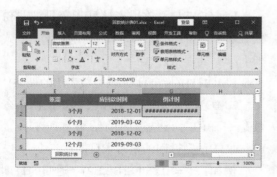

**2** 选中单元格G2，切换到【开始】选项卡，在【数字】组中的【数字格式】下拉列表中选择【常规】选项，即可正常显示倒计时天数。

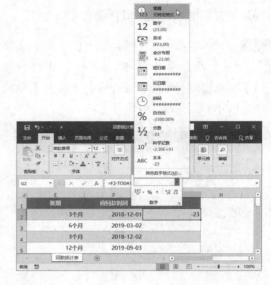

**3** 用户可以将单元格G2中的公式不带格式地填充到下面的单元格区域中，负数代表已经过了应回款日期。

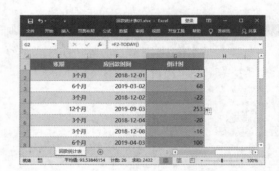

## 提示

日期相加/减默认得到的都是日期格式的数字，如果我们需要得到常规数字，就需要通过设置单元格的数字格式。

# 6.5 业绩管理表（查找与引用函数）

业绩管理表是记录员工各月销售额、累计销售额以及奖金情况的表单。从该表单中可以清晰地看出各员工的业绩情况。

查找与引用函数用于在数据清单或表格中查找特定数值，或者查找某一单元格的引用。常用的查找与引用函数包括VLOOKUP、HLOOKUP、MATCH、LOOKUP等函数。

## 6.5.1 VLOOKUP函数——根据条件纵向查找指定数据

本实例原始文件和最终效果文件请从网盘下载
原始文件\第6章\业绩管理表
最终效果\第6章\业绩管理表01

扫码看视频

VLOOKUP函数的功能是根据一个指定的条件，在指定的数据列表或区域内，从数据区域的第1列匹配哪个项目满足指定的条件，然后从下面的某列取出该项目对应的数据。其语法格式如下。

VLOOKUP(匹配条件,查找列表或区域,取数的列号,匹配模式)

用户可以看到VLOOKUP函数有4个参数，相对前面我们学习的函数来说，它的参数显得比较复杂，所以下面我们先来了解一下这4个参数。

① 匹配条件：就是指定的查找条件。

② 查找列表或区域：是一个至少包含一行数据的列表或单元格区域，并且该区域的第1列必须含有要匹配的条件，也就是说，谁是匹配值，就把谁选为区域的第1列。

③ 取数的列号：是指定从区域的哪列取数，这个列数是从匹配条件那列开始向右计算的。

④ 匹配模式：是指做精确定位单元格查找和模糊定位单元格查找。当为TRUE或者1或者忽略时，做模糊定位单元格查找，也就是说，匹配条件不存在时，匹配最接近条件的数据；当为FALSE或者0时，做精确定位单元格查找，也就是说，条件值必须存在，要么是完全匹配的名称，要么是包含关键词的名称。

了解了VLOOKUP函数的基本原理，下面我们结合具体实例，介绍这个函数的基本用法。

下面两个图分别是3月员工业绩奖金评估表和员工业绩管理表，现在要求把每个人3月份的销售额从员工业绩管理表中查询出来保存到奖金评估表中。

| 员工编号 | 员工姓名 | 月度销售额 | 奖金比例 | 基本业绩奖金 | 累计销售额 | 累计业绩奖金 |
|---|---|---|---|---|---|---|
| SL001 | 严明宇 | | | | | |
| SL002 | 钱夏雪 | | | | | |
| SL003 | 魏香秀 | | | | | |
| SL004 | 金思 | | | | | |
| SL005 | 蒋琴 | | | | | |
| SL006 | 冯万友 | | | | | |
| SL007 | 吴倩倩 | | | | | |
| SL008 | 戚光 | | | | | |
| SL009 | 钱盛林 | | | | | |
| SL010 | 戚虹 | | | | | |
| SL011 | 许欣淼 | | | | | |
| SL012 | 钱半雪 | | | | | |

3月员工业绩奖金评估表

| 员工编号 | 员工姓名 | 1月份 | 2月份 | 3月份 | 累计销售额 |
|---|---|---|---|---|---|
| SL001 | 严明宇 | ¥19,500.00 | ¥52,000.00 | ¥15,600.00 | ¥87,100.00 |
| SL002 | 钱夏雪 | ¥52,000.00 | ¥70,200.00 | ¥70,080.00 | ¥192,280.00 |
| SL003 | 魏香秀 | ¥78,000.00 | ¥15,600.00 | ¥70,200.00 | ¥163,800.00 |
| SL004 | 金思 | ¥130,000.00 | ¥100,020.00 | ¥144,300.00 | ¥374,320.00 |
| SL005 | 蒋琴 | ¥70,200.00 | ¥93,060.00 | ¥92,880.00 | ¥256,140.00 |
| SL006 | 冯万友 | ¥151,000.00 | ¥128,000.00 | ¥171,600.00 | ¥450,600.00 |
| SL007 | 吴倩倩 | ¥11,440.00 | ¥14,400.00 | ¥13,520.00 | ¥39,360.00 |
| SL008 | 戚光 | ¥93,600.00 | ¥95,600.00 | ¥80,240.00 | ¥269,440.00 |
| SL009 | 钱盛林 | ¥78,000.00 | ¥60,280.00 | ¥71,850.00 | ¥210,130.00 |
| SL010 | 戚虹 | ¥26,000.00 | ¥25,480.00 | ¥26,800.00 | ¥78,280.00 |
| SL011 | 许欣淼 | ¥128,080.00 | ¥110,700.00 | ¥107,250.00 | ¥346,030.00 |
| SL012 | 钱半雪 | ¥36,400.00 | ¥20,800.00 | ¥22,880.00 | ¥80,080.00 |

员工业绩管理表

这是一个比较典型的VLOOKUP函数的应用案例。下面我们来分析一下这个案例如何用VLOOKUP函数来解决问题。

在这个例子中，首先要从员工业绩管理表中查找员工编号为"SL001"的"3月份"销售额。那么VLOOKUP函数查找数据的逻辑关系如下。

① 员工编号"SL001"是匹配条件，因此VLOOKUP函数的第1个参数是3月员工业绩奖金评估表中A2指定的具体员工编号。

② 搜索的方法是从员工业绩管理表的A列里，从上往下依次搜索匹配哪个单元格是"SL001"，如果是，就不再往下搜索，转而往右搜索，准备取数，因此VLOOKUP函数的第2个参数是从员工业绩管理表的A列开始，到E列结束的单元格区域A:E。

③ 这里要取"3月份"这列的数据，从"员工编号"这列算起，往后数到第5列是要提取的3月份销售额数据，因此VLOOKUP函数的第3个参数是5。

④ 因为要在员工业绩管理表的A列里精确定位到有"SL001"编号的单元格，所以VLOOKUP函数的第4个参数是FALSE或者0。

具体操作步骤如下。

**1** 选中单元格C2，切换到【公式】选项卡，在【函数库】组中，单击【查找与引用】按钮，在弹出的下拉列表中选择【VLOOKUP】函数选项。

**2** 弹出【函数参数】对话框，将光标定位到第1个参数文本框中，然后在3月员工业绩奖金评估表中单击选中单元格A2。

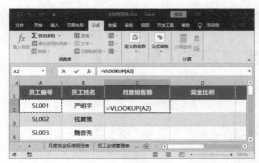

**3** 将光标定位到第2个参数文本框中，切换到员工业绩管理表中，选中表中的A列到E列的数据。

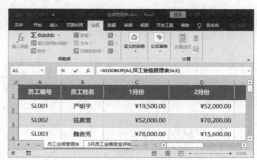

**4** 依次在第3个参数文本框和第4个参数文本框中输入"5"和"0"。

**5** 单击【确定】按钮，返回工作表，即可看到单元格C2中的查找公式与查找结果，如下图所示。

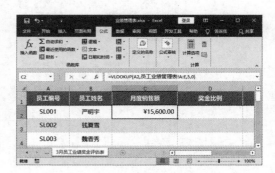

**6** 将单元格C2中的公式不带格式地填充到单元格区域C3:C13中即可。

## 6.5.2 HLOOKUP函数——根据条件横向查找指定数据

本实例原始文件和最终结果文件请从网盘下载

原始文件\第6章\业绩管理表01

最终效果\第6章\业绩管理表02

扫码看视频

　　HLOOKUP函数同我们之前所讲的VLOOKUP函数是一个兄弟函数，HLOOKUP函数可以实现按行查找数据。其语法格式如下。

　　HLOOKUP(匹配条件,查找列表或区域,取数的行号,匹配模式)

　　HLOOKUP函数与VLOOKUP函数的参数几乎相同，只是第3个参数略有差异，VLOOKUP函数的第3个参数代表的是列号，而HLOOKUP函数的第3个参数代表的是行号，所以关于HLOOKUP函数中参数的意义我们就不再赘述。

　　下面结合具体实例，介绍这个函数的基本用法。

　　下面两个图分别是月度奖金标准规范表和3月员工业绩奖金评估表，现在要求把每个人对应的业绩奖金比例从月度奖金标准规范表中查询出来保存到奖金评估表中。

| | A | B | C | D | E | F |
|---|---|---|---|---|---|---|
| | 销售额 | 20000以下 | 20000~49999 | 50000~99999 | 100000-149999 | 150000以上 |
| 1 | 参照销售额 | 0 | ¥20,000.00 | ¥50,000.00 | ¥100,000.00 | ¥150,000.00 |
| 2 | 业绩奖金比例 | 0% | 4% | 8% | 12% | 15% |

月度奖金标准规范表

| | A | B | C | D | E | F | G |
|---|---|---|---|---|---|---|---|
| 1 | 员工编号 | 员工姓名 | 月度销售额 | 奖金比例 | 基本业绩奖金 | 累计销售额 | 累计业绩奖金 |
| 2 | SL001 | 严明宇 | ¥15,600.00 | | | | |
| 3 | SL002 | 钱夏雪 | ¥70,080.00 | | | | |
| 4 | SL003 | 魏香秀 | ¥70,200.00 | | | | |
| 5 | SL004 | 金思 | ¥144,300.00 | | | | |
| 6 | SL005 | 蒋琴 | ¥92,880.00 | | | | |
| 7 | SL006 | 冯万友 | ¥171,600.00 | | | | |
| 8 | SL007 | 吴倩倩 | ¥13,520.00 | | | | |
| 9 | SL008 | 威光 | ¥80,240.00 | | | | |
| 10 | SL009 | 钱盛林 | ¥71,850.00 | | | | |
| 11 | SL010 | 威虹 | ¥26,800.00 | | | | |
| 12 | SL011 | 许欣淼 | ¥107,250.00 | | | | |
| 13 | SL012 | 钱半雪 | ¥22,880.00 | | | | |

3月员工业绩奖金评估表

下面我们分析一下这个案例如何用HLOOKUP函数来解决问题。

在这个例子中，首选要从月度奖金标准规范表中查找"¥15,600.00"所在销售区间的业绩奖金比例。那么HLOOKUP函数查找数据的逻辑关系如下。

① 销售额"¥15,600.00"是匹配条件，因此HLOOKUP函数的第1个参数是3月员工业绩奖金评估表中C2指定的销售额。

② 搜索的方法是从"月度奖金标准规范表"的第2行中，从左往右依次搜索匹配销售额"¥15,600.00"位于哪个数据区间，因此HLOOKUP函数的第2个参数是从"月度奖金标准规范表"的第2行开始，到第3行结束的单元格区域2:3。

③ 这里要取"业绩奖金比例"这行的数据，从"参照销售额"这行算起，往下数到第2行就是要提取的业绩奖金比例，因此HLOOKUP函数的第3个参数是2。

④ 因为要在"月度奖金标准规范表"的第2行中搜索匹配销售额"¥15,600.00"位于哪个数据区间，并不是精确的数值，所以HLOOKUP函数的第4个参数是TRUE或者1或者省略。

具体操作步骤如下。

**1** 选中单元格D2，切换到【公式】选项卡，在【函数库】组中，单击【查找与引用】按钮，在弹出的下拉列表中选择【HLOOKUP】函数选项。

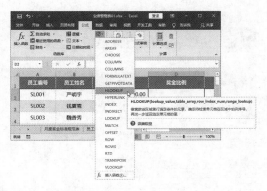

**2** 弹出【函数参数】对话框，将光标定位到第1个参数文本框中，然后在3月员工业绩奖金评估表中单击选中单元格C2。

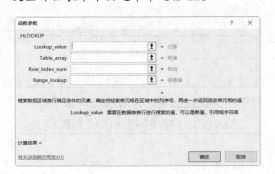

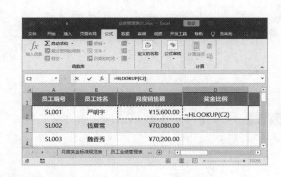

**3** 将光标定位到第2个参数文本框中，切换到月度奖金标准规范表中，选中表中的第2行到第3行的数据。

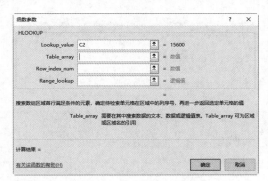

**4** 在第3个参数文本框中输入"2"，第4个参数文本框忽略。

**5** 单击【确定】按钮，返回工作表，即可看到单元格D2中的查找公式与查找结果，如下所示。

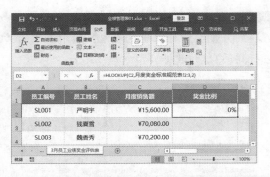

**6** 由于我们在向下填充公式的时候，参数使用相对引用会改变行号，所以我们需要将不能改变行号的参数更改为绝对引用。双击单元格D2，使其进入编辑状态，选中公式中的参数"月度奖金标准规范表!2:3"，按【F4】键，即可使参数变为绝对引用"月度奖金标准规范表!$2:$3"。

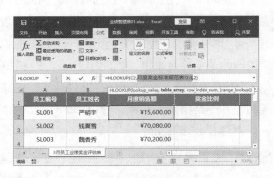

**7** 按【Enter】键完成修改，然后将单元格D2中的公式，不带格式地向下填充到下面的单元格区域中。

## 6.5.3 MATCH函数——查找指定值的位置

本实例原始文件和最终效果文件请从网盘下载

| 原始文件\第6章\业绩管理表02 |
| 最终效果\第6章\业绩管理表03 |

扫码看视频

MATCH函数的功能是从一个数组（一个一维数组，或者工作表上的一列数据区域，或者工作表上的一行数据区域）中，把指定元素的位置找出来。其语法格式如下。

MATCH(查找值,查找区域,匹配模式)

关于MATCH函数需要注意的是第2个参数"查找区域"，这里的查找区域只能是一列、一行或者一个一维数组。第3个参数"匹配模式"是一个数字-1、0或者1。如果是1或者忽略，查找区域的数据必须做升序排序。如果是-1，查找区域的数据必须做降序排序。如果是0，则可以是任意排序。一般情况下，我们将第3个参数设置为0，做精确匹配查找。

例如我们在3月员工业绩奖金评估表中查找"蒋琴"的位置，应该输入公式"=MATCH("蒋琴",B:B,0)"，得到的结果是6，说明"蒋琴"位于B列的第6个单元格中。

由于MATCH函数得到的结果是一个位置，实际意义不大，所以一般情况下它更多地是嵌入到其他函数中应用。例如与VLOOKUP函数联合应用，可以自动输入VLOOKUP函数的第3个参数。下面我们以从员工业绩管理表中查找对应"累计销售额"为例，介绍MATCH函数与VLOOKUP函数的联合应用。在这两个函数的联合应用中，MATCH函数应该是作为VLOOKUP函数的第3个参数进行应用的，那么MATCH函数得到的应该是"累计销售额"的位置。具体操作步骤如下。

**1** 选中单元格F2，切换到【公式】选项卡，在【函数库】组中，单击【查找与引用】按钮，在弹出的下拉列表中选择【VLOOKUP】函数选项。

**2** 弹出【函数参数】对话框，依次输入VLOOKUP函数的第1、2和4个参数，然后将光标定位到第3个参数文本框中。

**3** 单击工作表中名称框右侧的下三角按钮，在弹出的下拉列表中选择【其他函数】选项。

**4** 弹出【插入函数】对话框，在【或选择类别】下拉列表中选择【查找与引用】选项，在【选择函数】列表框中选择【MATCH】函数。

**5** 单击【确定】按钮，弹出MATCH函数的【函数参数】对话框，在参数文本框中依次输入3个参数。这里需要注意的是由于3个参数都是固定不变的，所以单元格引用需要使用绝对引用。

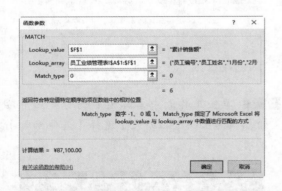

**6** 单击【确定】按钮，返回工作表，效果如下图所示。

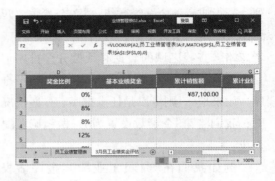

**7** 按照前面的方法，将单元格F2中的公式不带格式地填充到下面的单元格区域中。

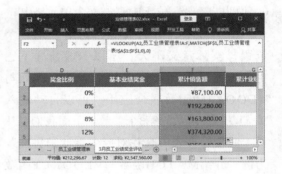

## 6.5.4 LOOKUP函数——根据条件查找指定数据

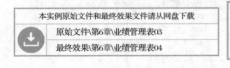

扫码看视频

LOOKUP函数的功能是返回向量或数组中的数值。函数 LOOKUP 有两种语法形式：向量和数组。

函数LOOKUP的向量形式是在单行区域或单列区域（向量）中查找数值，然后返回第二个单行区域或单列区域中相同位置的数值。

其语法格式如下。

LOOKUP(查找值,查找值数组,返回值数组)

① 查找值：是指函数LOOKUP在第一个向量中所要查找的数值，它可以为数字、文本、逻辑值或包含数值的名称或引用。

② 查找值数组：是指只包含一行或一

列的区域，其数值可以为文本、数字或逻辑值。

③ 返回值数组：也是指只包含一行或一列的区域，其大小必须与查找值数组相同。

函数 LOOKUP 的数组形式是在数组的第一行或第一列查找指定的数值，然后返回数组的最后一行或最后一列中相同位置的数值。

语法格式如下。

LOOKUP(查找值,数组)

① 查找值：是指包含文本、数字或逻辑值的单元格区域或数组。

② 数组：是指任意包含文本、数字或逻辑值的单元格区域或数组，但无论是什么数组，查找值所在行或列的数据都应按升序排列。

LOOKUP函数的向量形式和数组形式之间的区别，其实就是参数设置上的区别。但是无论使用哪种形式，查找规则都相同：查找小于或等于第1参数的最大值，再根据找到的匹配值确定返回结果。

LOOKUP函数的特点是查询快速、应用广泛、功能强大，它既可以像VLOOKUP函数那样进行纵向查找，返回最后一列的数据，也可以像HLOOKUP那样进行横向查找，返回最后一行的数据。

下面我们分别来看一下LOOKUP怎样进行纵向和横向查找。

## 1. LOOKUP函数进行纵向查找

LOOKUP函数的向量形式和数组形式都可以进行纵向查找。我们以查找员工业绩管理表中3月份销售额为例，分别使用LOOKUP函数的向量形式和数组形式进行查找。

## ○ LOOKUP函数的向量形式

**1** 选中3月员工业绩奖金评估表中的D列，在D列上单击鼠标右键，在弹出的下拉列表中选择【插入】选项，即可在选中列的前面插入一个新列。

**2** 在新的列标题上输入"月度销售额"。

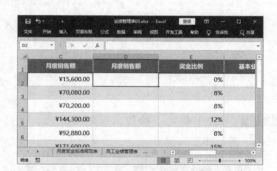

**3** 选中单元格D2，切换到【公式】选项卡，在【函数库】组中，单击【查找与引用】按钮，在弹出的下拉列表中选择【LOOKUP】函数选项。

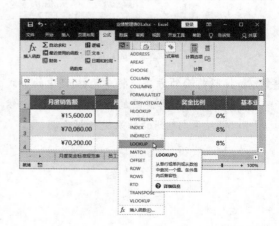

**4** 弹出【选定参数】对话框，选中向量形式的参数，单击【确定】按钮。

**5** 弹出【函数参数】对话框，在LOOKUP函数的第1个参数文本框中输入"A2"，在第2个参数文本框中输入"员工业绩管理表！A:A"，在第3个参数文本框中输入"员工业绩管理表！E:E"。

**6** 单击【确定】按钮，返回工作表，效果如下图所示。

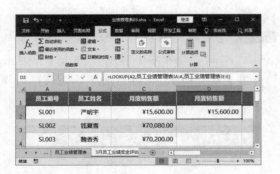

**7** 按照前面的方法，将单元格D2中的公式不带格式地填充到下面的单元格区域中，然后可以将结果与C列的结果进行对比。

## ⭕ LOOKUP函数的数组形式

**1** 在D列前面插入新的一列，输入列标题"月度销售额"。

**2** 选中单元格D2，切换到【公式】选项卡，在【函数库】组中，单击【查找与引用】按钮，在弹出的下拉列表中选择【LOOKUP】函数选项。

**3** 弹出【选定参数】对话框，选中数组的参数，单击【确定】按钮。

**4** 弹出【函数参数】对话框，在LOOKUP函数的第1个参数文本框中输入"A2"，在第2个参数文本框中输入"员工业绩管理表!A:E"。

**5** 单击【确定】按钮，返回工作表，效果如下图所示。

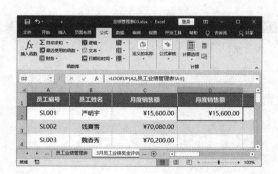

**6** 按照前面的方法，将单元格D2中的公式不带格式地填充到下面的单元格区域中，然后可以将结果与C列和E列的结果进行对比。

### 2. LOOKUP函数进行横向查找

LOOKUP函数的向量形式和数组形式除了可以进行纵向查找外，也都可以进行横向查找。

使用向量形式查找"奖金比例"的函数参数设置如下图所示。

使用数组查找"奖金比例"的函数参数设置如下图所示。

## 提示

LOOKUP函数使用数组形式进行查找时，其查找方向和返回值是根据第2个参数确定的。

① 当数组的行数大于或等于列数时，LOOKUP函数进行纵向查找，返回数组中最后一列的数据，功能与VLOOKUP函数相近。

② 当数组的行数小于列数时，LOOKUP函数进行横向查找，返回数组中最后一行的数据，功能与HLOOKUP函数相近。

### 3. LOOKUP函数进行条件判断

LOOKUP函数除了可以替代VLOOKUP函数和HLOOKUP函数进行纵向和横向查找外，还可以替代IF和IFS函数进行条件判断。

例如这里我们需要根据累计销售额来确定累计业绩奖金，累计销售额小于100 000的没有奖金，100 000~199 999的奖金2 000，200 000~299 999的奖金3 000，300 000~39 9999的奖金4 000，大于等于400 000的奖金5 000。下面首先我们使用前面学习过的IFS函数来判断每个人得到的累计业绩奖金是多少。

### ○ IFS函数求累计业绩奖金

**1** 选中单元格J2，切换到【公式】选项卡，在【函数库】组中，单击【逻辑】按钮 **逻辑**，在弹出的下拉列表中选择【IFS】函数选项。

**2** 弹出【函数参数】对话框，依次输入4个条件及对应的结果。

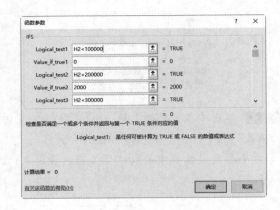

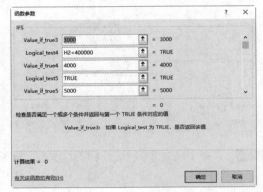

**3** 单击【确定】按钮，返回工作表，效果如下图所示。

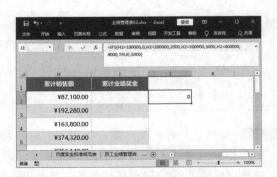

**4** 按照前面的方法，将单元格J2中的公式不带格式地填充到下面的单元格区域中。

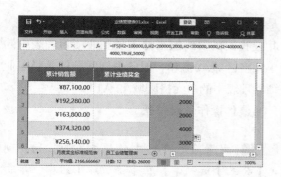

## ● LOOKUP函数求累计业绩奖金

接下来，我们再来学习一下如何使用LOOKUP函数来计算累计业绩奖金，具体操作步骤如下。

■1 选中单元格I2，切换到【公式】选项卡，在【函数库】组中，单击【查找与引用】按钮 🔍，在弹出的下拉列表中选择【LOOKUP】函数选项。

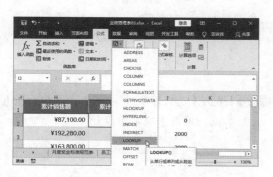

■2 弹出【选定参数】对话框，选中数组形式的参数，单击【确定】按钮。

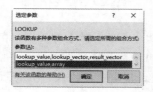

■3 弹出【函数参数】对话框，在LOOKUP函数的第1个参数文本框中输入"H2"，在第2个参数文本框中输入常量数组"{0,100000,200000,300000,400000;0,2000,3000,4000,5000}"。

## 提示

关于常量数组的介绍请参照本章6.10节数组公式。

■4 单击【确定】按钮，返回工作表，效果如下图所示。

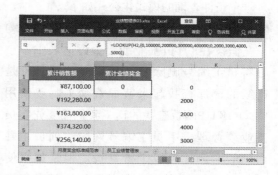

■5 按照前面的方法，将单元格I2中的公式不带格式地填充到下面的单元格区域中。我们可以看到使用LOOKUP函数计算累计业绩奖金的结果与使用IFS计算的结果完全相同。

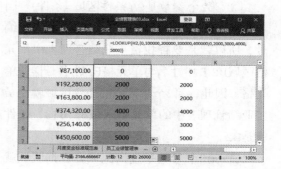

### 4. LOOKUP函数进行逆向查询

LOOKUP函数的功能真的非常强大，它不仅可以做VLOOKUP、HLOOKUP、IFS等函数能做的事情，它还可以做到它们不能做的事情，例如逆向查询。众所周知，VLOOKUP函数只能从左往右查询，却不可以从右往左查询。但是LOOKUP函数就可以做到从右往左查询。

逆向查询我们也分单条件和多条件两部分来讲解。

⭕ **单条件逆向查询**

单条件查询的模式化公式如下。

LOOKUP(1,0/(条件区域=条件),查询区域)

假设在3月员工业绩奖金评估表中不小心将员工编号删除了，如果员工编号不是连续的，那查找起来就很费劲了。要使用VLOOKUP函数查找的话，我们需要先将员工业绩管理表中员工编号列移动到员工姓名列的右侧才可以进行查找。但是如果使用LOOKUP函数，我们就可以直接进行查找了。首先我们来分析一下在这个案例中LOOKUP函数对应的参数应该是什么。

① 第1个参数是常量1，保持不变。

② 第2个参数是0/(条件区域=条件)。因为此处的问题是根据员工姓名查找员工编号，所以就是要查找员工业绩管理表中单元格区域B2:B13姓名与单元格B2姓名一样的单元格，因此，第2个参数中的条件区域就是员工业绩管理表中的单元格区域B2:B13，条件就是B2。

③ 第3个参数是查询区域。查询区域就是我们需要从哪个区域中查找我们需要的值。此处我们需要的值来源于员工业绩管理表中的单元格区域A2:A13，因此查询区域就是员工业绩管理表中的单元格区域A2:A13。

具体操作步骤如下。

**1** 删除单元格A2中的员工编号，切换到【公式】选项卡，在【函数库】组中，单击【查找与引用】按钮🔍▾，在弹出的下拉列表中选择【LOOKUP】函数选项。

**2** 弹出【选定参数】对话框，选中向量形式的参数，单击【确定】按钮。

**3** 弹出【函数参数】对话框，在LOOKUP函数的第1个参数文本框中输入"1"，在第2个参数文本框中选择输入"0/(员工业绩管理表!B2:B13=B2)"，第3个参数文本框中选择输入"员工业绩管理表!A2:A13"。

**4** 单击【确定】按钮，即可看到员工编号已经查询出来了。

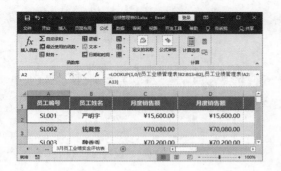

## ◎ 多条件逆向查询

多条件查询的模式化公式如下。

LOOKUP(1,0/((条件区域1=条件1)*(条件区域2=条件2)),查询区域)

假设在3月员工业绩奖金评估表不小心将员工编号和姓名都删除了，我们可以使用LOOKUP函数，根据3月销售额和累计销售额进行查找。首先我们来分析一下在这个案例中LOOKUP函数对应的参数应该是什么。

① 第1个参数是常量1，保持不变。

② 第2个参数是0/(((条件区域1=条件1)*(条件区域2=条件2))。很显然两个条件区域对应的是员工业绩管理表中的3月销售额和累计销售额对应的单元格区域。两个条件对应的是3月员工业绩奖金评估表中的3月销售额和累计销售额对应的单元格。

③ 第3个参数是查询区域。此处我们需要的值来源于员工业绩管理表中的单元格区域A2:A13，因此查询区域就是员工业绩管理表中的单元格区域A2:A13。

由于当前工作表中的月度销售额和累计销售额原来是根据员工编号查询过来的，都是带有公式的，所以此处我们需要先将单元格区域C2:C13和H2:H13中的公式转换为数值。

**1** 选中单元格区域C2:C13，按【Ctrl】+【C】组合键进行复制，然后单击鼠标右键，在弹出的快捷菜单中选择【粘贴选项】▷【值】选项，即可将单元格区域C2:C13中的公式粘贴为数值。

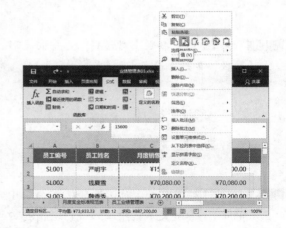

**2** 按照相同的方法将单元格区域H2:H13中的公式粘贴为数值。

**3** 删除单元格A3和B3中的内容，选中单元格A3，切换到【公式】选项卡，在【函数库】组中，单击【查找与引用】按钮 🔍▾，在弹出的下拉列表中选择【LOOKUP】函数选项。

**4** 弹出【选定参数】对话框，选中向量形式的参数，单击【确定】按钮。

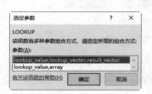

**5** 弹出【函数参数】对话框，在LOOKUP函数的第1个参数文本框中输入"1"，在第2个参数文本框中选择输入"0/(员工业绩管理表!E2:E13='3月员工业绩奖金评估表'!C3)★(员工业绩管理表!F2:F13='3月员工业绩奖金评估表'!H3)"，第3个参数文本框中选择输入"员工业绩管理表!A2:A13"。

**6** 单击【确定】按钮，即可看到员工编号已经查询出来了。

**7** 再使用VLOOKUP函数根据员工编号查询出员工姓名就可以了。

# 6.6 销售报表（数学与三角函数）

销售人员或者领导可以通过销售报表了解每一天的销售情况，也可以从一个月的销售日报中了解销售的变化情况，总结规律，以此制订更好的长期销售规划和短期销售计划。

数学与三角函数是指通过数学和三角函数，可以处理简单的计算如对数字取整、计算单元格区域中的数值总和，或一些复杂计算。

## 6.6.1 SUM函数——对数据求和

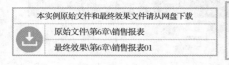

本实例原始文件和最终效果文件请从网盘下载

原始文件\第6章\销售报表

最终效果\第6章\销售报表01

扫码看视频

SUM函数是专门用来执行求和运算的，对哪些单元格区域的数据求和，就将这些单元格区域写在参数中。其语法格式如下。

SUM(需要求和的单元格区域)

例如我们想求单元格区域A2:A10所有数据的和，最直接的方式就是"=A2+A3+A4+A5+A6+A7+A8+A9+A10+A11+A12+A13+A14+A15"。但是如果要求单元格区域A2:A100的值呢，逐个相加不仅输入量大，而且容易输错，这时如果使用SUM函数就简单多了，直接在单元格中输入"=SUM(A2:A100)"即可。下面我们以计算1月销售报表中的销售总额为例，介绍SUM函数的实际应用。具体操作步骤如下。

**1** 选中单元格I1，切换到【公式】选项卡，在【函数库】组中，单击【数学和三角函数】按钮，在弹出的下拉列表中选择【SUM】函数选项。

**2** 弹出【函数参数】对话框，在第1个参数文本框中选择输入"F2:F86"。

**3** 单击【确定】按钮，返回工作表，即可看到求和结果。

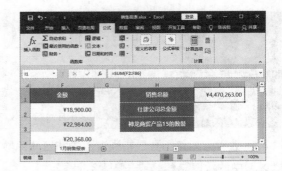

## 6.6.2 SUMIF函数——对满足某一条件的数据求和

本实例原始文件和最终效果文件请从网盘下载

原始文件\第6章\销售报表01

最终效果\第6章\销售报表02

扫码看视频

SUMIF函数的功能是对报表范围中符合指定条件的值求和。其语法格式如下。

SUMIF(条件区域,求和条件,求和区域)

例如我们想求1月销售报表中仕捷公司的销售总额，即求单元格区域C2:C86中客户名称为"仕捷公司"的对应的F2:F86中销售额的和。那么SUMIF函数对应的3个参数：条件区域为"C2:C86"，求和条件为""仕捷公司""，求和区域为"F2:F86"。具体操作步骤如下。

**1** 选中单元格I2，切换到【公式】选项卡，在【函数库】组中，单击【数学和三角函数】按钮，在弹出的下拉列表中选择【SUMIF】函数选项。

**2** 弹出【函数参数】对话框，在第1个参数文本框中选择输入"C2:C86"，第2个参数文本框中输入文本""仕捷公司""，第3个参数文本框中选择输入"F2:F86"。

**3** 单击【确定】按钮，返回工作表，即可看到求和结果。

## 6.6.3 SUMIFS函数——对满足多个条件的数据求和

本实例原始文件和最终效果文件请从网盘下载

原始文件\第6章\销售报表02

最终效果\第6章\销售报表03

扫码看视频

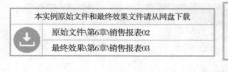

SUMIFS函数的功能是根据指定的多个条件，把指定区域内满足所有条件的单元格数据进行求和。其语法格式如下。

SUMIFS(实际求和区域,

　　　　条件判断区域1,条件值1,

　　　　条件判断区域2,条件值2,

　　　　条件判断区域3,条件值3,…)

例如，我们想求1月销售报表中神龙商贸产品15的销售数量，即求单元格区域C2:C86中客户名称为"神龙商贸"且单元格区域B2:B86中产品名称为"产品15"的对应的E2:E86中销售数量。那么SUMIFS函数对应的参数：实际求和区域为"E2:E86"，条件判断区域1为"C2:C86"，条件值1为""神龙商贸""，条件判断区域2为"B2:B86"，条件值2为""产品15""。具体操作步骤如下。

**1** 选中单元格I3，切换到【公式】选项卡，在【函数库】组中，单击【数学和三角函数】按钮 ，在弹出的下拉列表中选择【SUMIFS】函数选项。

**2** 弹出【函数参数】对话框，在第1个参数文本框中选择输入"E2:E86"，第2个参数文本框中选择输入"C2:C86"，第3个参数文本框中输入文本""神龙商贸""，第4个参数文本框中选择输入B2:B86，第5个参数文本框中输入文本""产品 15""。

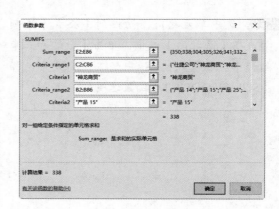

**3** 单击【确定】按钮，返回工作表，即可看到求和结果。

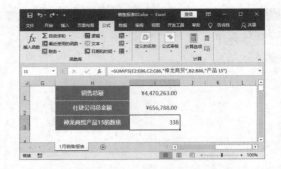

## 6.6.4 SUMPRODUCT函数——求几组数据的乘积之和

本实例原始文件和最终效果文件请从网盘下载
原始文件\第6章\销售报表03
最终效果\第6章\销售报表04

扫码看视频

　　SUMPRODUCT函数主要用来求几组数据的乘积之和。其语法格式如下。
　　SUMPRODUCT(数据1,数据2,…)
　　在使用时，用户可以给它设置1~255个参数，下面我们来分别看一下不同个数的参数对函数的影响。

### 1. 一个参数

　　如果SUMPRODUCT函数的参数只有一个，那么其作用与SUM函数相同。下面我们以单元格区域F2:F86为参数，看一下SUMPRODUCT函数只有一个参数的应用，具体操作步骤如下。

**1** 选中单元格J1，切换到【公式】选项卡，在【函数库】组中，单击【数学和三角函数】按钮，在弹出的下拉列表中选择【SUMPRODUCT】函数选项。

**2** 弹出【函数参数】对话框，在第1个参数文本框中选择输入"F2:F86"。

**3** 单击【确定】按钮，返回工作表，即可看到求和结果与单元格I1中使用SUM函数求和的结果一样。

## 2. 两个参数

如果给SUMPRODUCT函数设置两个参数，那么函数就会先计算两个参数中相同位置两个数值的乘积，再求这些乘积的和。下面我们以"单价"和"数量"为函数的两个参数为例，看一下SUMPRODUCT函数有两个参数时的应用，具体操作步骤如下。

**1** 选中单元格K1，切换到【公式】选项卡，在【函数库】组中，单击【数学和三角函数】按钮，在弹出的下拉列表中选择【SUMPRODUCT】函数选项。

**2** 弹出【函数参数】对话框，在第1个参数文本框中选择输入"D2:D86"，在第2个参数文本框中选择输入"E2:E86"。

**3** 单击【确定】按钮，返回工作表，即可看到乘积求和结果。

在这个案例中，计算时，函数会将单价和数量对应相乘，得到乘积，即金额，最后将这些乘积相加，得到的和即为SUMPRODUCT函数的返回结果。

## 3. 多个参数

如果给SUMPRODUCT函数设置3个或3个以上的参数，它会按处理两个参数的方式进行计算，即先计算每个参数中第1个数值的乘积，再计算第2个数值的乘积……当把所有对应位置的数据相乘后，再把所有的乘积相加，得到函数的计算结果。

下面我们还是以具体实例来看一下SUMPRODUCT函数存在3个参数时，应该如何应用。

**1** 首先在F列后面插入一个新列"折扣"，并在"折扣"列对应输入每种产品的折扣。

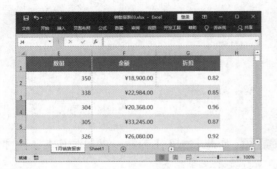

**2** 在单元格I4中输入"折扣销售总额"，选中单元格J4，切换到【公式】选项卡，在【函数库】组中，单击【数学和三角函数】按钮，在弹出的下拉列表中选择【SUMPRODUCT】函数选项。

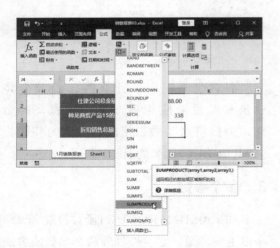

**3** 弹出【函数参数】对话框，在第1个参数文本框中选择输入"D2:D86"，在第2个参数文本框中选择输入"E2:E86"，在第3个参数文本框中选择输入"G2:G86"。

**4** 单击【确定】按钮，返回工作表，即可看到乘积求和结果。

### 4. 按条件求和

SUMPRODUCT函数除了可以对数据的乘积求和外，还可以对指定条件的数据进行求和。

SUMPRODUCT函数按条件求和的公式语法格式如下。

SUMPRODUCT((条件1区域=条件1)+0,(条件2区域=条件2)+0,...(条件n区域=条件n)+0,求和区域)

下面我们以使用SUMPRODUCT函数根据单价和数量，求仕捷公司的销售总额为例进行讲解。具体操作步骤如下。

**1** 选中单元格K2，切换到【公式】选项卡，在【函数库】组中，单击【数学和三角函数】按钮 ⑩▾，在弹出的下拉列表中选择【SUMPRODUCT】函数选项。

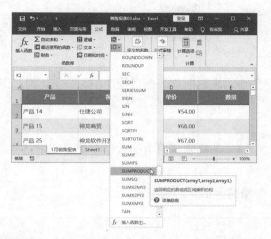

**2** 弹出【函数参数】对话框，在第1个参数文本框中选择输入"(C2:C86="仕捷公司")+0"，在第2个参数文本框中选择输入"F2:F86"。

**3** 单击【确定】按钮，返回工作表，即可得出求和结果。

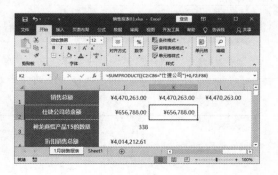

看了SUMPRODUCT函数按条件求和的公式，可能很多人会有疑问，SUMPRODUCT函数条件参数的"+0"有什么用？如果没有"+0"公式能不能完成，我们先来看看没有"+0"，SUMPRODUCT函数的运算结果，如下图所示。

我们可以看到没有"+0"后，运算结果就变成了0。这是因为SUMPRODUCT函数中的条件参数都是执行比较运算的表达式，而比较运算返回的结果只能是逻辑值TRUE或FALSE。也就是说SUMPRODUCT函数的条件参数都是由逻辑值TRUE或FALSE组成的数组。但是因为条件参数中的逻辑值在计算时会被当成0值处理，与求和区域中的各个数值相乘后的结果也是0，所以导致最终的求和结果为0。

公式中的"+0"的作用就是将这些逻辑值转换为数值，不让SUMPRODUCT函数将它们全部当成数值0。

## 6.6.5 SUBTOTAL函数——分类汇总

本实例原始文件和最终效果文件请从网盘下载
原始文件\第6章\销售报表04
最终效果\第6章\销售报表05
扫码看视频

SUBTOTAL函数在Excel中是一个汇总函数，主要用来返回列表或数据库中的分类汇总。其语法格式如下。

SUBTOTAL(function_num,ref1,ref2, …)

function_num 为 1 ~11（包含隐藏值）或 101 ~ 111（忽略隐藏值）的数字，指定使用何种函数在列表中进行分类汇总计算。

下表是对1 ~ 11（包含隐藏值）或 101 ~ 111（忽略隐藏值）的情况说明。

| function_num（包含隐藏值） | function_num（忽略隐藏值） | 执行的运算 | 等同的函数 |
| --- | --- | --- | --- |
| 1 | 101 | 平均值 | AVERAGE |
| 2 | 102 | 数值计数 | COUNT |
| 3 | 103 | 计数 | COUNTA |
| 4 | 104 | 最大值 | MAX |
| 5 | 105 | 最小值 | MIN |
| 6 | 106 | 乘积 | PODUCT |
| 7 | 107 | 标准偏差 | STDEV |
| 8 | 108 | 总体标准偏差 | STDEVP |
| 9 | 109 | 求和 | SUM |
| 10 | 110 | 方差 | VAR |
| 11 | 111 | 总体方差 | VARP |

SUBTOTAL函数能完成求和、计数、平均值、最大值、最小值、乘积、数值计数、标准偏差、总体标准偏差、方差、总体方差共11种计算。在数据源不变的情况下，改变SUBTOTAL函数的第1个参数function_num，即可改变它的计算方式。例如要让函数进行平均值计算，就把第1参数设置为1；要让函数进行求和运算，就将第1参数设置为9……

SUBTOTAL函数在Excel中最常用的功能就是对筛选结果中的数据进行汇总计算，下面我们以在"1月销售报表"中筛选出"仕捷公司"的销售额为例，使用SUBTOTAL函数进行计算，具体操作步骤如下。

**1** 选中工作表的第1行，单击鼠标右键，在弹出的快捷菜单中选择【插入】选项。

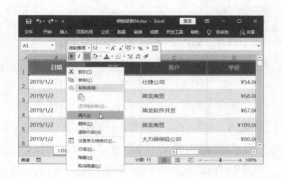

**2** 选中单元格区域A2:G2，切换到【数据】选项卡，在【排序和筛选】组中，单击【筛选】按钮，随即每个列标题右边显示一个下三角按钮。

**3** 单击【客户】右侧的下三角按钮，在弹出的下拉列表中撤选【全选】前面的复选框，然后勾选【仕捷公司】前面的复选框。

**4** 单击【确定】按钮，即可筛选出客户"仕捷公司"的销售信息。

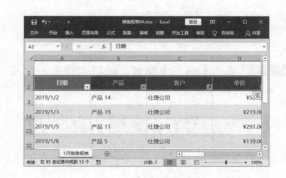

**5** 在单元格I1中输入文字"筛选总额"，选中单元格J1，切换到【公式】选项卡，在【函数库】组中，单击【数学和三角函数】按钮，在弹出的下拉列表中选择【SUBTOTAL】函数选项。

**8** 按照相同的方法，在单元格K1中输入公式："=SUBTOTAL(109,F3:F87)"，我们可以看到第1参数使用"9"和"109"得到的结果是一样的。

看了这个结果，可能会有很多人有疑问，觉得SUBTOTAL函数的第1参数设置为"9"和"109"是一样的，但是为什么前面在介绍第1参数的时候会说"9"是代表包含隐藏值，"109"是代表忽略隐藏值呢？这里我们要说明的是"9"和"109"的区别在于是否有数据隐藏，而不是筛选。有筛选的情况下，第1参数为"9"或者"109"，得到的结果是一样的；但是没有经过筛选，而是有隐藏的数据，那么第1参数为"9"或者"109"，得到的结果就不同了。使用参数"9"的话，隐藏的数据也会参与求和汇总，但是使用参数"109"的话，就是只计算未隐藏的数据。下面我们还是以具体实例，来看一下两者的区别。

**1** 切换到【数据】选项卡，在【排序和筛选】组中，单击【筛选】按钮，撤销筛选。

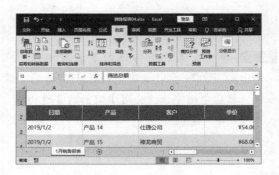

**6** 弹出【函数参数】对话框，在第1个参数文本框中输入"9"，在第2个参数文本框中选择输入"F3:F87"。

**7** 单击【确定】按钮，返回工作表，即可查看求和结果。

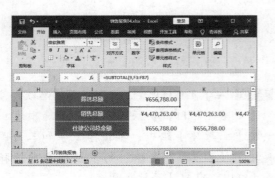

**2** 选中工作表的第12~17行，单击鼠标右键，在弹出的快捷菜单中选择【隐藏】选项。

**3** 即可将选中的行隐藏，效果如下图所示。

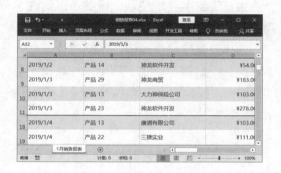

**4** 此时，用户再次查看单元格J1和K1中的结果，由此可以看出第1参数使用"9"和"109"的区别是在计算时是否让隐藏行中的数据参与计算。

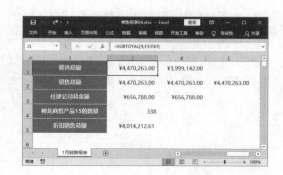

## 6.6.6 MOD函数——求余数

MOD函数是一个求余函数，即是两个数值表达式进行除法运算后的余数。特别注意：在Excel中，MOD函数是用于返回两数相除的余数，返回结果的符号与除数的符号相同。其语法格式如下。

MOD(被除数,除数)

下面以具体的数据举例，来看一下MOD函数的用法。下图所示第一列是"被除数"，第二列是"除数"，第三列是"余数"。

| | A | B | C |
|---|---|---|---|
| 1 | 360 | 35 | 10 |
| 2 | -63 | 8 | 1 |
| 3 | 64 | -6 | -2 |
| 4 | -12 | -8 | -4 |

C1  =MOD(A1,B1)

在日常工作中，我们经常可以利用MOD函数求得的余数，进行一些判断，例如可以判断某年是平年还是闰年，根据身份证号判断性别等。

利用MOD函数和IF函数嵌套使用，判断平年还是闰年，相对来说比较简单，只需利用MOD函数将年份对4求余，然后使用IF函数进行判断，如果余数为0，则为闰年，否则为平年。

| B1 | ▼ | : | × | ✓ | fx | =IF(MOD(A1,4)=0,"闰年","平年") |
|---|---|---|---|---|---|---|

| | A | B | C | D |
|---|---|---|---|---|
| 1 | 2016 | 闰年 | | |
| 2 | 2017 | 平年 | | |
| 3 | 2018 | 平年 | | |
| 4 | 2018 | 平年 | | |

根据身份证号判断性别，相对来说就复杂一些了，这个过程需要使用到3个函数，直接使用"函数参数"对话框和"名称框"不太容易完成，而且容易出错，针对这种情况，我们可以使用创建嵌套函数的另一种方法"分解综合法"。

"分解综合法"主要适用于2个及以上的嵌套函数，它的主要步骤就是先将问题进行分解，并给出对应的函数计算，然后按顺序将分解的函数组合成一个公式。

分解过程如下。

因为我们需要先利用MID函数从身份证号中将代表性别的代码数字提取出来，然后再用MOD函数将提取出的数字对2求余，最后使用IF函数根据余数判断性别。

身份证号码的编码规则如下：

前1、2位数字表示所在省（直辖市、自治区）的代码；

第3、4位数字表示所在地级市（自治州）的代码；

第5、6位数字表示所在区（县、自治县、县级市）的代码；

第7~14位数字表示出生年、月、日；

第15、16位数字表示所在地的派出所的代码；

第17位数字表示性别，奇数表示男性，偶数表示女性；

第18位数字是校检码，也有的说是个人信息码，不是随机产生，它用来检验身份证的正确性。校检码可以是0~9的数字，有时也用x表示。

根据身份证号判断性别的具体操作步骤如下。

**1** 使用MID函数从身份证号中提取代表性别的数字。显然取数的字符串为单元格D2，起始位置为17，要截取的字符个数为1，所以MID函数的3个参数依次为单元格D2、17和1。那么此处，我们就可以直接在单元格E2中输入公式"=MID(D2,17,1)"，即可得到代表性别的代码数字。

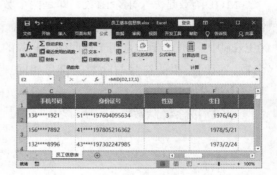

**2** 再用MOD函数将提取出的数字对2求余。被除数为单元格E2中代表性别的数字，除数为2，那么在单元格E3中输入公式"=MOD(E2,2)"，即可得到余数。

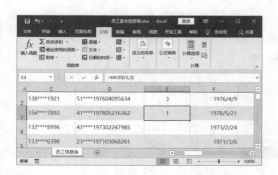

**3** 使用IF函数根据余数判断性别，如果单元格中得到的余数为0，则为"女"，否则为"男"。在单元格E4中输入公式"=IF(E3=0,"女","男")"。

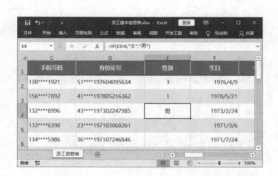

**4** 分解公式都输入完成后，接下来就是按顺序将这个分解的公式组合成一个公式。显然IF函数是最外层的函数，IF函数中的参数E3应该是MOD函数，MOD函数中的参数E2是MID函数，所以公式组合起来就是"=IF(MOD(MID(D2,17,1),2)=0,"女","男")"，将这个公式输入到单元格E2中。

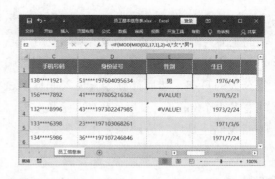

**5** 将单元格E2中的公式不带格式地填充到下面的单元格中，即可得到所有人员的性别。

## 6.6.7 INT函数——对数据取整

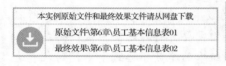

INT函数为取整函数，它将一个要取整的实数（可以为数学表达式）向下取整为最接近的整数，且不是四舍五入。

其语法格式如下。

INT(实数)

下面以具体的数据举例，来看一下INT函数的用法。下图所示第一列是"实数"，第二列是"整数"。

| | A | B | C |
|---|---|---|---|
| 1 | 236.23658 | 236 | |
| 2 | 456.99 | 456 | |
| 3 | -123.45 | -124 | |
| 4 | -123.98 | -124 | |

由上面表中的数字，我们可以看出，使用INT取整得到的整数都是小于等于原实数的。

INT函数在实际工作中，最常用在计算工龄上面。因为计算工龄时，必须满一个周年才能算一年，使用INT函数计算再合适不过了。

下面我们就以计算"员工信息表"中员工的工龄为例，介绍INT函数的实际应用。

这个问题我们需要先使用TODAY函数确定今天的日期，然后计算今天与入职日期之间有多少个365天，最后使用INT函数取整。下面我们还是以"分解综合法"来解决这个问题。

**1** 用TODAY函数确定今天的日期。在单元格O2中输入公式"=TODAY()"，即可得到今天的日期。

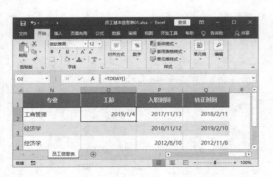

**2** 计算今天与入职日期之间有多少个365天。在单元格O3中输入公式"=(O2-P2)/365"，得到一个实数。

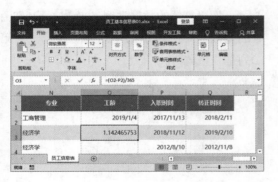

**3** 使用INT函数取整。在单元格O4中输入公式"=INT(O3)"。

**4** 分解公式都输入完成后，接下来就是按顺序将这个分解的公式组合成一个公式。显然INT函数是最外层的函数，INT函数中的参数O3应该是公式"(O2-P2)/365"，公式"(O2-P2)/365"的参数O2是TODAY函数，所以公式组合起来就是"=INT((TODAY()-P2)/365)"，将这个公式输入到单元格O2中。

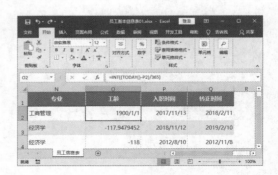

**5** 用户可以看到输入完成后，单元格O2中显示的是日期而不是数值，这是因为我们在第一步中计算今天日期时，系统默认将单元格O2的数字格式设置为了日期格式，所以此处，我们需要再将其设置为常规格式。在【数字】组中的【数字格式】下拉列表中选择【常规】选项。

**6** 将单元格O2中的公式不带格式地填充到下面的单元格区域中，即可得到所有人员的工龄。

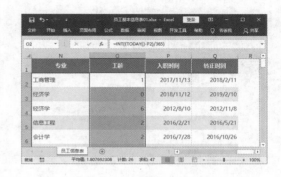

# 6.7 业务考核表（统计函数）

业务考核是公司对员工一段时间内工作业绩的考核。业务考核表不仅可以帮助公司了解员工的工作现状，而且还可以督促员工进步。

统计函数是指统计工作表函数，用于对数据区域进行统计分析。

## 6.7.1 COUNTA函数——统计非空单元格的个数

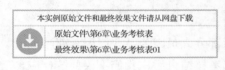

本实例原始文件和最终效果文件请从网盘下载

原始文件\第6章\业务考核表
最终效果\第6章\业务考核表01

扫码看视频

COUNTA函数的功能是返回参数列表中非空的单元格个数。其语法格式如下。

COUNTA(value1,value2,...)

value1,value2,... 为所要计算的值，参数个数1~30。在这种情况下，参数值可以是任何类型，它们可以包括空字符（""），但不包括空白单元格。如果参数是数组或单元格引用，则数组或引用中的空白单元格将被忽略。

利用函数 COUNTA 可以计算单元格区域或数组中包含数据的单元格个数。

业务考核结束后，我们需要对考核人数、考核成绩等进行统计分析。首先，我们来统计考核人数。

因为COUNTA函数返回的是参数列表中非空的单元格个数，所以此处我们在选择参数时，应该选择包含所有应考核人员的数据区域，例如B2:B21。使用COUNTA函数统计考核人数的具体操作步骤如下。

**1** 选中单元格B23，切换到【公式】选项卡，在【函数库】组中单击【其他函数】按钮，在弹出的下拉列表中选择【统计】▶【COUNTA】函数选项。

**2** 弹出【函数参数】对话框，在第1个参数文本框中选择输入"B2:B21"。

**3** 单击【确定】按钮，返回工作表，即可得到应参加考核的人数。

## 6.7.2 COUNT函数——统计数字项的个数

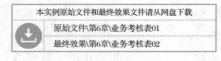

本实例原始文件和最终效果文件请从网盘下载

原始文件\第6章\业务考核表01
最终效果\第6章\业务考核表02

扫码看视频

　　COUNT函数的功能是计算参数列表中的数字项的个数。其语法格式如下。

　　COUNT(value1,value2, …)

　　value1,value2,… 是包含或引用各种类型数据的参数（1~30个），但只有数字类型的数据才被计数。

　　函数COUNT在计数时，将把数值型的数字计算进去；但是错误值、空值、逻辑值、文字则被忽略。

　　由于部分人员因为某些原因未能参加考核，所以考核结束后，我们不仅要统计应参加考核的人数，还应该统计实际参加考核的人数。

　　在业务成绩表中，实际参加考核的人有考核成绩，而没参加考核的成绩单元格为空。所以统计实际参加考核人数时，我们可以使用COUNT函数，其参数为成绩列的"C2:C21"，具体操作步骤如下。

**1** 选中单元格B24，切换到【公式】选项卡，在【函数库】组中，单击【其他函数】按钮，在弹出的下拉列表中选择【统计】➤【COUNT】函数选项。

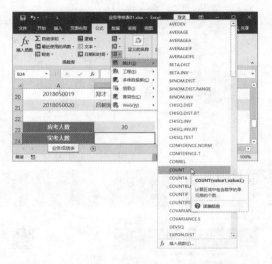

**2** 弹出【函数参数】对话框，在第1个参数文本框中选择输入"C2:C21"。

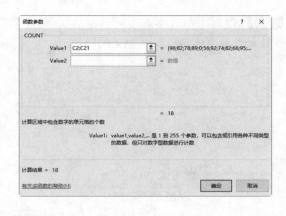

**3** 单击【确定】按钮，返回工作表，即可得到实际参加考核的人数。

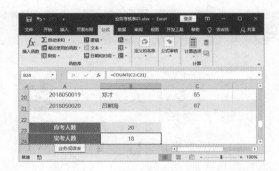

## 6.7.3 MAX函数——求一组数值中的最大值

本实例原始文件和最终效果文件请从网盘下载
原始文件\第6章\业务考核表02
最终效果\第6章\业务考核表03
扫码看视频

MAX函数用于返回一组值中的最大值。其语法格式如下。

MAX(number1,number2,…)

number1 是必需的参数，后续参数是可选的，参数的个数范围是 1~255。

一般对成绩进行分析时，都会列出最高分、最低分还有平均分。计算最高分就得使用MAX函数，具体操作步骤如下。

**1** 选中单元格B25，切换到【公式】选项卡，在【函数库】组中，单击【其他函数】按钮，在弹出的下拉列表中选择【统计】➤【MAX】函数选项。

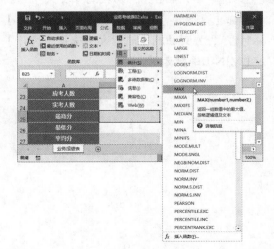

**2** 弹出【函数参数】对话框，在第1个参数文本框中选择输入"C2:C21"。

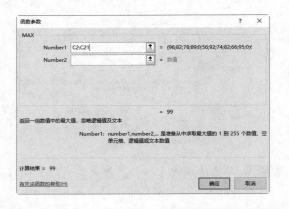

**3** 单击【确定】按钮，返回工作表，即可得到这次考核成绩的最高分。

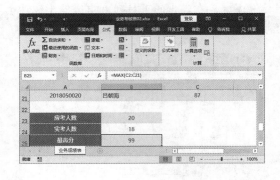

## 6.7.4 MIN函数——求一组数值中的最小值

本实例原始文件和最终效果文件请从网盘下载

原始文件\第6章\业务考核表03
最终效果\第6章\业务考核表04

扫码看视频

MIN函数用于返回一组值中的最小值。其语法格式如下。

MIN(number1,number2,...)

number1 是必需的参数，后续数字是可选的，参数的个数范围为 1~30。

计算最低分和计算最高分的方法一致，只是使用的函数不同而已。具体操作步骤如下。

**1** 选中单元格B26，切换到【公式】选项卡，在【函数库】组中，单击【其他函数】按钮，在弹出的下拉列表中选择【统计】 ➤【MIN】函数选项。

**2** 弹出【函数参数】对话框，在第1个参数文本框中选择输入"C2:C21"。

**3** 单击【确定】按钮，返回工作表，即可得到这次考核成绩的最低分。

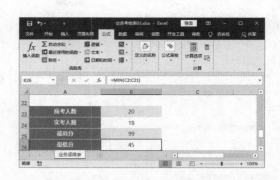

## 6.7.5 AVERAGE函数——计算一组数值的平均值

AVERAGE函数是Excel表格中的计算平均值函数，参数可以是数字，或者是涉及数字的名称、数组或引用。如果数组或单元格引用参数中有文字、逻辑值或空单元格，则忽略其值，但是如果单元格包含零值则计算在内。其语法格式如下。

AVERAGE(number1,number2,…)

下面以具体的数据举例，来看一下AVERAGE函数的用法。

通过上表，我们可以看出，当单元格包含零值时，零值也参与求平均值（如B列），但是当单元格包含空值或者文字时，空值或者文字不参与求平均值（如C列和D列）。

平均分可以看出考核的一个整体水平趋势。所以，计算年平均分是非常重要的，使用AVERAGE函数计算年平均分的具体操作步骤如下。

**1** 选中单元格B27，切换到【公式】选项卡，在【函数库】组中，单击【其他函数】按钮，在弹出的下拉列表中选择【统计】▷【AVERAGE】函数选项。

**2** 弹出【函数参数】对话框，在第1个参数文本框中选择输入"C2:C21"。

**3** 单击【确定】按钮，返回工作表，即可得到这次考核的平均分数。

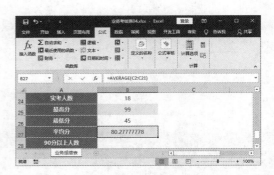

## 6.7.6 COUNTIF函数——统计指定区域中符合条件的单元格数量

本实例原始文件和最终效果文件请从网盘下载
原始文件\第6章\业务考核表05
最终效果\第6章\业务考核表06

扫码看视频

COUNTIF函数是Excel中对指定区域中符合指定条件的单元格计数的一个函数。其语法格式如下。

COUNTIF(range,criteria)

参数range：要计算其中非空单元格数目的区域。

参数criteria：以数字、表达式或文本形式定义的条件。

说白了COUNTIF函数就是一个条件计数的函数，其与COUNT函数的区别就在于，它可以限定条件。例如我们可以使用COUNT函数计算考核成绩在90分以上的人数，80~90的人数等，具体操作步骤如下。

**1** 选中单元格B28，切换到【公式】选项卡，在【函数库】组中，单击【其他函数】按钮，在弹出的下拉列表中选择【统计】▷【COUNTIF】函数选项。

**2** 弹出【函数参数】对话框，在第1个参数文本框中选择输入"C2:C21"，在第1个参数文本框中输入条件">90"。

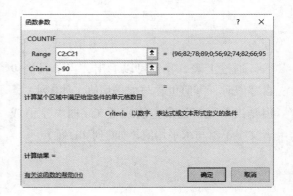

**3** 单击【确定】按钮，返回工作表，即可得到这次考核成绩在90分以上的人数。

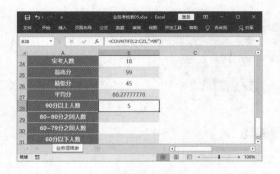

**4** 用户可以按照相同的方法计算考核成绩在60分以下的人数。

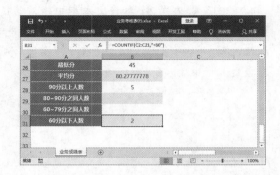

## 6.7.7 COUNTIFS函数——统计多个区域中符合条件的单元格数量

本实例原始文件和最终效果文件请从网盘下载
原始文件\第6章\业务考核表06
最终效果\第6章\业务考核表07

扫码看视频

COUNTIFS函数用来统计多个区域中满足给定条件的单元格的数量。其语法格式如下。

COUNTIFS(criteria_range1,criteria1,criteria_range2,criteria2,…)

criteria_range1为第一个需要计算其中满足某个条件的单元格数目的单元格区域（简称条件区域）。criteria1为第一个区域中将被计算在内的条件（简称条件），其形式可以为数字、表达式或文本。同理，criteria_range2为第二个条件区域，criteria2为第二个条件，依此类推。最终结果为多个区域中满足所有条件的单元格个数。

COUNTIFS函数为COUNTIF函数的扩展，用法与COUNTIF类似，但COUNTIF针对单一条件，而COUNTIFS可以实现多个条件同时求结果。

我们在计算各分数段人数时，可以发现，90分以上和60分以下的人数，我们可以使用COUNTIF函数计算出来，但是却无法计算80~90分的人数和60~79分的人数，现在介绍过COUNTIFS函数之后，会不会就能轻松实现了呢。使用COUNTIFS函数计算考核分数为80~90分人数的具体操作步骤如下。

**1** 选中单元格B29，切换到【公式】选项卡，在【函数库】组中，单击【其他函数】按钮，在弹出的下拉列表中选择【其他】➤【COUNTIFS】函数选项。

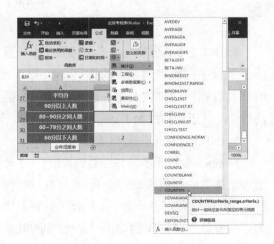

**2** 弹出【函数参数】对话框，在第1个参数文本框中选择输入第1个条件区域"C2:C21"，在第2个参数文本框中输入第1个条件 ">=80"，在第3个参数文本框中选择输入第2个条件区域 "C2:C21"，在第4个参数文本框中输入第2个条件 "<=90"。

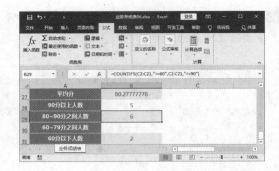

**4** 用户可以按照相同的方法计算考核成绩为60~79分的人数。

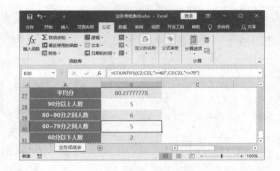

**3** 单击【确定】按钮，返回工作表，即可得到这次考核成绩为80~90分的人数。

## 6.7.8 RANK.EQ函数——计算排名

本实例原始文件和最终结果文件请从网盘下载

原始文件\第6章\业务考核表07

最终效果\第6章\业务考核表08

扫码看视频

RANK.EQ函数是一个排名函数，用于返回一个数字在数字列表中的排位，如果多个值都具有相同的排位，则返回该组数值的最高排位。其语法格式如下。

RANK.EQ(number,ref,[order])

number 参数表示参与排名的数值；ref 参数表示排名的数值区域；order参数有1和0两种：0表示从大到小排名，1表示从小到大排名，当参数为0时可以不用输入，得到的就是从大到小的排名。

RANK.EQ函数最常用的是求某一个数值在某一区域内的排名，下面以将考核成绩排名为例，介绍RANK.EQ函数的实际应用。具体操作步骤如下。

**1** 选中单元格E2，切换到【公式】选项卡，在【函数库】组中，单击【其他函数】按钮，在弹出的下拉列表中选择【统计】▷【RANK.EQ】函数选项。

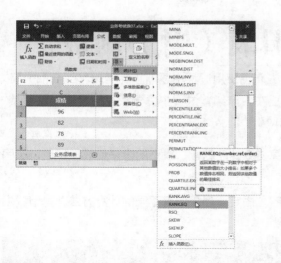

**2** 弹出【函数参数】对话框，在第1个参数文本框中选择输入当前参与排名的引用单元格 "C2"，在第2个参数文本框中选择输入排名的数值区域 "$C$2:$C$21"，由于此处排名显然应为降序，所以第3个参数可以省略。

**3** 单击【确定】按钮，返回工作表，即可得到 "蒋琴" 在这次考核成绩中的排名。

**4** 将单元格E2中的公式不带格式地填充到下面的单元格区域中，即可得到所有员工的成绩排名。缺考人员的排名显示错误值，可以直接删除对应排名单元格中的公式。

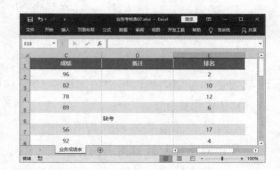

# 6.8 固定资产折旧表（财务函数）

固定资产折旧，是指固定资产在使用过程中逐渐损耗而转移到商品或费用中去的那部分价值，也是企业在生产经营过程中由于使用固定资产而在其使用年限内分摊的固定资产损耗费。

财务函数可以进行一般的财务计算，例如计算贷款的还款额、投资的未来值或净现值以及固定资产的折旧费用等。

固定资产折旧是固定资产管理的一项重要内容，固定资产折旧有不同的计算方法，本节我们介绍3种常用的固定资产折旧法。

## 6.8.1 SLN函数——计算折旧（年限平均法）

本实例原始文件和最终效果文件请从网盘下载

原始文件\第6章\固定资产折旧表
最终效果\第6章\固定资产折旧表01

扫码看视频

SLN函数的功能是基于直线折旧法返回某项资产每期的线性折旧值，即平均折旧值。其语法格式如下。

SLN(资产原值,资产残值,折旧期限)

使用SLN函数计算折旧的方法叫年限平均法，也称直线法，是将固定资产的应计折旧额均衡地分摊到固定资产预计使用寿命内的一种方法。采用这种方法计算的每期折旧额均是等额的。

假设某公司有一台机器设备原价为50 000元，预计使用寿命为10年，预计净残值率为5%。

该案例中对应的资产原值是50 000元，资产残值应为50 000×5%，即2 500元，折旧期限为10年，这样SLN函数的参数就非常清晰了。由于SLN函数的参数比较简单，且不变，所以用户可以直接在计算折旧费用的单元格中同时输入公式。具体操作步骤如下。

**1** 选中单元格区域D2:D11，在编辑栏中输入公式"=SLN(50000,2500,10)"。

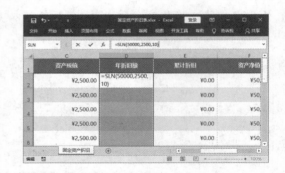

**2** 输入完毕，按【Ctrl】+【Enter】组合键，即可将公式同时输入到单元格区域D2:D11中。

## 6.8.2 DDB函数——计算折旧（双倍余额递减法）

本实例原始文件和最终效果文件请从网盘下载

原始文件\第6章\固定资产折旧表01
最终效果\第6章\固定资产折旧表02

扫码看视频

DDB函数的功能是计算固定资产在给定期间内的折旧值。其语法格式如下。

DDB(资产原值,资产残值,折旧期限,需要计算折旧值的期间,余额递减速率)

使用DDB函数计算折旧的方法叫双倍余额递减法，是在不考虑固定资产预计净残值的情况下，根据每年年初固定资产净值和双倍的直线法折旧率计算固定资产折旧额的一种方法。应用这种方法计算折旧额时，由于每年年初固定资产净值没有扣除预计净残值，所以在计算固定资产折旧额时，应在其折旧年限到期前两年内，将固定资产的净值扣除预计净残值后的余额平均分摊，即最后两年使用直线折旧法计算折旧。

我们还是以前面的案例为例，介绍如何使用双倍余额递减法计算折旧。

该案例中对应的资产原值是50 000元，资产残值应为50 000×5%，即2 500元，折旧期限为10年，需要计算折旧值的期间应与会计年度相同，也就是说如果会计年度为1，则需要计算折旧值的期间就是1年，由于我们这里选用的是双倍余额递减法，所以余额递减速率为2，这样DDB函数的参数就非常清晰了。使用双倍余额递减法计算固定资产折旧的具体操作步骤如下。

**1** 首先清除使用直线折旧法计算的折旧额。选中单元的D2，切换到【公式】选项卡，在【函数库】组中，单击【财务】函数按钮，在弹出的下拉列表中选择【DDB】函数选项。

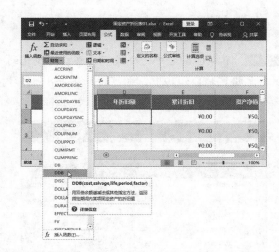

**2** 弹出【函数参数】对话框，在第1个参数文本框中输入"50000"，在第2个参数文本框中输入"2500"，在第3个参数文本框中输入"10"，在第4个参数文本框中选择输入"A2"，在第5个参数文本框中输入"2"。

**3** 单击【确定】按钮，返回工作表，即可计算出第1年的折旧额。

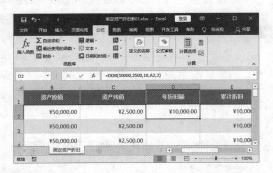

**4** 将单元格D2中的公式不带格式地填充到单元格区域D3:D9中，即可得到第2~8个会计年度的折旧额。

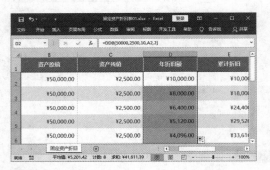

**5** 最后两年折旧使用直线折旧法折旧，即使用SLN函数计算折旧。这里需要注意的是SLN函数对应的资产原值应是资产初始原值减去前8年的折旧，且使用年限应为2年。选中单元的D10，切换到【公式】选项卡，在【函数库】组中，单击【财务】函数按钮，在弹出的下拉列表中选择【SLN】函数选项。

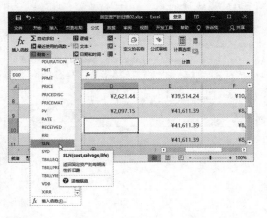

**6** 弹出【函数参数】对话框，在第2个参数文本框中输入资产残值"2500"，在第3个参数文本框中输入使用年限"2"，然后在2个参数文本框中输入"50000-"，并将光标定位在"50000-"之后。

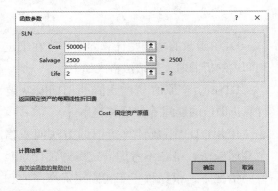

**7** 单击工作表中名称框右侧的下三角按钮，在弹出的下拉列表中选择【其他函数】选项。

**8** 弹出【插入函数】对话框，在【或选择类别】下拉列表中选择【数学与三角函数】选项，在【选择函数】列表框中选择【SUM】函数。

**9** 单击【确定】按钮，弹出SUM函数的【函数参数】对话框，第1个参数文本框中默认输入"D2:D9"，选中参数"D2:D9"，按【F4】快捷键，将其更改为绝对引用"$D$2:$D$9"。

**10** 单击【确定】按钮，返回工作表，即可看到计算结果。按照前面的方法，将单元格D10中的公式不带格式地填充到单元格D11中。

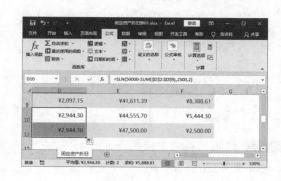

## 6.8.3 SYD函数——计算折旧（年数总计法）

本实例原始文件和最终效果文件请从网盘下载
原始文件\第6章\固定资产折旧表02
最终效果\第6章\固定资产折旧表03
扫码看视频

SYD函数是一个财务函数，是一个用来计算某项资产在一指定期间用年数总计法计算的折旧。其语法格式如下。

SYD(资产原值,资产残值,折旧期限,需要计算折旧值的期间)

使用SYD函数计算折旧的方法叫年数总计法，即合计年限法，是将固定资产原值减去预计固定资产残值，乘以一个逐年递减的分数计算每年的折旧额。

我们还是以前面的案例为例，介绍如何使用年数总计法计算折旧。

该案例中对应的资产原值是50 000元，资产残值应为50 000×5%，即2 500元，折旧期限为10年，需要计算折旧值的期间应与会计年度相同，也就是说如果会计年度为1，则需要计算折旧值的期间就是1年，这样SYD函数的参数就非常清晰了。使用年数总计法计算固定资产折旧的具体操作步骤如下。

**1** 首先清除原折旧额，选中单元的D2，切换到【公式】选项卡，在【函数库】组中，单击【财务】函数按钮 财务，在弹出的下拉列表中选择【SYD】函数选项。

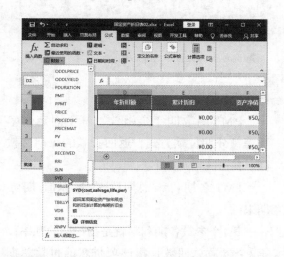

**2** 弹出【函数参数】对话框，在第1个参数文本框中输入"50000"，在第2个参数文本框中输入"2500"，在第3个参数文本框中输入"10"，在第4个参数文本框中选择输入"A2"。

**3** 单击【确定】按钮，返回工作表，即可计算出第1年的折旧额。

**4** 将单元格D2中的公式不带格式地填充到单元格区域D3:D11中，即可得到第2~10个会计年度的折旧额。

## 6.8.4 PMT函数——计算每期付款额

本实例原始文件和最终效果文件请从网盘下载
原始文件\第6章\等额本息还款
最终效果\第6章\等额本息还款01

扫码看视频

　　PMT函数即年金函数，基于固定利率及等额分期付款方式，返回贷款的每期付款额。其语法格式如下。

　　PMT(各期利率, 总期数, 本金, 余值, 期初/期末)

　　第1个参数各期利率就是指每期的利率；第2个参数总期数是指该项贷款的付款总期数；第3个参数本金是指一系列未来付款的当前值的累积和；第4个参数余值是指未来值，或在最后一次付款后希望得到的现金余额，如果该参数省略，则假设其值为零，也就是一笔贷款的未来值为零；第5个参数为数字0

或1，用以指定各期的付款时间是在期初还是期末，1代表期初（先付：每期的第一天付），不输入或输入0代表期末（后付：每期的最后一天付）。下面我们来看一个实例。

　　同事小张为了买新房准备到银行贷款50万元，商定20年还清。如果年利率4.9%保持不变，用等额本息法，会把贷款总额的本息之和平均分摊到整个还款期，按月等额还款，那么小张每个月应该还多少钱呢？

　　首先这个例子满足PMT函数的使用条件，固定利率和等额分期，所以我们可以使用PMT函数来计算每期还款额。在计算之前，我们先来分析一下该案例中对应的PMT函数的各个参数。

第1个参数各期利率，该案例中给出的年利率为4.9%，那么每期月利率应为4.9%/12，即0.41%；第2个参数总期数，该案例中商定的是20年还清，1个月为1期，20年有240个月，即240期；第3个参数本金就是贷款总额50万元；第4个参数余值，因为是要全部还清，所以余值为0；第5个参数，若月初还款则为1，若月末还款则为0或省略。参数分析完成后，我们就可以使用函数来计算每期的还款额了，具体操作步骤如下。

**1** 首先计算月初还款金额。选中单元格B7，切换到【公式】选项卡，在【函数库】组中，单击【财务】函数按钮 财务▾ ，在弹出的下拉列表中选择【PMT】函数选项。

**2** 弹出【函数参数】对话框，在第1个参数文本框中选择输入"B4"，在第2个参数文本框中选择输入"B6"，在第3个参数文本框中选择输入"B2"，在第4个参数文本框中选择输入"0"，在第5个参数文本框中选择输入"1"。

**3** 单击【确定】按钮，返回工作表，即可计算出每个月月初还款的金额。

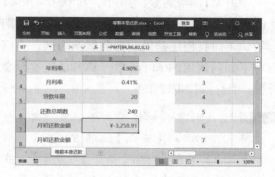

**4** 按照相同的方法计算月末还款金额，它与月初还款的公式唯一不同之处就是，第5个参数为0。

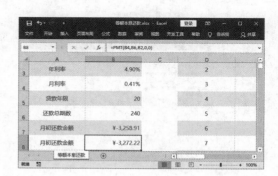

# 6.8.5 PPMT函数——计算本金偿还额

PPMT函数是基于固定利率及等额分期付款方式，返回投资在某一给定期间内的本金偿还额。其语法格式如下。

PPMT(各期利率,当前期数,总期数,本金,余值,期初/期末)

PPMT函数的参数有6个，其中5个与PMT函数的参数完全相同，只是多了一个当前期数。下面我们还是以前面的案例为例，介绍一下如何使用PPMT函数计算月偿还本金金额，具体操作步骤如下。

**1** 首先计算月初偿还本金金额。选中单元格E2，切换到【公式】选项卡，在【函数库】组中，单击【财务】函数按钮 **财务▾**，在弹出的下拉列表中选择【PPMT】函数选项。

**2** 弹出【函数参数】对话框，依次在参数文本框中输入对应的参数，由于不管计算哪一期的还款额，参数各期利率、总期数、本金都是不变的，这三项又是以单元格引用的形式出现的，所以应该使用绝对引用。

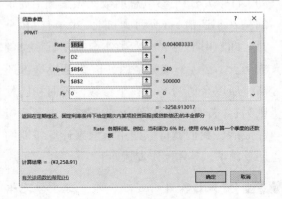

**3** 单击【确定】按钮，返回工作表，即可计算出第1个月月初应还款的本金。

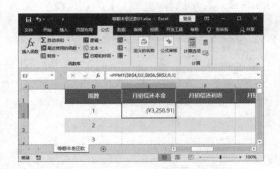

**4** 将单元格E2中的公式不带格式地填充到单元格区域E3:E241中。

**5** 按照相同的方法计算月末偿还本金金额，注意第6个参数为0。

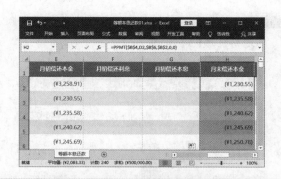

# 6.8.6 IPMT函数——计算利息偿还额

IPMT函数基于固定利率及等额分期付款方式，返回给定期数内对投资的利息偿还额。其语法格式如下。

IPMT(各期利率,当前期数,总期数,本金,余值,期初/期末)

由IPMT函数的语法格式可以看出，它的参数与PPMT函数的参数是完全一致的。

下面我们还是以前面的案例为例，介绍一下如何使用IPMT函数计算月偿还利息金额，具体操作步骤如下。

**1** 首先计算月初偿还利息金额。选中单元格F2，切换到【公式】选项卡，在【函数库】组中，单击【财务】函数按钮，在弹出的下拉列表中选择【IPMT】函数选项。

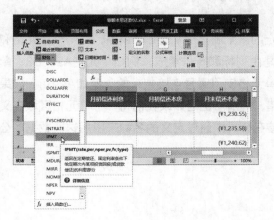

**2** 弹出【函数参数】对话框，依次在参数文本框中输入对应的参数。

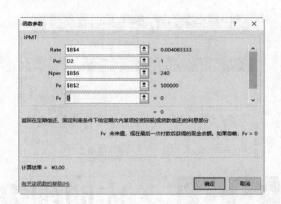

**3** 单击【确定】按钮，返回工作表，即可计算出第1个月月初应还款的利息。

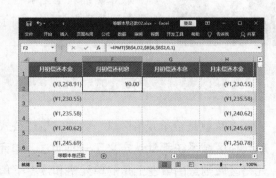

**4** 将单元格F2中的公式不带格式地填充到单元格区域F3:F241中。

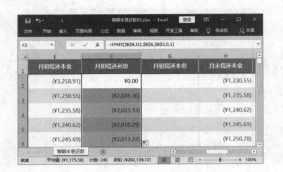

**5** 按照相同的方法计算月末偿还利息金额，注意第6个参数为0。

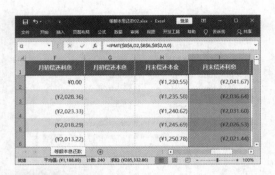

**6** 至此月初和月末应还本金和利息我们都计算完成了，接下来我们可以将本金和利息相加，看一下得到的应还本息额是否与我们使用PMT函数计算出的应还本息额一致。

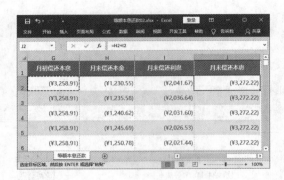

# 6.9 入库明细表

入库明细表是记录各种产品入库数量的一个基本数据表，它可以清晰地记录每天各种产品的入库情况，准确的入库数量，便于日后统计库存。

## 6.9.1 认识Excel中的名称

名称就是给单元格区域、数据常量或公式设定的一个新名字。在Excel中，每一个单元格和单元格区域系统都默认定义了一种叫法：单元格是由列标和行号组成，例如单元格A2、B8；单元格区域则是由最左上角的单元格和最右下角的单元格使用冒号连接起来的，例如A2:B8。如果单元格区域在公式中需要重复使用的话，极易输错、混淆。但是如果我们将一个单元格区域定义为简单易记，且有指定意义的名称后，就可以直接在公式中通过定义的名称来引用这些数据或公式了，不仅方便输入，而且容易分辨。

例如，在一个销售明细表中，有单价、数量，计算金额时，一种方法是直接用对应的单元格相乘，如下图所示。

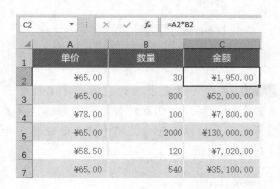

另一种方法就是我们将所有单元格区域的单价和数量都定义一个新的名称：单价、数量。定义完成后，我们只需要在对应的单元格中输入公式"=单价*数量"，即可自动引用名称对应的数据参与计算，如下图所示。

| | 单价 | 数量 | 金额 |
|---|---|---|---|
| | ¥65.00 | 30 | ¥1,950.00 |
| | ¥65.00 | 800 | ¥52,000.00 |
| | ¥78.00 | 100 | ¥7,800.00 |
| | ¥65.00 | 2000 | ¥130,000.00 |
| | ¥58.50 | 120 | ¥7,020.00 |
| | ¥65.00 | 540 | ¥35,100.00 |

是不是简单多了？其实名称也是公式，它带给我们的是直观、简洁。

## 6.9.2 定义名称

前面我们对Excel中的名称已经有了一个大致的了解，知道了它可以在Excel计算中带给我们诸多方便，那么本小节我们就来学习一下如何在工作表中为一个区域、常量值或者公式定义一个名称。

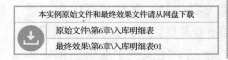

本实例原始文件和最终效果文件请从网盘下载
原始文件\第6章\入库明细表
最终效果\第6章\入库明细表01

扫码看视频

### 1. 为数据区域定义名称

下面我们以为入库明细表中的成本单价和入库数量定义名称为例，介绍如何为数据区域定义名称，具体操作步骤如下。

■1 选中单元格区域E2:E63，切换到【公式】选项卡，在【定义的名称】组中，单击【定义名称】按钮的左半部分。

■2 弹出【新建名称】对话框，在【名称】文本框中输入"数量"。

**3** 单击【确定】按钮，返回工作表，在
【定义的名称】组中单击【名称管理器】
按钮 。

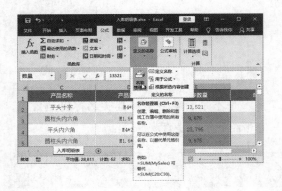

**4** 弹出【名称管理器】对话框，即可看到
我们定义的名称已经保存在【名称管理器】
中了。

**5** 在【名称管理器】中单击【新建】
按钮，打开【新建名称】对话框，在【名
称】文本框中输入"单价"，在【引用
位置】文本框中选择输入"＝入库明细
表!$F$2:$F$63"。

**6** 单击【确定】按钮，返回【名称管理
器】对话框，即可看到新定义的名称，单击
【关闭】按钮，即可关闭【名称管理器】对
话框。

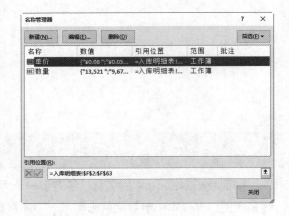

**提示**

虽然定义名称时，名称是可以自由定
义，但是却不能随意定义。我们应该从易于
理解的目的出发，定义一个能说明数据本
身的名字，这样，当我们看到该名称时，就
能清楚地知道该名称对应的数据。例如，在
入库明细表中，我们看到"单价"就知道
对应的是商品的单价，但是如果你定义成
"ABC"，看到这个名称，就不知道它对应的
数据是什么了。

在Excel中如果要将一个数据区域中的各列或各行都分别定义名称，那么我们就需要创建多次，会比较麻烦。这时，我们可以选中这个数据区域，让Excel根据我们选择的内容来定义名称。这里需要注意的是使用这种方法定义的名称，名称必须是所选数据区域的首行、最左列、末行或最右列。根据所选内容创建名称的具体步骤如下。

**1** 选中单元格区域B1:B25和E1:F63，切换到【公式】选项卡，在【定义的名称】组中，单击【根据所选内容创建】按钮 根据所选内容创建 。

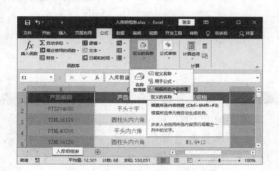

**2** 弹出【根据所选内容创建名称】对话框，由于我们所选的数据区域都是有列标题的，可以使用【首行】作为名称，所以在【根据下列内容中的值创建名称】列表中勾选【首行】复选框。

**3** 单击【确定】按钮，返回工作表，打开【名称管理器】，即可看到根据所选内容创建的3个名称。

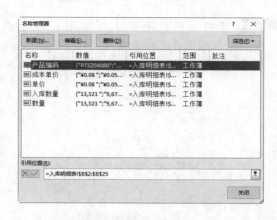

### 2. 为数据常量定义名称

在入库明细表中，每一种产品都有一个单价，虽然每种产品的单价都是唯一的，但是所有产品的单价都混在一起，查找起来也并非易事。如果我们对每种产品的单价都定义了名称，使用的时候我们就可以使用定义的名称替代具体的单价了。下面我们以为入库明细表中的产品编号为"PTSZ04080"的成本单价"0.08"定义名称为例，介绍如何为数据常量定义名称，具体操作步骤如下。

**1** 由于在定义名称时，名称默认定义为所选单元格的内容，所以此处我们先选中任意一个内容为"PTSZ04080"的单元格，切换到【公式】选项卡，在【定义的名称】组中，单击【定义名称】按钮 定义名称 的左半部分。

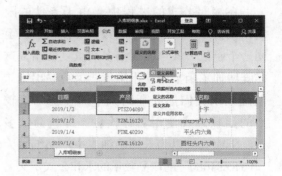

**2** 弹出【新建名称】对话框，在【名称】文本框中将名称更改为"PTSZ04080成本单价"，在【引用位置】文本框中输入"=0.08"。

**3** 单击【确定】按钮，返回工作表，打开【名称管理器】对话框，即可看到新定义的名称。

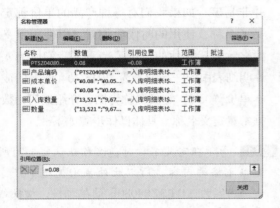

### 3. 为公式定义名称

在编写公式的过程中，由于条件的限制，我们经常需要多个函数嵌套使用，甚至同一个函数公式可能需要多次重复使用，这样既增加了函数的使用难度，又容易出错。但是如果我们把嵌套函数中的一些难度较大的函数公式使用名称代替，那就简洁多了。下面我们以为入库明细表中产品编号为"PTSZ04080"的产品数量的求和公式定义名称为例，介绍如何为公式定义名称，具体操作步骤如下。

**1** 要为公式定义名称，首先我们要正确书写公式。选中工作表的任一空白单元格，切换到【公式】选项卡，在【函数库】组中单击【数学和三角函数】按钮，在弹出的下拉列表中选择【SUMIF】函数选项。

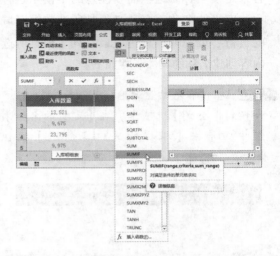

**2** 弹出【函数参数】对话框，在第1个参数文本框中选择输入"$B$2:$B$63"，第2个参数文本框数选择输入""PTSZ04080""，第3个参数文本框中选择输入"$E$2:$E$63"，这里需要注意的是数据区域是固定的，所以使用绝对引用。

**3** 单击【确定】按钮，返回工作表，即可看到产品编号为"PTSZ04080"的产品的入库总数求和公式。在编辑栏中选中该公式，并按【Ctrl】+【C】组合键进行复制，然后按【Enter】键，并选中任意一个内容为"PTSZ04080"的单元格。

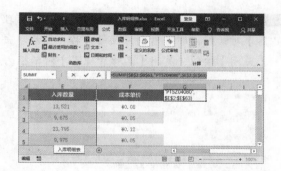

**4** 切换到【公式】选项卡，在【定义的名称】组中，单击【定义名称】按钮  的左半部分。

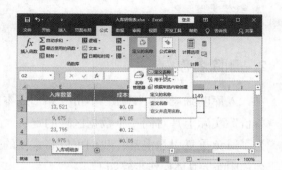

**5** 弹出【新建名称】对话框，在【名称】文本框修改名称为"PTSZ04080入库总量"，在【引用位置】文本框中按【Ctrl】+【V】组合键进行粘贴。

**6** 单击【确定】按钮，返回工作表，打开【名称管理器】对话框，即可看到新定义的名称。

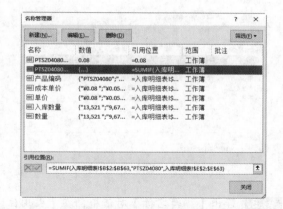

## 6.9.3 编辑和删除名称

对于已经定义的名称，如果觉得不合适，可以在【名称管理器】中重新编辑和修改。对于不需要的名称，也可以删除。

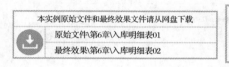

### 1. 编辑名称

前面我们在为产品编码定义名称时，选中的数据区域为B2:B25，但是实际区域应为B2:B63，所以我们需要对定义好的名称进行修改，具体操作步骤如下。

**1** 切换到【公式】选项卡，在【定义的名称】组中，单击【名称管理器】按钮。

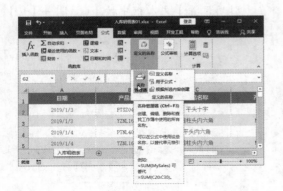

**2** 弹出【名称管理器】对话框，选中定义的名称"产品编码"，单击【编辑】按钮。

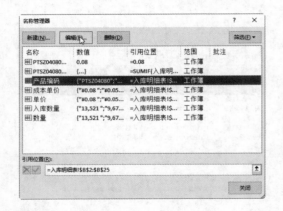

**3** 弹出【编辑名称】对话框，在【引用位置】文本框中修改引用位置为"=入库明细表!$B$2:$B$63"。

**4** 单击【确定】按钮，返回【名称管理器】对话框，即可看到修改的名称。然后单击【关闭】按钮，关闭【名称管理器】对话框。

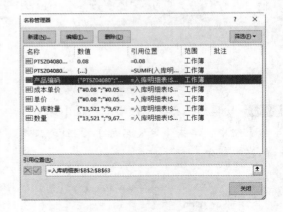

## 2. 删除名称

入库明细表中，名称"单价"和"成本单价"实际上是对同一个数据区域的定义，为了避免重复引起混乱，我们可以将重复的名称删除。具体操作步骤如下。

**1** 打开【名称管理器】对话框，选中定义的名称"单价"，单击【删除】按钮。

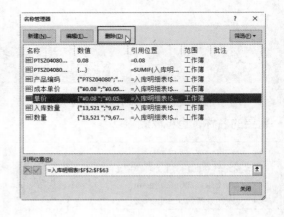

**2** 弹出【Microsoft Excel】对话框，询问用户是否确实要删除名称单价，单击【确定】按钮。

**3** 此时已将名称"单价"从名称管理器列表中删除。

**4** 用户可以按照相同的方法将重复的名称"数量"删除。

## 6.9.4 在公式中使用名称

定义好名称后，我们就可以将名称应用到公式中了。因为使用名称既方便输入，又减少了函数的嵌套层数。

本实例原始文件和最终结果文件请从网盘下载
原始文件\第6章\入库明细表02
最终结果\第6章\入库明细表03

扫码看视频

在没有定义名称前，如果我们要计算产品编号为"PTSZ04080"的产品在这一个月的入库总金额，需要先使用SUMIF函数计算"PTSZ04080"的入库数量，然后再乘以成本单价。

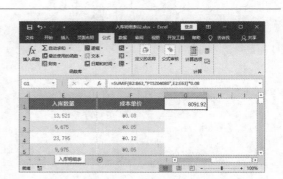

但是如果我们使用定义的名称就简单多了，具体操作步骤如下。

■ **1** 切换到【公式】选项卡，在【定义的名称】组中单击【用于公式】按钮 用于公式▾ ，在弹出的名称中选择【PTSZ04080入库总量】选项。

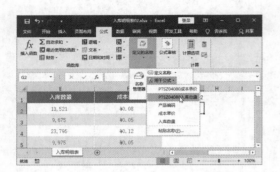

■ **2** 即可将名称"PTSZ04080入库总量"输入到公式中。

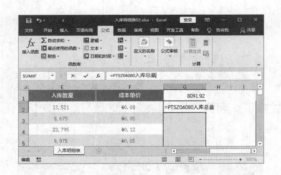

■ **3** 通过键盘输入运算连接符"*"，再次单击【用于公式】按钮 用于公式▾ ，在弹出的名称中选择【PTSZ04080成本单价】选项，即可将名称"PTSZ04080成本单价"也输入到公式中。此时，在空白处单击鼠标左键，或者按【Enter】键，完成输入即可。

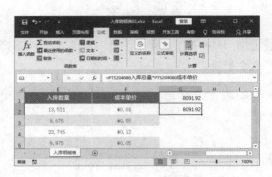

# 6.10 促销明细表

促销明细表是记录促销期间各类商品的销售量的一种基本数据表，用户可以根据促销明细表进行产品销量及导购员促销能力的分析。

## 6.10.1 认识数组与数组公式

### 1. 什么是数组

数组就是多个数据的集合，组成这个数组的每个数据都是该数组的元素。

数组本身也是数据，它其实就是具有某种关系的数据的集合。

在Excel中最常用数组可以分为两种：区域数组和常量数组。

区域数组就是由单元格组成的数组，说白了就是单元格区域，例如A1:A5，C5:C8等。

常量数组就是由数据常量组成的数组。在Excel公式中的常量数组应写在一堆大括号中，各数据间用分号";"或逗号","隔开。如{256;6;358;2}，{256,6,358,2}或{256,6;358,2}。

但是使用分号";"和或逗号","是有区别的，使用分号";"隔开表示是不同行的数值，使用逗号","隔开表示是不同列的数值。

{256;6;358;2}

| | A |
| --- | --- |
| 1 | 256 |
| 2 | 6 |
| 3 | 358 |
| 4 | 2 |

{256,6,358,2}

| | A | B | C | D |
| --- | --- | --- | --- | --- |
| 1 | 256 | 6 | 358 | 2 |

{256,6;358,2}

| | A | B |
| --- | --- | --- |
| 1 | 256 | 6 |
| 2 | 358 | 2 |

由此可见，区域数组和常量数组是可以相互转换的。区域数组转换为常量数组时，可以使用快捷键【F9】。例如：在单元格A3中输入公式"=A1:B2"，然后按【F9】键，即可将数据区域A1:B2转换成常量数组，如下图所示。

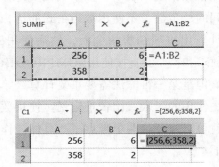

### 2. 数组公式

数组公式是指区别于普通公式，并以按【Ctrl】+【Shift】+【Enter】组合键来完成编辑的特殊公式。作为标识，Excel会自动在编辑栏中给数组公式的首尾加上大括号"{}"。

使用数组公式能够保证在同一范围内的公式具有同一性，并在选定的范围内分别显示数组公式的各个运算结果。

| F | G | H |
|---|---|---|
| 单价 | 数量 | 金额 |
| 1029 | 3 | =F2*G2 |
| 1099 | 1 | =F3*G3 |
| 899 | 2 | =F4*G4 |
| 1099 | 4 | =F5*G5 |
| 399 | 1 | =F6*G6 |
| 999 | 1 | =F7*G7 |

普通公式

| F | G | H |
|---|---|---|
| 单价 | 数量 | 金额 |
| 1029 | 3 | =F2:F7*G2:G7 |
| 1099 | 1 | =F2:F7*G2:G7 |
| 899 | 2 | =F2:F7*G2:G7 |
| 1099 | 4 | =F2:F7*G2:G7 |
| 399 | 1 | =F2:F7*G2:G7 |
| 999 | 1 | =F2:F7*G2:G7 |

数组公式

## 6.10.2  数组公式的应用

本实例原始文件和最终效果文件请从网盘下载

原始文件\第6章\促销明细表

最终效果\第6章\促销明细表01

扫码看视频

数组公式在实际运算中的作用也是不容小觑的，既可以替代保证在同一范围内的公式具有同一性，也可以替代某些复杂函数。例如在促销明细表中，如果我们要计算促销期间的总金额，不使用数组公式的话，要么先计算出每项销售的金额，然后使用SUM函数求和；要么直接使用SUMPRODUCT函数。但是第一种方法需要重复计算，第二种方法使用的函数又比较难记忆。使用数组函数就可以避开这两个难点了。具体操作步骤如下。

**1** 在单元格H1中输入公式"=SUM(B2:B57*C2:C57*D2:D57)"。

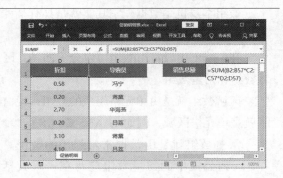

**2** 按【Ctrl】+【Shift】+【Enter】组合键完成输入，效果如下图所示。

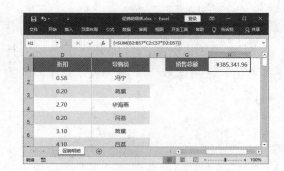

# 妙招技法

## 6招找出公式错误原因

在使用公式时，出现错误在所难免。不同的错误会产生不同的错误值，因此我们要正确认识这些错误值，才能对症下药，找出错误原因，修改公式。

### ① 错误值#DIV/0!

我们都知道在数学运算中，0是不能作除数的，在Excel中也一样，如果使用0作除数，就会显示错误值#DIV/0!，除此之外，使用空的单元格作除数，也会显示错误值#DIV/0!。因此在Excel中使用公式时，如果看到错误值#DIV/0!，应首先检查除数是否为0或空值。

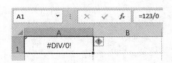

### ② 错误值#VALUE!

在Excel中，不同的类型数据、运算符能进行的运算类型也不同。例如算数运算符可以对数值型数据和文本型数据进行运算，但是却不能对纯文本进行运算。如果强行对其执行运算，就会显示错误值#VALUE!

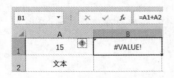

### ③ 错误值#N/A

错误值#N/A一般出现在查找函数中。当在数据区域中查找不到与查找内容相匹配的数值时，就会返回错误值#N/A。所以当结果出现错误值#N/A时，首先查看查找值在不在当前数据区域内。

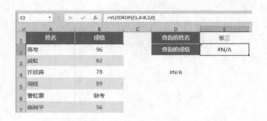

### ④ 错误值#NUM!

在公式中，如果使用函数，一般函数对参数都是有要求的，如果我们设置的参数是无效的数值，函数就会返回错误值#NUM!。

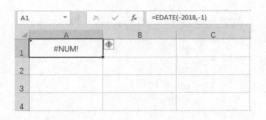

### ⑤ 错误值#REF!

在Excel中，一般返回错误值#REF!的原因是误删了公式中原来引用的单元格或单元格区域。

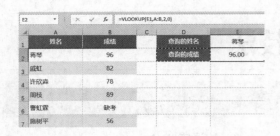

⑥ 错误值#NAME?

如果在公式中输入了Excel不认识的文本字符，公式就会返回错误值#NAME?。最常见的错误就是文本字符不加双引号或者是非文本字符加了双引号。

# 第7章

# 排序、筛选与汇总数据

**本章内容简介**

　　本章主要结合实际工作中的案例介绍如何对数据进行排序、筛选以及分类汇总。

**学完本章我能做什么**

　　通过本章的学习，读者可以快速地将库存商品明细表中的数据按指定条件进行排序，筛选业务费用预算表中满足指定条件的数据，快速汇总各业务员的销售业绩等。

视频链接

关于本章知识，本书配套教学资源中有相关的教学视频，请读者参见资源中的【排序、筛选与汇总数据】。

# 7.1 库存商品明细表

库存商品明细表是为更好地管理商品而制作的。在库存商品明细表中，我们可以通过简单的排序，了解各类商品的库存情况。

## 7.1.1 简单排序

所谓简单排序，就是设置单一条件进行排序。

| 本实例原始文件和最终效果文件请从网盘下载 |
|---|
| 原始文件\第7章\库存商品明细表 |
| 最终效果\第7章\库存商品明细表01 |

扫码看视频

现在用户有一份库存商品明细表，但是由于在登记库存商品时，是按盘点的顺序进行登记的，所以顺序比较混乱，不容易看出库存商品存在的问题。

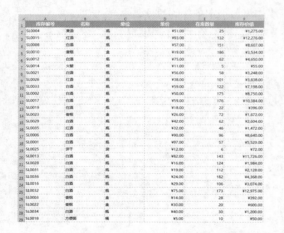

此时，用户可以根据需求对商品进行简单的排序。例如用户想根据库存判定哪些商品需要进货了，就可以根据库存数量的多少进行排序，具体操作步骤如下。

**1** 打开本实例的原始文件，选中单元格区域A1:F37，切换到【数据】选项卡，在【排序和筛选】组中单击【排序】按钮。

**2** 弹出【排序】对话框，勾选【数据包含标题】复选框。然后在【主要关键字】下拉列表中选择【在库数量】选项，在【排序依据】下拉列表中选择【单元格值】选项，在【次序】下拉列表中选择【升序】选项。

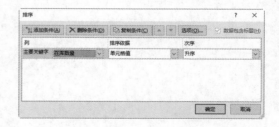

**3** 单击【确定】按钮，返回Excel工作表，此时数据根据E列中"在库数量"进行升序排列。

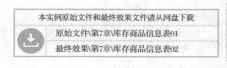

## 7.1.2 复杂排序

如果在排序字段里出现相同的内容，它们会保持其原始次序。如果用户还要对这些相同内容按照一定条件进行排序，就要用到多个关键字的复杂排序了。

本实例原始文件和最终效果文件请从网盘下载
原始文件\第7章\库存商品信息表01
最终效果\第7章\库存商品信息表02

扫码看视频

库存商品明细表按"在库数量"进行升序排列后，用户可以发现商品名称还是比较混乱的。如果用户希望商品名称有规律地排序，那么就要用到多个关键字的复杂排序了。

**1** 打开本实例的原始文件，选中单元格区域A1:F37，切换到【数据】选项卡，在【排序和筛选】组中单击【排序】按钮。

**2** 弹出【排序】对话框，显示7.1.1小节中按照"在库数量"进行升序排列的排序条件。

**3** 单击【主要关键字】右侧的下三角按钮，在弹出的下拉列表中选择【名称】选项，将【主要关键字】更改为【名称】。

4 单击 <添加条件(A)> 按钮，此时即可添加一组新的排序条件，在【次要关键字】下拉列表中选择【在库数量】选项，其余保持不变。

5 设置完毕，单击【确定】按钮，返回工作表。此时表格数据在根据"名称"的汉语拼音首字母进行升序排列的基础上，按照"在库数量"的数值进行了升序排列，排序效果如下图所示。

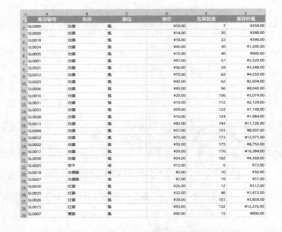

## 7.1.3 自定义排序

数据排序方式除了按照升序、降序排列外，还可以根据需要自定义排列顺序。

对库存商品明细表中的数据，按照自定义"名称"顺序进行排序的具体步骤如下。

1 打开本实例的原始文件，选中单元格区域A1:F37。按照前面的方法打开【排序】对话框，可以看到前面我们所设置的两个排序条件。在第一个排序条件中的【次序】下拉列表中选择【自定义序列】选项。

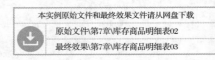

2 弹出【自定义序列】对话框，在【自定义序列】列表框中选择【新序列】选项，在【输入序列】文本框中输入"香烟,白酒,红酒,黄酒,方便面,火腿,饼干"，中间用英文半角状态下的逗号隔开。

**3** 单击【添加】按钮，此时新定义的序列"香烟,白酒,红酒,黄酒,方便面,火腿,饼干"就添加在【自定义序列】列表框中。

**4** 单击【确定】按钮，返回【排序】对话框。此时，第一个排序条件中的【次序】下拉列表自动显示【香烟,白酒,红酒,黄酒,方便面,火腿,饼干】选项。

**5** 单击【确定】按钮，返回Excel工作表，排序效果如下图所示。

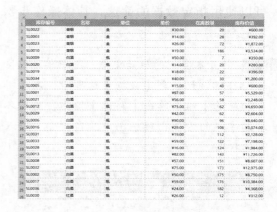

# 7.2 业务费用预算表

费用预算是指企事业为费用支出成本而做的成本预算，年度结束后，再根据实际支出，对费用预算进行分析。

## 7.2.1 自动筛选

当Excel工作表中的数据比较多，我们又只想查看其中符合某些条件的数据时，可以使用工作表的筛选功能。Excel 2019中提供了3种数据的筛选操作，即"自动筛选""自定义筛选"和"高级筛选"。

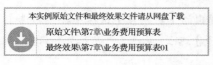

"自动筛选"一般用于简单的条件筛选，筛选时将不满足条件的数据暂时隐藏起来，只显示符合条件的数据。

### 1. 指定数据的筛选

业务费用预算表中包含了员工成本、办公成本、市场营销成本和培训/差旅4个支出类别。

如果用户只想查看市场营销成本，就可以使用指定数据的筛选，具体操作步骤如下。

**1** 打开本实例的原始文件，选中单元格区域A1:F19，切换到【数据】选项卡，在【排序和筛选】组中单击【筛选】按钮，随即各标题字段的右侧出现一个下三角按钮，进入筛选状态。

**2** 单击标题字段【支出类别】右侧的下三角按钮，从弹出的筛选列表中撤选【全选】复选框，然后勾选【市场营销成本】复选框。

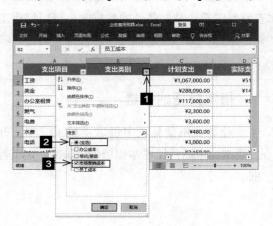

**3** 单击【确定】按钮，返回Excel工作表，筛选效果如下图所示。

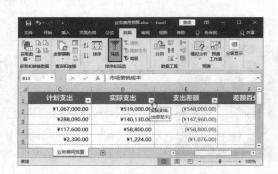

## 2. 指定条件的筛选

我们除了可以直接筛选支出类别的数据外，还可以根据数据大小筛选出指定数据。具体操作步骤如下。

**1** 打开本实例的原始文件，选中数据区域中的任意一个单元格，切换到【数据】选项卡，在【排序和筛选】组中单击【筛选】按钮，撤销之前的筛选，再次单击【筛选】按钮，重新进入筛选状态，然后单击标题字段【实际支出】右侧的下三角按钮。

## 提示

对于已经筛选过的数据，进行新的筛选时，需要先撤销之前的筛选，然后再进行新的筛选。

**2** 从弹出的下拉列表中选择【数字筛选】➤【前10项】选项。

**4** 单击【确定】按钮,返回Excel工作表,筛选效果如下图所示。

| 支出类别 | 计划支出 | 实际支出 | 支出差额 | 差额百分比 |
|---|---|---|---|---|
| 员工成本 | ¥1,067,000.00 | ¥519,000.00 | (¥548,000.00) | 51% |
| 员工成本 | ¥288,090.00 | ¥140,130.00 | (¥147,960.00) | 51% |
| 办公成本 | ¥117,600.00 | ¥58,800.00 | (¥58,800.00) | 50% |

**3** 弹出【自动筛选前10个】对话框,系统默认是筛选最大的10个值,这个条件用户可以根据实际需求进行修改,例如,此处我们可以将条件修改为"最大3项"。

## 7.2.2 自定义筛选

前面讲解的都是单一条件的筛选,但是在实际工作中需要的数据往往要满足多个条件,此时,就可以使用自定义筛选功能。

本实例原始文件和最终效果文件请从网盘下载
原始文件\第7章\业务费用预算表01
最终效果\第7章\业务费用预算表02

扫码看视频

例如,我们要从业务费用预算表中筛选出电费和燃气的费用,具体操作步骤如下。

**1** 打开本实例的原始文件,选中数据区域中的任意一个单元格,切换到【数据】选项卡,在【排序和筛选】组中单击【筛选】按钮,撤销之前的筛选,再次单击【筛选】按钮,重新进入筛选状态,然后单击标题字段【支出项目】右侧的下三角按钮。

**2** 从弹出的下拉列表中选择【文本筛选】▶【自定义筛选】选项。

**3** 弹出【自定义自助筛选方式】对话框,然后将显示条件设置为"支出项目等于电费或燃气"。

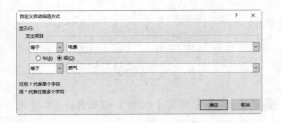

**4** 单击【确定】按钮。返回Excel工作表，筛选效果如下图所示。

## 7.2.3 高级筛选

高级筛选一般用于条件较复杂的筛选操作，其筛选的结果可显示在原数据表格中，不符合条件的记录被隐藏起来；也可以在新的位置显示筛选结果，不符合条件的记录同时保留在数据表中而不被隐藏起来，这样更加便于数据比对。

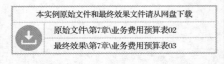

| 本实例原始文件和最终效果文件请从网盘下载 |
| --- |
| 原始文件\第7章\业务费用预算表02 |
| 最终效果\第7章\业务费用预算表03 |

扫码看视频

对于复杂条件的筛选，如果使用系统自带的筛选条件，可能需要多次筛选，而如果使用高级筛选，就可以自定义筛选条件，具体操作步骤如下。

**1** 打开本实例的原始文件，切换到【数据】选项卡，单击【排序和筛选】组中的【筛选】按钮，撤销之前的筛选，然后在不包含数据的区域内输入筛选条件，例如在单元格D21中输入"实际支出"，在单元格D22中输入">5000"，在单元格E21中输入"差额百分比"，在单元格E22中输入">50%"。

**2** 将光标定位在数据区域的任意一个单元格中，单击【排序和筛选】组中的【高级】按钮。

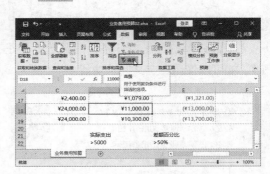

**3** 弹出【高级筛选】对话框，在【方式】组合框中选中【在原有区域显示筛选结果】单选钮，然后单击【条件区域】文本框右侧【折叠】按钮。

**4** 弹出【高级筛选—条件区域：】对话框，然后在工作表中选择条件区域D21:E22。

**5** 选择完毕，单击【展开】按钮，返回【高级筛选】对话框，此时即可在【条件区域】文本框中显示出条件区域的范围。

**6** 单击【确定】按钮，返回Excel工作表，筛选效果如下图所示。

| 计划支出 | 实际支出 | 支出差额 | 差额百分比 |
|---|---|---|---|
| ¥1,067,000.00 | ¥519,000.00 | (¥548,000.00) | 51% |
| ¥288,090.00 | ¥140,130.00 | (¥147,960.00) | 51% |
| ¥33,000.00 | ¥14,700.00 | (¥18,300.00) | 55% |
| ¥24,000.00 | ¥11,000.00 | (¥13,000.00) | 54% |
| ¥24,000.00 | ¥10,300.00 | (¥13,700.00) | 57% |

# 7.3 业务员销售明细表

业务员销售明细表中既包含了产品的销售明细，又包含了业务员的业绩信息，用户可以通过分类汇总统计某产品的销量或者业务员的销售业绩。

## 7.3.1 创建分类汇总

分类汇总是按某一字段的内容进行分类，并对每一类统计出相应的结果数据。下面将12月销售明细表中的数据按照"业务员"汇总。

创建分类汇总之前，首先要对工作表中的数据进行排序，其次将表格形式的数据区域转换为普通区域。

**1** 打开本实例的原始文件，选中数据区域中的任意一个单元格，切换到【数据】选项卡，在【排序和筛选】组中单击【排序】按钮。

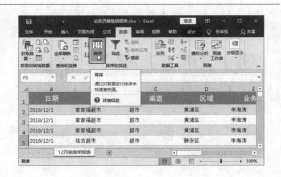

**2** 弹出【排序】对话框，勾选【数据包含标题】复选框，然后在【主要关键字】下拉列表中选择【业务员】选项，在【排序依据】下拉列表中选择【单元格值】选项，在【次序】下拉列表中选择【升序】选项。

**3** 单击【确定】按钮，返回工作表，此时，用户可以看到数据已经按业务员排好序了，但是，此时【分级显示】组中的【分类汇总】按钮为灰色，这是因为数据区域为表格形式。

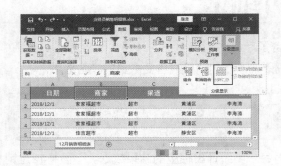

**4** 切换到【表格工具】栏的【设计】选项卡，在【工具】组中单击【转换为区域】按钮。

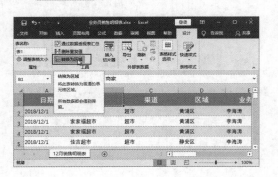

**5** 弹出【Microsoft Excel】提示框，询问用户是否将表转换为普通区域。

**6** 单击【是】按钮，即可将表转换为普通区域，此时用户就可以进行分类汇总了。切换到【数据】选项卡，在【分级显示】组中，单击【分类汇总】按钮。

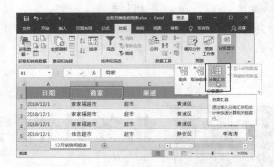

**7** 弹出【分类汇总】对话框，在【分类字段】下拉列表中选择【业务员】选项，在【汇总方式】下拉列表中选择【求和】选项，在【选定汇总项】列表框中勾选【金额（元）】复选框，勾选【替换当前分类汇总】和【汇总结果显示在数据下方】复选框。

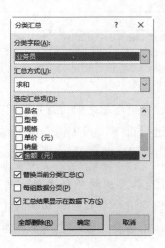

**8** 单击【确定】按钮，返回Excel工作表，用户可以看到工作表的左上角出现了 1 2 3 3个数字，依次单击这3个数字，工作表中分别呈现的数据效果如下图所示。

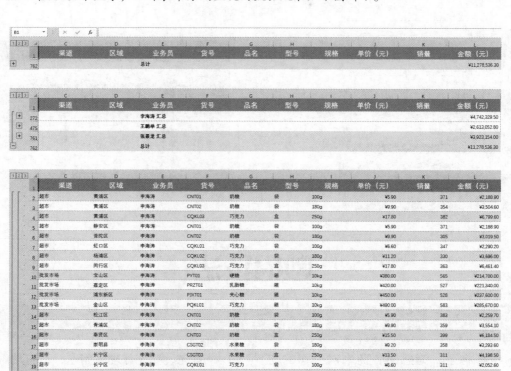

## 7.3.2 删除分类汇总

如果用户不再需要将工作表中的数据以分类汇总的方式显示出来，则可将刚刚创建的分类汇总删除。

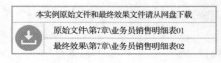

**1** 打开本实例的原始文件，将光标定位在数据区域的任意单元格中，切换到【数据】选项卡，在【分级显示】组中单击【分类汇总】按钮。

**2** 弹出【分类汇总】对话框，单击【全部删除】按钮。

**3** 返回Excel工作表，即可看到创建的分类汇总已经全部删除，工作表恢复到分类汇总前的状态。

---

# 妙招技法

## 任性排序3步走

年终将至，为感谢各商家对公司的支持，特邀20个商家参加公司年会，并参与年终抽奖。

参加公司年会的商家的资格要求如下。

总销量：10 000以上的优先考虑；8000~10 000的次之；5 000~8 000的再次之；低于5 000的不能参加。

进货种类：进货种类多的优先考虑。

综合考虑，总销量权重75%，进货种类25%，选20个商家参加年会。

读完题目要求，很多人会觉得一片混乱，无从下手。下面我们就一起来分析一下这个题目。

首先，要充分理解问题，只有理解问题才能正确地解决问题。其次，Excel并不能理解问题，所以用户要做第二步的处理，把问题进行量化，量化处理为Excel可以处理的问题，最后才是Excel的工作。

下面我们首先对问题进行量化。这个问题中我们考量的要素有2个，所以我们首先要将这2个要素条件量化。

| 商家 | 夹心糖 | 奶糖 | 巧克力 | 乳酪糖 | 水果糖 | 硬糖 | 总计 |
|---|---|---|---|---|---|---|---|
| 百佳超市 | 999 | 1047 | 2085 | 1031 | 2090 | 1112 | 8402 |
| 百胜超市 | 1059 | 2171 | 2085 | 970 | 2038 | 1084 | 9407 |
| 宝尔德超市 | 1019 | 1050 | 1080 | 984 | 1067 | 1072 | 6272 |
| 嘉实超市 | 1011 | | | 2056 | | | 3067 |
| 多宝超市 | 2184 | 1031 | 2097 | 1799 | 1123 | 1011 | 9245 |
| 多多超市 | 1097 | 1125 | 990 | 1080 | 1106 | | 5398 |
| 多益集散批发市场 | 1049 | | 541 | 533 | | 546 | 2669 |
| 多又好超市 | 1113 | 985 | 1100 | 1999 | 980 | 984 | 7161 |
| 丰达超市 | 1005 | 2110 | 2068 | 1052 | 999 | 2056 | 9290 |
| 丰联超市 | 1112 | 1036 | 1016 | 1100 | 1059 | 1799 | 7122 |
| 福瑞隆超市 | 1084 | 1031 | 1112 | 1812 | 1019 | 1080 | 7138 |
| 福瑞门超市 | 1072 | 970 | 1084 | 1042 | 1011 | 2139 | 7318 |
| 福瑞林超市 | 1975 | 984 | 1072 | 1098 | 1084 | 1068 | 7281 |
| 福万家超市 | 1011 | | 1975 | | 1999 | | 4985 |
| 恒力超市 | 995 | 1799 | 1011 | 1056 | 1052 | 1014 | 6927 |
| 广兴福超市 | 1056 | 1080 | 995 | 1068 | 1100 | 2184 | 7483 |
| 海锦超市 | 1068 | 2139 | 1021 | 1792 | 1812 | 1097 | 8929 |
| 好客来超市 | 1792 | 988 | 1067 | 1014 | 1042 | 984 | 6887 |
| 和睦超市 | 1014 | 1058 | 994 | 2184 | 1098 | 2056 | 8404 |
| 和泰超市 | 2184 | | | | 1068 | 1799 | 5051 |
| 和兴超市 | 1097 | 1034 | 2050 | 969 | 1096 | 1080 | 7326 |

**1** 由于总销量是按等级划分的，所以需要根据等级划分原则建立一个辅助基础数据（L1:M4）。

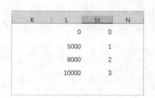

**2** 针对第1个要素条件总销量，建立第1个辅助列I列，在I2中输入如下公式"=LOOKUP(H2,$L$1:$L$4,$M$1:$M$4)"，然后向下填充至单元格I68。

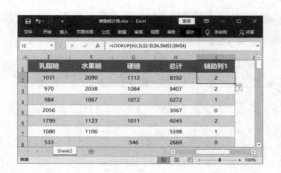

**3** 针对第2个要素条件进货种类，建立第2个辅助列J列，在J2中输入如下公式"=COUNTIF(B2:G2,">"&0)"，然后向下填充至单元格J68。

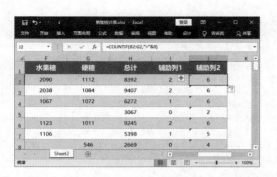

**4** 2个要素条件量化完成后，再将2个条件按权重合二为一。在K列建立辅助列3，在K2中输入如下公式"=IF(I2=0,0,I2*0.75+J2*0.25)"，然后向下填充至单元格K68。

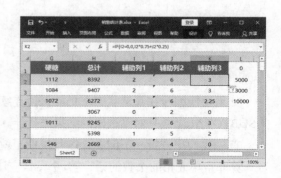

**5** 最后针对辅助列3进行降序排列，即可得到如下结果，前20个商家就是参加年会的商家名单。

## 对自动筛选结果进行重新编号

在一张有编号的工作表中，启用筛选功能进行条件筛选后，筛选出的结果中序号值将不再连续，如下图所示。

如果要使编号在筛选状态下仍能保持连续，可以借助我们前面学过的SUBTOTAL函数，因为SUBTOTAL函数只对筛选出的结果进行计算，所以使用SUBTOTAL函数定义序号就可以了。

首先我们来分析一下问题，序号说白了就是商家列非空单元格的个数，使用SUBTOTAL函数计算非空单元格的个数的话，第1个参数应该是3，第2个参数就是从第1个商家到当前行商家的数据序列，即"=SUBTOTAL(3,B$2:B2)"，然后将公式向下填充到其他单元格。此时，再对数据表进行筛选，即可看到A列的序号仍是连续显示的，如下图所示。

# 第8章

## 图表与数据透视表

### 本章内容简介

本章主要结合实际工作中的案例介绍如何使用图表增强汇总数据展现的条理性和可观赏性，以及如何使用数据透视表快速汇总明细数据。

### 学完本章我能做什么

通过本章的学习，读者不仅可以将销售统计表中的数据以图表的形式更形象地展现出来，而且可以根据销售月报中的明细数据快速将数据汇总并使用图表展现。

视频链接

关于本章知识，本书配套教学资源中有相关的教学视频，请读者参见资源中的【图表与数据透视表】。

# 8.1 销售统计图表

营销部工作人员为了了解业务员销售业绩，需要定期对每个业务员的销售情况进行汇总，据此判断业务员的工作能力。

Excel 2019不仅具备强大的数据整理、统计分析能力，而且还可以用于制作各种类型的图表。下面根据业务员的销售情况创建一个"销售统计图表"，从中可以方便快捷地了解业务员的销售业绩。

## 8.1.1 插入并美化折线图

折线图可以显示随时间（根据常用比例设置）而变化的连续数据，因此非常适用于显示在相等时间间隔下数据的趋势。

本实例原始文件和最终效果文件请从网盘下载

原始文件\第8章\销售统计表

最终效果\第8章\销售统计表01

扫码看视频

### 1. 插入折线图

在2018年下半年销售统计表中，有每个业务员每个月的销售额，为了更好地看清楚各业务员每个月的销售趋势，我们可以根据统计表中的数据，在数据的下方插入一个折线图。具体操作步骤如下。

**1** 打开本实例的原始文件，选中单元格区域A1:E7，切换到【插入】选项卡，在【图表】组中单击【插入折线图或面积图】按钮。

**2** 在弹出的下拉列表中选择一种合适的折线图，此处选择【带数据标记的折线图】。

**3** 即可在工作表中插入一个折线图，如下图所示。

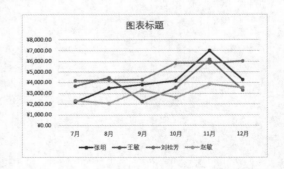

## 2. 美化折线图

默认插入的折线图，虽然可以看清楚数据的走势，但是毫无美感可言。为了使图表看起来更加美观，我们可以对图表进行美化。

### ○ 美化图表标题

图表标题是关于图表的说明性文本，用来解释图表。默认图表只有图表标题的字样，没有实际意义的标题，所以我们还需要根据图表的表现内容定义一个图表标题，具体操作步骤如下。

**1** 因为折线图要表现的是各业务员这几个月的销售趋势，所以将图表的标题命名为"各业务员销售趋势分析"。

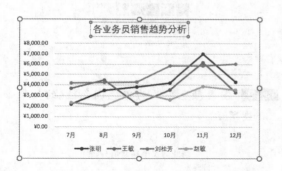

**2** 插入的图表标题的文本默认的字体格式是"等线"。为了更加美观，我们可以对标题的字体、字号、字体颜色等进行设置。选中图表标题，切换到【开始】选项卡，单击【字体】组右下角的【对话框启动器】按钮 ◱ 。

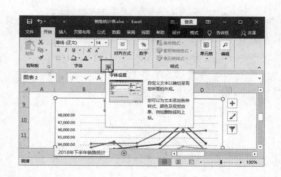

**3** 弹出【字体】选项卡，切换到【字体】选项卡，在【中文字体】下拉列表中选择【微软雅黑】，在【字体样式】下拉列表中选择【加粗】选项，在【大小】下拉列表中选择【14】，在【字体颜色】下拉列表中选择【黑色，文字1，淡色35%】。

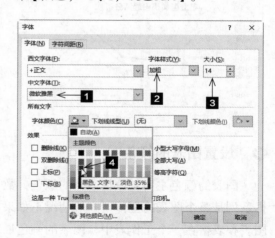

**4** 由于文字加粗后，就会显得比较拥挤，可以适当调整字符间距。切换到【字符间距】选项卡，在【间距】下拉列表中选择【加宽】选项，在【度量值】微调框中输入【1】磅。

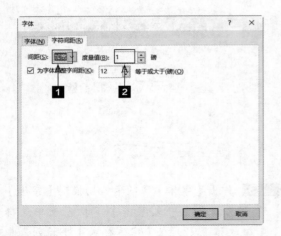

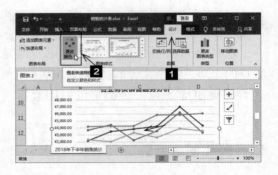

**5** 设置完毕，单击【确定】按钮，返回工作表，图表标题的设置效果如下图所示。

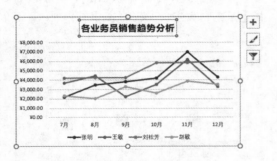

## ○ 设置图表的颜色

图表的颜色主要是数据系列的颜色，数据系列是整个图表的主体。一般情况下如果图表和表格在一个工作表中，图表的颜色最好与表格的颜色一致，这样整体上会更加协调。调整图表颜色的具体操作步骤如下。

**1** 选中图表，切换到【图表工具】栏的【设计】选项卡，在【图表样式】组中单击【更改颜色】按钮。

**2** 在弹出的下拉列表中选择【单色调色板6】，因为此处表格的颜色为绿色，所以图表的颜色也选择同色系的绿色。

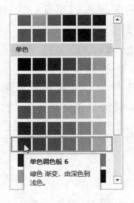

**3** 图表颜色更改为单色调色板6的效果如下图所示。

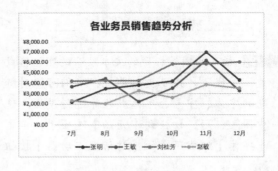

## ○ 设置图表的坐标轴格式

系统默认生成的图表坐标轴上的数据间隔比较小，导致图表的横网格线比较密集，所以为了美观，我们可以适当调整纵坐标轴的数据间隔。具体操作步骤如下。

**1** 在图表的纵坐标轴上单击鼠标右键，在弹出的快捷菜单中选择【设置坐标轴格式】选项。

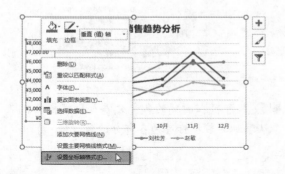

**2** 打开【设置坐标轴格式】任务窗格，将【坐标轴选项】组中【单位】的【大】数值由1000调整为2000。

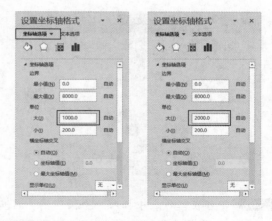

**3** 设置完毕，效果如下图所示。

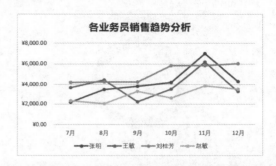

## 8.1.2 插入并美化圆环图

饼图只显示一个数据系列，一般用于显示各个部分构成比例的情况。

### 1. 插入圆环图

在2018年下半年销售统计表中，我们除了可以分析业务员各月的销售额趋势外，还可以查看各业务员这半年的整体的销售情况。根据销售统计表绘制一个饼图可以清晰看出各业务员的销售占比情况。

**1** 打开本实例的原始文件，选中单元格区域B1:E1，然后按【Ctrl】键，选中单元格区域B8:E8。

**2** 切换到【插入】选项卡，在【图表】组中单击【插入饼图或圆环图】按钮，在弹出的下拉列表中选择【圆环图】选项。

**3** 即可在工作表中插入一个圆环图，将其移动到工作表的空白位置，效果如下图所示。

**2** 即可在圆环的各部分添加数据标签，默认添加的数据标签为各部分的值。

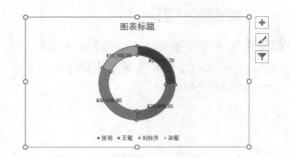

## 2. 美化圆环图

默认插入的圆环图与折线图一样，没什么美感，我们也需要对其进行一些美化设置。

**○ 添加数据标签**

默认插入的环形图，对于差异比较大的地方我们可以一眼看出，但是对于差异不大之处就很难分辨。为了更好地分辨出其差异，还需要对圆环图添加百分比数据标签，具体操作步骤如下。

**1** 选中插入的圆环图，在圆环图上单击鼠标右键，在弹出的快捷菜单中选择【添加数据标签】选项。

**3** 在环形图中我们要查看的是各业务员的百分占比，而不是各业务员的具体销售值，所以这里需要修改数据标签的值。选中数据标签，在数据标签上单击鼠标右键，在弹出的快捷菜单中选择【设置数据标签格式】选项。

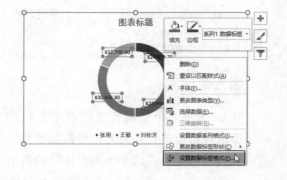

**4** 弹出【设置数据标签格式】任务窗格，默认标签是显示【值】和【显示引导线】，所以这里需要先撤选这两个数据标签前面的复选框，然后勾选【类别名称】和【百分比】前面的复选框。

**5** 此时，图表的数据标签就变成了类别名称和百分比。

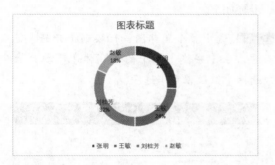

### ○ 设置数据系列

默认插入的圆环图，内径相对较大，致使圆环图的边显得比较纤细，给人的视觉冲击力就会比较弱。这里可以适当减小圆环图的内径使其显示更协调。具体操作步骤如下。

**1** 选中圆环图的所有数据系列，单击鼠标右键，在弹出的快捷菜单中选择【设置数据系列格式】选项。

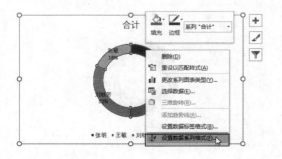

**2** 弹出【设置数据系列格式】任务窗格，默认情况下【圆环图圆环大小】为75%，此处我们可以将其更改为50%。

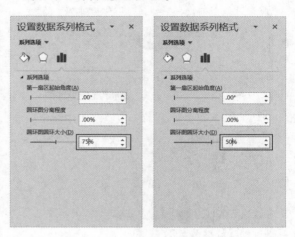

**3** 设置完毕，圆环图的效果如下图所示。

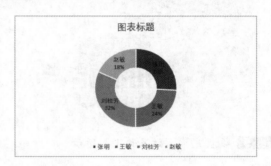

**提示**

由于工作表中表格和折线图的颜色为绿色系，为了使圆环图在颜色上与表格和折线图更协调，这里设置数据系列的颜色也为绿色系。

**4** 在圆环图上单击业务员【张明】所在的数据系列，然后在【设置数据系列格式】任务窗格中，单击【填充与线条】按钮，在【填充】组中，选中【纯色填充】单选钮，单击【填充颜色】按钮，在弹出的下拉列表中选择【绿色，个性色6，淡色60%】。

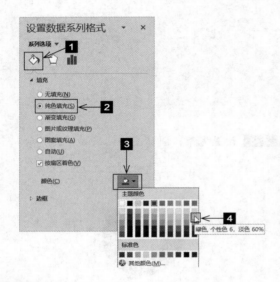

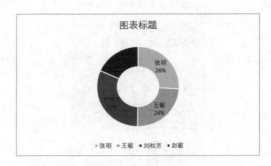

## ○ 设置图表中的字体

图表中的所有默认字体均为等线体，由于等线体相对比较纤细，无论作标题、图例还是数据标签，辨识度都不是很高，所以可以将其统一修改为微软雅黑字体。具体操作步骤如下。

**1** 选中整个圆环图，切换到【开始】选项卡，在【字体】组中的【字体】下拉列表中选择【微软雅黑】选项。

**2** 设置效果如下图所示。

**5** 设置完毕，效果如下图所示。

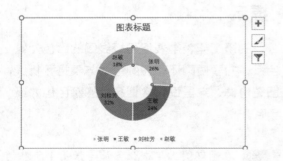

**6** 用户可以按照相同的方法，依次选中其他数据系列，并设置其颜色，最终效果如下图所示。

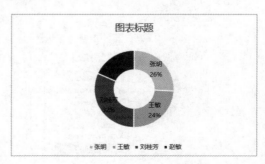

**3** 设置完字体后，接下来设置字体颜色。设置数据系列的颜色后，由于有的数据系列的颜色比较深，数据标签的字体颜色为黑色的话，就不太容易看清楚了。所以我们可以修改数据标签的字体颜色为白色。选中数据标签，切换到【开始】选项卡，在【字体】组中单击【字体颜色】按钮 **A** ▾ 右侧的下三角按钮，在弹出的下拉列表中选择【白色，背景1】选项。

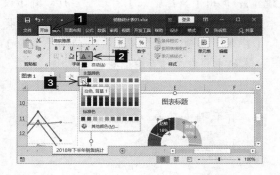

**4** 设置完毕，效果如下图所示。

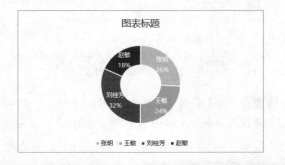

**5** 由于数据标签中已经标明了数据类别名称，所以就不需要图例了，选中图例，按【Delete】键删除即可。

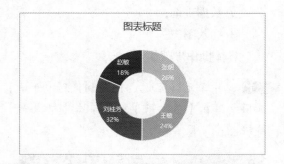

**6** 修改图表名称为"各业务员销售额占比分析"，并对其进行相应设置，效果如下图所示。

## 8.1.3 插入柱形图

柱形图简明、醒目，是一种常用的统计图形。柱形图用于显示一段时间内的数据变化或显示各项之间的比较情况。

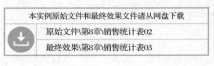

本实例原始文件和最终效果文件请从网盘下载

原始文件\第8章\销售统计表02

最终效果\第8章\销售统计表03

扫码看视频

作为企业来说，销售额才是销售统计的主要指标，因此，我们还应根据各月的销售额制作一个柱形图。但是如果将各月的销售额制作到一个柱形图中，数据众多，图表就会显得混乱不清晰；如果按月制作柱形图。那就需要制作6个柱形图，工作量就会加大。此处，我们就来学习如何制作一个动态柱形图，这样只需要制作一个柱形图就可以看到每个月的销售情况了。

要制作动态柱形图，需要借助VLOOKUP函数实现，大体可以分为3步：

① 创建下拉列表框；

② 数据查询；

③ 插入图表。

具体操作步骤如下。

**1** 选中单元格区域A1:F1，切换到【开始】选项卡，在【剪贴板】组中单击【格式刷】按钮 。

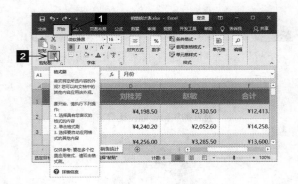

**2** 随即鼠标指针变成小刷子形状，选中单元格区域A19:F19，即可将单元格区域A1:F1的格式复制到单元格区域A19:F19中。

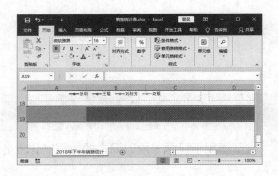

**3** 制作下拉列表用于月份选择。选中单元格A19，切换到【数据】选项卡，在【数据工具】组中单击【数据验证】按钮 的左半部分。

**4** 弹出【数据验证】对话框，切换到【设置】选项卡，在【允许】下拉列表中选择【序列】选项，然后将光标移动到【来源】文本框中，在工作表中选择数据区域A2:A7。

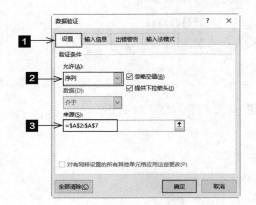

**5** 单击【确定】按钮，返回工作表，即可看到在单元格A19的右下角出现了一个下三角按钮 ，单击该按钮，在弹出的下拉列表中选择任意月份均可。

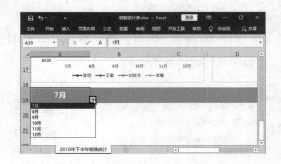

**6** 接下来根据月份查询对应的销售额。首先选中单元格B19，切换到【公式】选项卡，然后在【函数库】组中单击【查找与引用】按钮 ，在弹出的下拉列表中选择【VLOOKUP】函数选项。

**7** 弹出【函数参数】对话框，在第1个参数文本框中选择输入"A19"，在第2个参数文本框中选择输入"A2:E7"，在第3个参数文本框中输入"2"，在第4个参数文本框中输入"0"。

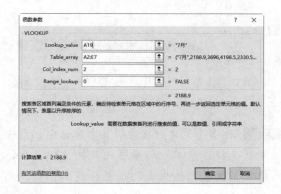

**8** 单击【确定】按钮，返回工作表，即可看到对应的查找结果。

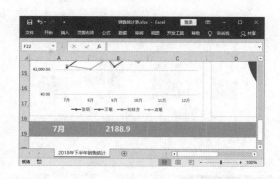

**9** 按照相同的方法可查找其他业务员对应月份的销售额。

**10** 接下来就可以插入图表了。选中单元格区域A1:E1和A19:E19，切换到【插入】选项卡，在【图表】组中单击【插入柱形图或条形图】按钮 ，在弹出的下拉列表中选择【簇状柱形图】选项。

**11** 即可在工作表中插入一个柱形图，如下图所示。用户可以将其移动到合适的位置，并按照前面的方法对其进行美化设置。

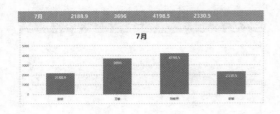

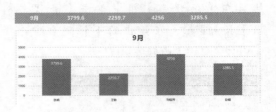

**12** 当用户更改单元格A19中的月份时，图表也会对应更改。

# 8.2 销售月报

销售月报是指产品的详细销售记录，包括销售的时间、业务员以及购买的商家等信息。

## 8.2.1 插入数据透视表

数据透视表是Excel中一个高效分析工具，可以用来对海量明细数据进行快速汇总计算，得到需要的分析报表。

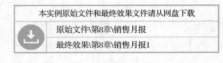

本实例原始文件和最终效果文件请从网盘下载

原始文件\第8章\销售月报

最终效果\第8章\销售月报1

扫码看视频

### 1. 创建数据透视表

第6章我们讲解了如何利用函数对指定条件的数据汇总，但是函数对很多人来说是比较烧脑的，而使用数据透视表就简单多了，用户只需要选择数据区域，创建数据透视表，然后选择需要汇总的字段即可。

下面我们以使用数据透视表对销售流水表中的数据进行汇总为例，介绍如何创建数据透视表。

**1** 打开本实例的原始文件，选中数据区域中的任意一个单元格，切换到【插入】选项卡，在【表格】组中单击【数据透视表】按钮。

**2** 弹出【创建数据透视表】对话框，系统默认选择选中单元格所在的数据区域或表，选择放置数据透视表的位置为新工作表，此处保持默认不变。

**3** 单击【确定】按钮，即可在工作表的前面创建了一个新的工作表，并显示创建数据透视表的框架以及数据透视表字段任务窗格。

**4** 数据透视表的基本结构创建完成后，接下来就可以对字段进行布局了。假设要对各类产品的销售额进行汇总，那么显然字段"品名"应该是数据透视表的行字段，"金额（元）"应该是数据透视表的值，即汇总计算字段，那么我们只需要通过鼠标拖曳的方式，将字段拖曳到对应列表框中。

**5** 即可看到各类产品销售额进行汇总的结果，效果如下图所示。

## 2. 美化数据透视表

初始创建的数据透视表，无论是外观样式，还是内部结构，都不美观，因此需要进一步美化设计。

数据透视表的美化与普通表格美化的步骤大体一致，也包含行高、列宽、字体、单元格格式、边框、底纹的设置。

与普通表格一样。系统也为数据透视表提供了许多样式。此处我们直接来自定义透视表的样式。具体操作步骤如下。

**1** 设置行高。选中整个工作表，单击鼠标右键，在弹出的快捷菜单中选择【行高】选项。

**2** 弹出【行高】对话框，在【行高】文本框中输入合适的行高值，此处输入行高值为"25"。

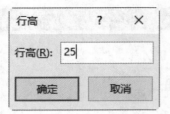

**3** 单击【确定】按钮，返回工作表，效果如下图所示。

**4** 用户可以按照相同的方法，设置数据透视表的列宽。

**5** 设置字体。选中数据透视表的所有数据区域，切换到【开始】选项卡，在【字体】组中的【字体】下拉列表中选择一种合适的字体，例如选择【微软雅黑】，在【字号】下拉列表中选择一个合适的字号，例如选择【12】，设置完成如下图所示。

**6** 设置单元格格式。选中单元格区域 B4:B10，在【数字】组中的【数字格式】下拉列表中选择【货币】选项。

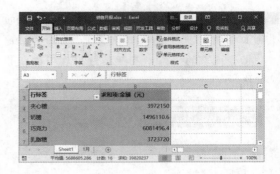

**7** 即可将数据透视表中的金额都设置为货币形式显示，如下图所示。

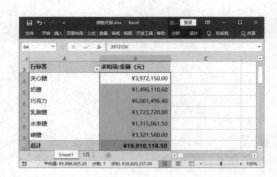

**8** 设置底纹。选中数据透视表的标题行，在【字体】组中单击【填充颜色】按钮，在弹出的下拉列表中选择一种合适的颜色，例如选择【蓝色，个性色1】选项。

**9** 一般情况下，文字颜色与底纹颜色应该是对比色，即如果底纹颜色深，文字就应该选择浅色，反之亦然。由于此处设置的底纹颜色为深色，所以应将文字颜色设置为浅色。单击【字体颜色】按钮 A 右侧的下三角按钮，在弹出的下拉列表中选择【白色，背景1】选项。

**10** 设置边框。选中整个数据透视表区域，单击【边框】按钮 田 右侧的下三角按钮，在弹出的下拉列表中选择【其他边框】选项。

**11** 弹出【设置单元格格式】对话框，在【颜色】下拉列表中选择【蓝色，个性色1，淡色60%】选项，然后单击【外边框】按钮和【内部】按钮。

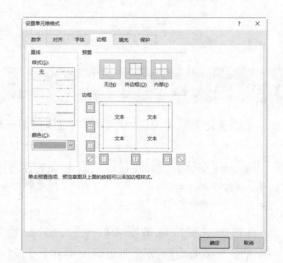

**12** 单击【确定】按钮，返回工作表即可。

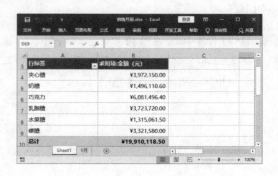

**13** 设置数据透视表布局。可以看到，列标题中有"行标签"这样的字样，这是因为默认数据透视表的布局结构为"压缩形式"，压缩形式的报表所有字段被压缩到一行或一列内，数据透视表就无法给定一个明确的行标题或列标题了。通常情况下，将报表布局结构设置为表格形式。切换到【数据透视表工具】栏的【设计】选项卡，在【布局】组中单击【报表布局】 按钮，在弹出的下拉列表中选择【以表格形式显示】选项。

**14** 返回工作表，即可看到报表中"行标签"字样已经显示为正确的列标题。

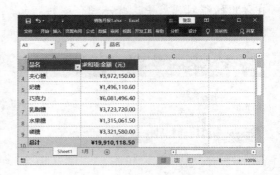

## 8.2.2 插入数据透视图

创建完数据透视表之后，用户可以创建一个数据透视图来辅助查看分析数据。

数据透视图也是图表的一种，只是数据透视图必须与数据透视表同时存在。其创建方法与普通图表基本一致，具体操作步骤如下。

**1** 打开本实例的原始文件，切换到【数据透视表工具】栏的【分析】选项卡，在【工具】组中单击【数据透视图】按钮 。

**2** 弹出【插入图表】对话框，在【所有图表】列表框中选择【饼图】选项。

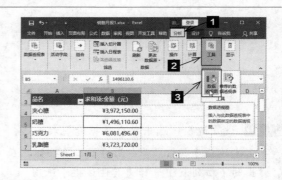

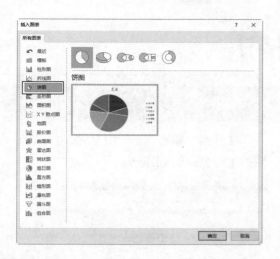

**3** 单击【确定】按钮,即可在工作表中插入一个饼图,效果如下图所示。

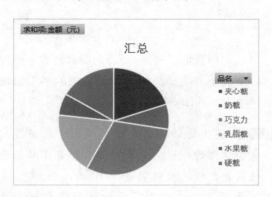

**4** 用户可以按照前面图表的美化方法对饼图进行美化。

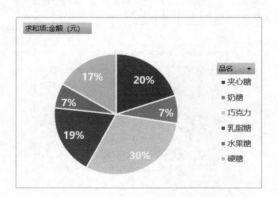

**5** 通过饼图可以看出各个品类的销售占比。用户可以按照相同的方法在工作表中根据数据透视表插入一个柱形图,以查看各个品类的销售情况。

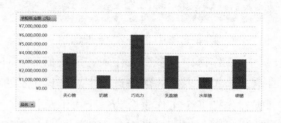

**6** 当用户更改数据透视表中的数据时,数据透视图中的数据同步改变,效果如下图所示。

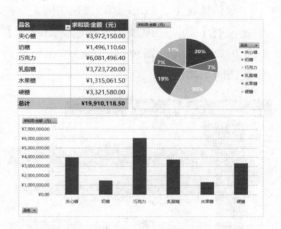

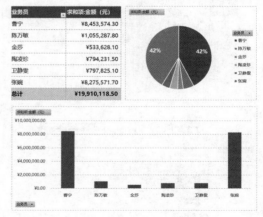

# 妙招技法

## 多表汇总有绝招

在实际工作中，经常会遇到这种情况，一个工作簿中有多个工作表，而我们需要对这多个工作表中的数据进行汇总，该怎么办呢？先把多个工作表合为一个再汇总计算？这样做不仅烦琐而且容易出错。这种情况下可以使用【数据透视表和数据透视图向导】创建一个多重数据透视表。

默认情况下，Excel 2019快速访问工具栏中是没有【数据透视表和数据透视图向导】按钮的，如果用户需要可以将该按钮添加到快速访问工具栏中。

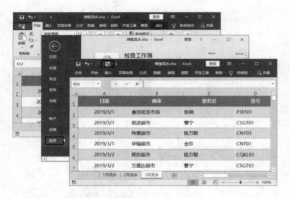

工作簿"销售流水"中有3张结构完全一致的工作表，如下图所示。

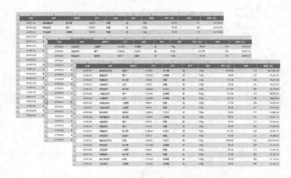

下面我们以将这3张表为源数据表，创建一个关于各类产品销量和销售额的多重数据透视表，具体操作步骤如下。

**1** 在快速访问工具栏中单击【数据透视表和数据透视图向导】按钮，打开【数据透视表和数据透视图向导—步骤1（共3步）】对话框，在【请指定分析数据的数据源类型】组中选中【多重合并计算数据区域】单选钮，在【所需创建的报表类型】组中选中【数据透视表】单选钮。

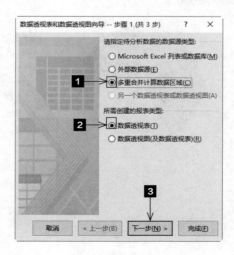

**2** 单击【下一步】按钮，弹出【数据透视表和数据透视图向导—步骤2a（共3步）】对话框，选中【创建单页字段】单选钮。

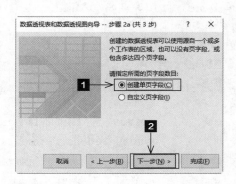

**3** 单击【下一步】按钮，弹出【数据透视表和数据透视图向导—步骤2b（共3步）】对话框，依次将3个工作表中的对应区域加入。

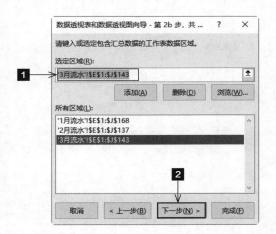

**4** 单击【下一步】按钮，弹出【数据透视表和数据透视图向导—步骤3（共3步）】对话框，选中【新工作表】单选钮。

**5** 单击【完成】按钮，即可在新工作表中创建一个数据透视表，如下图所示。

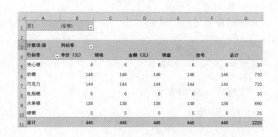

**6** 在【数据透视表字段】任务窗格的【字段】列表中单击【列】右侧的下三角按钮，在弹出的列字段中撤选【全选】前面的复选框，勾选【销量】和【金额】前面的复选框。

**7** 在【值】列表框中单击【计数项：值】选项，在弹出的下拉列表中选择【值字段设置】选项。

**8** 弹出【值字段设置】对话框，在【计算类型】列表框中选中【求和】选项。

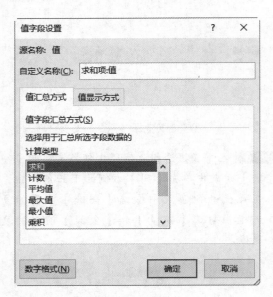

**9** 单击【确定】按钮，返回工作表，即可看到数据透视表的效果。

| | A | B | C | D |
|---|---|---|---|---|
| 1 | 页1 | (全部) | | |
| 2 | | | | |
| 3 | 求和项:值 | 列标签 | | |
| 4 | 行标签 | 金额（元） | 销量 | 总计 |
| 5 | 夹心糖 | 1516500 | 3370 | 1519870 |
| 6 | 奶糖 | 536360.5 | 51559 | 587919.5 |
| 7 | 巧克力 | 1948072.8 | 51943 | 2000015.8 |
| 8 | 乳脂糖 | 1386000 | 3300 | 1389300 |
| 9 | 水果糖 | 439321.6 | 48173 | 487494.6 |
| 10 | 硬糖 | 1080340 | 2843 | 1083183 |
| 11 | 总计 | 6906594.9 | 161188 | 7067782.9 |

# 第9章

# 数据分析与数据可视化

**本章内容简介**

本章结合实际工作中的案例，讲解趋势分析、对比分析和结构分析的特点及应用。

**学完本章我能做什么**

通过本章的学习，读者可以根据销售流水，判断一段时间内销售额的波动和变化情况，对比各业务员的销售业绩，各产品的销售情况，不同月销售额的变动情况以及一段时间内各产品对公司贡份额的大小等。

视频链接

关于本章知识，本书配套教学资源中有相关的教学视频，请读者参见资源中的【数据分析与数据可视化】。

# 9.1 销售趋势分析

通常当数据表中有时间序列时，就需要对数据进行趋势分析。分析的目的是了解数据在过去的一段时间内的波动和变化情况，以便预测未来的发展趋势。

在趋势分析中，最常见的图表就是折线图，有时候还需要将折线图与柱形图或面积图相结合。

本实例原始文件和最终效果文件请从网盘下载
原始文件\第9章\销售分析报表
最终效果\第9章\销售分析报表01

扫码看视频

折线图是趋势分析中最常见的图表。销售分析报表中的数据一般都是从系统中导出来的，拿到这样的销售明细表，我们应该如何分析？应该给领导提交一份什么样的分析报告？首先，数据明细表中的A列是明细日期，一般对于有明细日期的数据明细，都需要对各个月度的销售额进行汇总，了解一下一段时间内销售额的趋势走向，以便预测产品未来的销售趋势。

## 1. 使用折线图进行趋势分析

**1** 打开本实例的原始文件，切换到2019年销售流水表中，选中数据区域中的任意一个单元格，单击【数据透视图】按钮的上半部分。

**2** 弹出【创建数据透视图】对话框，【请选择要分析的数据】和【选择放置数据透视图的位置】保持默认即可。

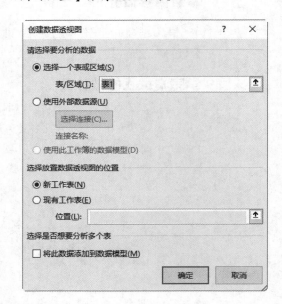

**3** 单击【确定】按钮，返回工作表，即可看到创建的数据透视表、数据透视图的框架以及数据透视表字段任务窗格。

**4** 在【数据透视表字段】任务窗格中，通过鼠标拖曳的方式，将字段"日期"拖曳到【轴（类别）】列表框中，将字段"金额"拖曳到【值】列表框中。

**5** 即可看到各月销售额的汇总结果，效果如下图所示。

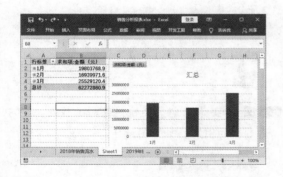

**6** 可以看到默认插入的数据透视图是柱形图，但是这里需要插入的是折线图，所以我们需要更改图表的类型。切换到【数据透视表工具】栏的【设计】选项卡，在【类型】组中单击【更改图表类型】按钮。

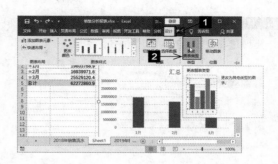

**7** 弹出【更改图表类型】对话框，在【所有图表】列表框中选择【折线图】▶【带数据标记的折线图】选项。

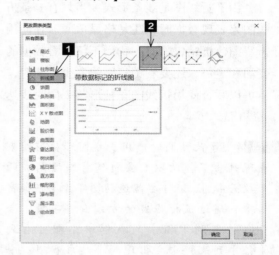

**8** 单击【确定】按钮，返回工作表，即可看到图表已经转变为折线图，如下图所示。

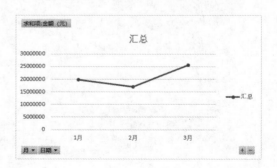

**9** 可以按照前面的方法，对数据透视表和数据透视图进行美化。

## 2. 使用折线图与柱形图相结合进行趋势分析

由于折线图是线条形式，当只有一条折线图来表现数据时，还是略显单薄。在使用折线图分析销售额时，我们不仅要看数据的变动和走势，还要看销售额的多少，此时，就可以联合使用折线图和柱形图来同时表达这些信息。

**1** 由于此处同时使用折线图和柱形图来表现销售额，所以需要将销售额绘制成两个数据系列。在【数据透视图字段】任务窗格中，通过鼠标拖曳的方式，将字段"金额"拖曳到【值】列表框中，即可看到【值】列表框中会出现两个"求和项：金额"数据系列。

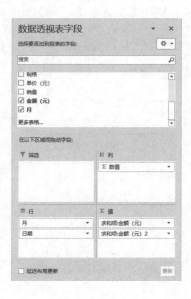

**2** 切换到【数据透视表工具】栏的【设计】选项卡，在【类型】组中，单击【更改图表类型】按钮。

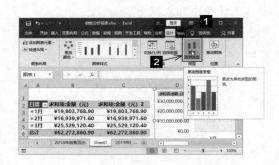

**3** 弹出【更改图表类型】对话框，在【所有图表】列表框中选择【组合图】➤【簇状柱形图—折线图】选项。

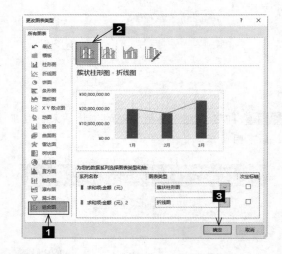

**4** 单击【确定】按钮，返回工作表，即可看到新的图表，如下图所示。

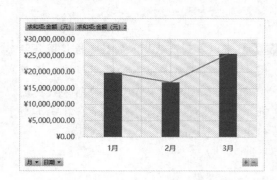

**5** 在更改图表类型时，数据透视表和数据透视图都发生了一些变化，用户可以重新对其进行美化设置。

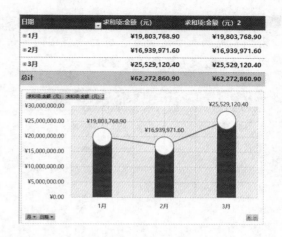

# 9.2 销售对比分析

对比分析是实际工作中经常要做的数据分析，可用来分析哪种产品销量大，哪个业务员业绩好，哪个月度的销售额好等。

在对比分析中，最常见的图表就是柱形图和条形图。

本实例原始文件和最终效果文件请从网盘下载

原始文件\第9章\销售分析报表01

最终效果\第9章\销售分析报表02

扫码看视频

使用柱形图进行对比分析，一般要分析的数据系列不多时，使用簇状柱形图比较合适。

**1** 打开本实例的原始文件，切换到2019年销售流水表中，选中数据区域中的任意一个单元格，切换到【插入】选项卡，在【图表】组中，单击【数据透视图】按钮的上半部分。

**2** 弹出【创建数据透视图】对话框，在【选择放置数据透视图的位置】组中选中【现有工作表】单选钮，将光标移动到【位置】文本框中，然后选中Sheet1工作表中的一个空白单元格。

**3** 单击【确定】按钮，返回工作表，即可看到创建的数据透视表、数据透视图的框架以及数据透视表字段任务窗格。

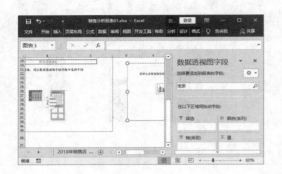

**4** 在【数据透视表字段】任务窗格中，通过鼠标拖曳的方式，将字段"品名"拖曳到【轴（类别）】列表框中，将字段"金额"拖曳到【值】列表框中。

**5** 即可看到各类产品的销售额汇总结果，效果如下图所示。

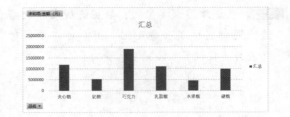

**6** 默认插入的数据透视表都是按照数据系列的名称排序的，这样出来的数据透视图有高低变化，在对比分析时，容易有失误，为了方便分析，可以将数据系列按金额排序。单击对比分析的数据透视表【行标签】右侧的下拉按钮，在弹出的下拉列表中选择【其他排序选项】选项。

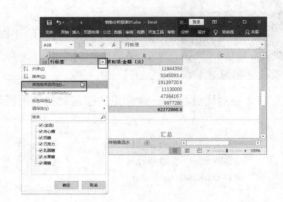

**7** 弹出【排序（品名）】对话框，选中【升序排序】单选钮，在其下拉列表中选择【求和项：金额（元）】选项。

**8** 单击【确定】按钮，返回工作表，即可看到图表已经按金额排序，如下图所示。

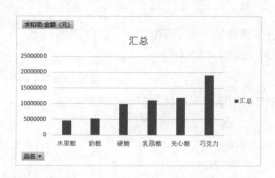

**9** 至此，关于产品对比分析的图表结构就创建完成了，用户可以对其进行适当美化。

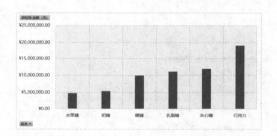

前面使用对比分析分析的是这个时间段内不同产品的销售额，此外，在进行销售分析时，还应针对业务员的业绩、同一年度不同月度销售额以及不同年度相同月度的销售额进行分析。

对业务员的业绩进行分析的目的是了解每个业务员的销售情况，以根据销售情况对业务员进行奖罚。

| 业务员 | 求和项:金额（元） |
| --- | --- |
| 李海涛 | ¥19,910,118.50 |
| 王鹏举 | ¥20,882,438.40 |
| 张景龙 | ¥21,480,304.00 |
| 总计 | ¥62,272,860.90 |

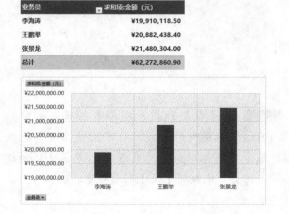

同一年度不同月度销售额的对比分析又称环比分析，是销售额分析中一种非常重要的分析，分析的目的是将一年内不同月份的销售额进行分析，以了解一年内不同时期的销售情况。

| 日期 | 求和项:金额（元） |
| --- | --- |
| 1月 | ¥19,803,768.90 |
| 2月 | ¥16,939,971.60 |
| 3月 | ¥25,529,120.40 |
| 总计 | ¥62,272,860.90 |

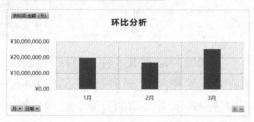

不同年度相同月度的销售分析又称同比分析，分析的目的是将两年同期的数据进行对比分析，了解同期销售额变化情况。

| 月份 | 2018年 | 2019年 |
| --- | --- | --- |
| 1月 | ¥14,202,337.00 | ¥19,803,768.90 |
| 2月 | ¥12,770,516.90 | ¥16,939,971.60 |
| 3月 | ¥14,100,556.10 | ¥25,529,120.40 |

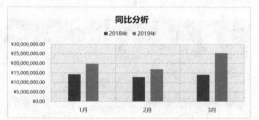

# 9.3 销售结构分析

结构分析也是实际数据分析中常做的一种分析方式。使用结构分析，可以分析出公司的所有产品中，哪种产品对公司的贡献最大。

在结构分析中，最常见的图表就是饼图和圆环图，用于显示个体与整体的比例关系。

本实例原始文件和最终效果文件请从网盘下载
原始文件\第9章\销售分析报表02
最终效果\第9章\销售分析报表03

扫码看视频

公司的产品有很多种，每种产品对公司的贡献不尽相同。公司应使用结构分析，分析出各种产品对公司的贡献，然后根据产品对公司的贡献情况，决定下一步产品的生产情况。

**1** 打开本实例的原始文件，切换到2019年销售流水表中，选中数据区域中的任意一个单元格，切换到【插入】选项卡，在【图表】组中，单击【数据透视图】按钮 的上半部分。

**2** 弹出【创建数据透视图】对话框，在【选择放置数据透视图的位置】组中选中【现有工作表】单选钮，将光标移动到【位置】文本框中，然后选中Sheet1工作表中的一个空白单元格。

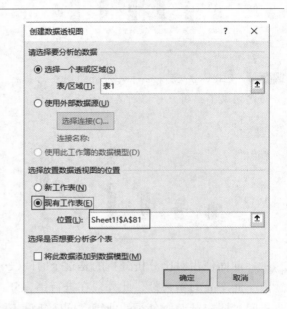

**3** 单击【确定】按钮，返回工作表，即可看到创建的数据透视表、数据透视图的框架以及数据透视表字段任务窗格。

**4** 在【数据透视表字段】任务窗格中，通过鼠标拖曳的方式，将字段"品名"拖曳到【轴（类别）】列表框中，将字段"金额（元）"拖曳到【值】列表框中。

**5** 即可看到各类产品的销售额汇总结果，效果如下图所示。

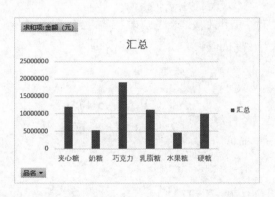

**6** 可以看到默认插入的数据透视图是柱形图，但是这里需要插入的是饼图，所以需要更改图表的类型。切换到【数据透视表工具】栏的【设计】选项卡，在【类型】组中单击【更改图表类型】按钮。

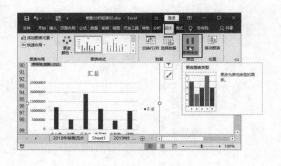

**7** 弹出【更改图表类型】对话框，在【所有图表】列表框中选择【饼图】选项。

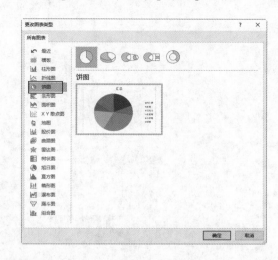

**8** 单击【确定】按钮，返回工作表，即可看到图表已经转变为饼图。

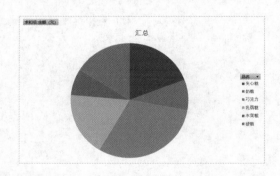

**9** 用户可以按照前面的方法，对数据透视表和数据透视图进行美化。

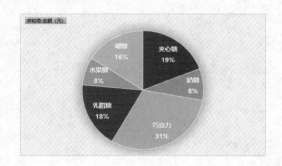

# 第3篇

## PPT 设计与制作

在本篇中，不仅介绍 PPT 的功能及其应用，还贴合实际工作，讲解了如何根据自己的文案，选用合适的模板快速修改出专业的演示报告。学完本篇读者能制作出各种商务汇报／教育培训／商业计划书／节日庆典等方面的演示报告。

第 10 章 编辑与设计幻灯片

第 11 章 排版与布局

第 12 章 动画效果、放映与输出

第 13 章 使用模板制作 PPT

# 第10章

## 编辑与设计幻灯片

**本章内容简介**

 本章结合实际工作中的案例介绍新建和保存演示文稿，在演示文稿中插入、删除、移动、复制和隐藏幻灯片，以及在幻灯片中插入图形与表格等操作。

**学完本章我能做什么**

 通过本章的学习，读者可以熟练地制作工作总结汇报，也可以将产品营销推广方案以图片的形式展现出来。

视频链接

 关于本章知识，本书配套教学资源中有相关的多媒体教学视频，视频路径为【编辑与设计幻灯片】。

# 10.1 演示文稿的基本操作

演示文稿的基本操作主要包括新建演示文稿和保存、插入和删除幻灯片，移动、复制与隐藏幻灯片等内容。

## 10.1.1 演示文稿的新建和保存

在编辑演示文稿前，首先要对演示文稿进行新建和保存。

扫码看视频

### 1. 新建演示文稿

#### ○ 新建空白演示文稿

通常情况下，启动PowerPoint 2019之后，在PowerPoint开始界面单击【空白演示文稿】选项，即可创建一个名为"演示文稿1"的空白演示文稿。

### ○ 根据模板创建演示文稿

为了方便用户可以更快捷地创建演示文稿，系统还提供了很多演示文稿的模板，用户可以根据需要选择合适的模板，在模板基础上创建演示文稿，具体操作步骤与前面Word部分类似，这里不再赘述。

### 2. 保存演示文稿

演示文稿在制作过程中应及时进行保存，以免因停电或没有制作完成就误将演示文稿关闭而造成不必要的损失。保存演示文稿的具体步骤如下。

**1** 在演示文稿窗口中的快速访问工具栏中单击【保存】按钮 。

**2** 弹出【另存为】界面，选择【这台电脑】选项，单击 测览 按钮。

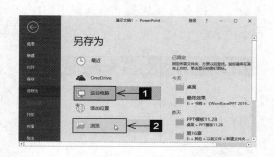

**3** 弹出【另存为】对话框，在保存范围列表框中选择合适的保存位置，然后在【文件名】文本框中输入文件名称，单击 保存(S) 按钮即可保存演示文稿。

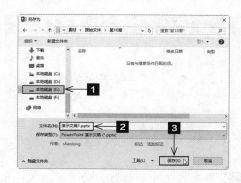

如果对已有的演示文稿进行了编辑操作，可以直接按【Ctrl】+【S】组合键，对演示文稿进行保存。

用户也可以单击 文件 按钮，从弹出的界面中选择【选项】选项，在弹出的【PowerPoint选项】对话框中，切换到【保存】选项卡，然后设置【保存自动恢复信息时间间隔】选项，这样每隔几分钟系统就会自动保存演示文稿。

## 10.1.2 在演示文稿中插入、删除、移动、复制与隐藏幻灯片

演示文稿的基本操作还包括插入和删除幻灯片、移动和复制幻灯片、编辑幻灯片以及隐藏幻灯片等内容。

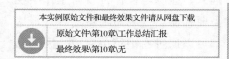

本实例原始文件和最终效果文件请从网盘下载
原始文件\第10章\工作总结汇报
最终效果\第10章\无

扫码看视频

### 1. 插入幻灯片

在制作演示文稿的过程中，插入幻灯片是常用的一种基本操作。在演示文稿中插入幻灯片的方法有两种：一种是通过右键快捷菜单新建幻灯片；另一种是通过【幻灯片】组新建幻灯片。

○ **使用右键快捷菜单**

使用右键快捷菜单新建幻灯片的具体操作步骤如下。

**1** 打开本实例的原始文件，在导航窗格中的第1张幻灯片上单击鼠标右键，然后从弹出的快捷菜单中选择【新建幻灯片】选项。

**2** 即可在选中的幻灯片的下方插入一张新的幻灯片。

○ 使用【幻灯片】组

使用【幻灯片】组插入新幻灯片的具体步骤请扫描二维码观看视频学习，这里不展开叙述。

**2. 删除幻灯片**

如果演示文稿中有多余的幻灯片，用户还可以将其删除。

**1** 在左侧导航窗格中选中要删除的幻灯片，例如选中第2张幻灯片，然后单击鼠标右键，在弹出的快捷菜单中选择【删除幻灯片】选项。

**2** 即可将选中的第2张幻灯片删除，效果如下图所示。

**3. 移动、复制与隐藏幻灯片**

除了插入、删除等操作，日常工作中我们还经常需要移动、复制与隐藏幻灯片，这些操作，都可以通过右键菜单完成，因为操作简单，此处不展开叙述。读者可以扫描本节二维码观看视频学习。

# 10.2 幻灯片的基本操作

幻灯片的基本操作包括在幻灯片中插入图片、形状、文本、图表以及多媒体等。

## 10.2.1　插入图片与文本框

文字是PPT中最基本的元素之一，它向观众传达着演示报告的中心，如果既想要文字的可读性，又要具有良好的视觉效果，则需要在幻灯片中插入图片与文本框即可实现。

| 本实例原始文件和最终效果文件请从网盘下载 |
| --- |
| 素材文件\第10章\图片1 |
| 原始文件\第10章\工作总结汇报1 |
| 最终效果\第10章\工作总结汇报1 |

扫码看视频

### 1.　插入并设置图片

#### ○　插入图片

在幻灯片中使用图片不仅可以使幻灯片更加美观，同时好的图片可以帮助读者更好地理解幻灯片的内容。下面我们来学习如何在幻灯片中插入图片。

**1** 切换到【插入】选项卡，在【图像】组中单击【图片】按钮 。

**2** 弹出【插入图片】对话框，找到素材图片所在的文件夹，选中素材图片，然后单击【插入】 按钮。

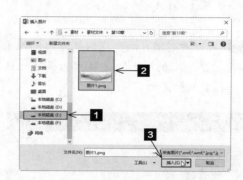

**3** 即可将选中的图片插入到幻灯片中，效果如下图所示。

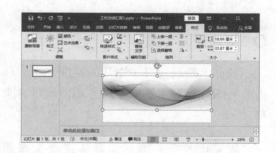

#### ○　更改图片大小

由于这里插入的图片要作为工作总结的片头，因此，在宽度上应该充满工作总结的片头，所以我们需要将图片的宽度更改为与页面宽度一致。更改图片大小的具体操作步骤如下。

**1** 选中图片，切换到【图片工具】栏的【格式】选项卡，在【大小】组中的【宽度】微调框中调节宽度为【33.87厘米】。

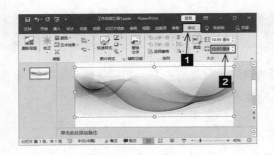

**2** 即可看到图片的宽度调整为33.87厘米，高度也会等比例增大，这是因为系统默认图片是锁定纵横比的。

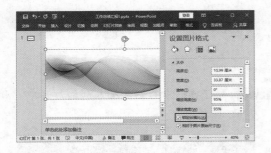

⭕ **更改图片位置**

前面已经设定好了图片的宽度，这里只需要将图片相对于页面左对齐和顶端对齐即可。

设置图片对齐方式的具体操作步骤如下。

**1** 选中图片，切换到【图片工具】栏的【格式】选项卡，在【排列】组中单击【对齐】按钮，在弹出的下拉列表中选择【左对齐】选项。

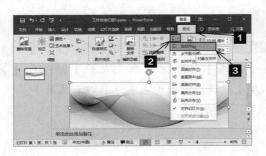

**2** 再次单击【对齐】按钮，在弹出的下拉列表中选择【顶端对齐】选项。

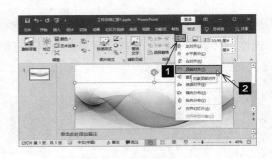

## 2. 插入并设置文本框

文本作为幻灯片内容的主要传递者，是幻灯片的核心。在幻灯片中添加文本最直接的方式就是使用占位符，因为很多幻灯片的默认版式中都是带有占位符的。在这种情况下，我们可以直接在占位符中输入文本，然后调整文本的大小和格式，再根据版面需要适当调整占位符在幻灯片中的位置即可。

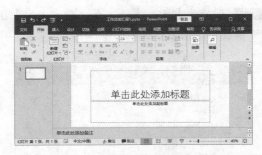

## ○ 插入文本框

用户除了可以在占位符中添加文本外，还可以通过插入文本框的方式添加文本。在本实例中，我们先插入了图片，所以需要使用插入文本框的方式来输入文本。在幻灯片中插入文本框的具体操作步骤如下。

**1** 切换到【插入】选项卡，在【文本】组中单击【文本框】按钮的下半部分 文本框，在弹出的下拉列表中根据需要选择横排或竖排文本框，例如，这里我们选择【绘制横排文本框】选项。

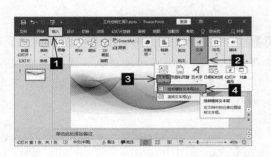

**2** 随即鼠标指针变成 ✚ 形状，将鼠标指针移动到幻灯片的编辑区，单击鼠标左键或者按住鼠标左键不放，拖曳鼠标，即可绘制一个文本框，绘制完毕，释放鼠标左键。

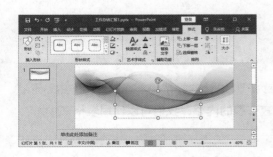

**3** 在文本框中输入文本"2018"。

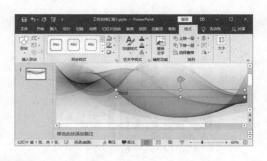

**4** 接下来设置输入文本的字体颜色和大小。选中输入的文本，切换到【开始】选项卡，在【字体】组中的【字体】下拉列表中选择【微软雅黑】选项，在【字号】输入框中输入"115"即可。

**5** 在【字体】组中单击【字体颜色】按钮，在弹出的下拉列表中选择【其他颜色】选项。

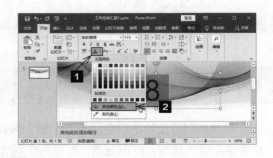

**6** 弹出【颜色】对话框，切换到【自定义】选项卡，在【颜色模式】下拉列表中选择【RGB】选项，通过调整【红色】【绿色】和【蓝色】微调框中的数值来选择合适的颜色，此处【红色】【绿色】和【蓝色】微调框中的数值分别设置为【7】【71】和【167】，单击 确定 按钮。

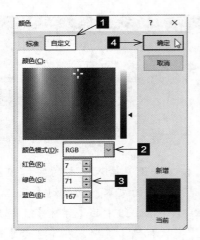

**7** 设置完成后即可在幻灯片中看到设置后的效果如下图所示。

○ **设置文本**

系统默认文本框中的文字是靠左显示的，但是就我们当前的布局来看，文本框属于长条形，文字又比较少，为避免页面失衡，文字还是居中显示会比较好。设置文本的具体操作步骤如下。

**1** 选中文本，切换到【开始】选项卡，在【段落】组中单击【居中】按钮 ，即可使文本框中的文字相对于文本框居中对齐。

**2** 设置完成后，将文本框移动到合适的位置，然后按照相同的方法在当前页面中输入其他文本框，并输入相应内容，效果如下图所示。

## 10.2.2　插入形状与表格

　　形状在PPT设计中的应用不容小觑，可以堪称为PPT设计的好帮手。在PPT制作中，形状有很多用途，比如：突出重点。对于PPT中结构比较齐整的内容，我们可以使用表格来输入。

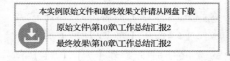

本实例原始文件和最终效果文件请从网盘下载
原始文件\第10章\工作总结汇报2
最终效果\第10章\工作总结汇报2

扫码看视频

### 1. 插入形状

　　在幻灯片中形状的应用也是非常广泛的，它既可以充当文本框，还可以通过不同的排列组合来表现不同的逻辑关系。下面先来讲解如何在幻灯片中插入形状，以及形状的一些基本编辑。

插入形状的具体操作步骤如下。

**1** 按照前面介绍的方法在幻灯片1下方插入另一张幻灯片。

**2** 插入的形状要充满整个幻灯片，因此需要将占位符删除。选中幻灯片中的占位符，按【Delete】键将其删除即可。

**3** 切换到【插入】选项卡，在【插图】组中单击【形状】按钮，在弹出的下拉列表中选择【矩形】选项。

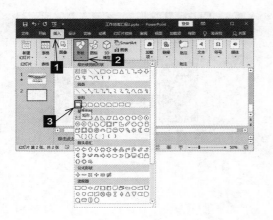

**4** 随即鼠标指针变成＋形状，按住【Shift】键，拖曳鼠标，即可在幻灯片中绘制一个矩形。

**提示**

在PPT中绘制形状时，按住【Shift】键，即可绘制纵横比为1∶1的形状；在调整幻灯片中形状、图片的大小时，按住【Shift】键，可以保持原有纵横比。

### 2. 设置形状

形状绘制完成后，接下来就是对形状进行美化填充了。美化填充形状的具体操作步骤如下。

**1** 选中绘制的矩形，切换到【绘图工具】栏的【格式】选项卡，在【形状样式】组中，单击【形状填充】按钮的右半部分，在弹出的下拉列表中选择【其他填充颜色】选项。

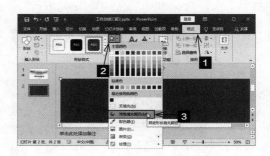

## ┃提示┃

在PPT中使用颜色时，应尽量使用主题颜色，这样可以方便后期修改调整。

**2** 弹出【颜色】对话框，切换到【自定义】选项卡，在【颜色模式】下拉列表中选择【RGB】选项，通过调整【红色】【绿色】和【蓝色】微调框中的数值来选择合适的颜色，此处【红色】【绿色】和【蓝色】微调框中的数值分别设置为【7】【71】和【167】，单击 确定 按钮。

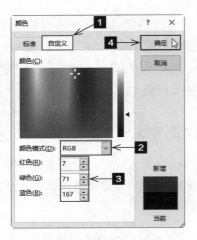

**3** 因为幻灯片中所使用的文本框和图片都是没有边框的，为了风格统一，形状也尽量删除轮廓。单击【形状轮廓】按钮◢·的右半部分，在弹出的下拉列表中选择【无轮廓】选项。

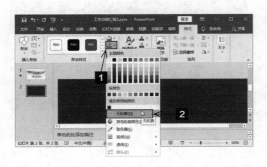

**4** 设置完成后效果如下图所示。

### 3. 在形状中插入文本

形状设置完成后，需要在形状中输入文本内容。在形状中编辑文字的具体操作步骤如下。

**1** 按照前面介绍的方法插入一个矩形，并将其设置为无填充、无轮廓。

**2** 选中矩形，单击鼠标右键，在弹出的快捷菜单中选择【编辑文字】选项。

**3** 随即矩形进入编辑状态，用户可以直接在矩形中输入文字，并设置文字的大小。

**4** 用户可以按照相同的方法在当前幻灯片中插入其他文字、形状，效果如下图所示。

# 妙招技法

## 以图片格式粘贴文本

本实例原始文件和最终效果文件请从网盘下载

原始文件\第10章\演示文稿的编辑
最终效果\第10章\演示文稿的编辑

扫码看视频

　　"选择性粘贴"可以以图片形式粘贴已有的文本格式，这样可以把文本粘贴为图片，此时用户无法进行编辑。具体的操作步骤如下。

**1** 打开本实例的原始文件，在第1张幻灯片中选中标题文本框，按【Ctrl】+【C】组合键进行复制。

**2** 切换到第3张幻灯片，再切换到【开始】选项卡，单击【剪贴板】组中的【粘贴】按钮的下半部分，从弹出的下拉列表中选择【选择性粘贴】选项。

**3** 弹出【选择性粘贴】对话框，在【作为】列表框中选中一种图片格式，此处选择【图片（PNG）】选项，单击 确定 按钮。

**4** 返回幻灯片中即可看到以图片格式粘贴的内容。

## 注意

　　【选择性粘贴】对话框中【作为】提供的几种主要的图片粘贴格式存在如下差别。

　　图片（PNG）：粘贴时图片的背景会变成透明。

　　图片（GIF）：粘贴时文本的边框变为白色。

　　图片（JPEG）：粘贴时图片对象的背景变为白色。

　　图片（增强型图元文件）：粘贴时图片对象的大小会变大。

# 巧把幻灯片变图片

本实例原始文件和最终效果文件请从网盘下载
原始文件\第10章\产品营销推广方案
最终效果\第10章\产品营销推广方案

扫码看视频

　　PowerPoint中有些幻灯片制作得非常漂亮，用户如果想要将其保存以便日后使用，可以将其转变成图片。具体的操作步骤如下。

**1** 打开素材文件，在演示文稿窗口中单击 文件 按钮，然后从弹出的界面中选择【另存为】选项。

**2** 从弹出的【另存为】界面中单击【浏览】按钮 。

**3** 弹出【另存为】对话框，选择生成图片的保存位置，然后从【保存类型】下拉列表中选择【TIFF Tag图像文件格式（\*.tif）】选项，设置完毕单击 保存(S) 按钮。

**4** 弹出【Microsoft PowerPoint】提示对话框，询问用户希望导出哪些幻灯片，单击 所有幻灯片(A) 按钮。

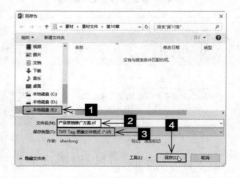

**5** 弹出【Microsoft PowerPoint】对话框，提示用户已经将幻灯片转换成图片文件，单击 确定 按钮。

**6** 此时即可在保存位置创建一个名为"产品营销推广方案"的文件夹。

**7** 双击该文件夹将其打开，可以看到幻灯片转换成的图片文件。

# 第11章

## 排版与布局

### 本章内容简介

本章结合实际工作中的案例介绍设置 PPT 页面、PPT 的排版原则、页面布局原则、提高排版效率以及使用幻灯片的排版利器。

### 学完本章我能做什么

通过本章的学习，读者可以通过实际的案例判断一个幻灯片制作的好与坏，能看懂案例中元素的排版与布局。好的排版与布局让 PPT 整体更整齐，让观者有阅读的欲望。

视频链接

关于本章知识，本书配套教学资源中有相关的多媒体教学视频，视频路径为【排版与布局】。

# 11.1 设计PPT的页面

PPT包含封面、目录、过渡、正文、结束等页面，好的设计能使PPT文稿更美观，逻辑更清晰。现在一些新的PPT版本，更是加载了很多设计模块，方便使用者快速地进行PPT的制作，极大地提高了效率，节约了时间。

## 11.1.1 设计封面页

封面是一份PPT呈现给观者的第一印象，封面的内容决定了整篇PPT的格调，其文案和图片以及点缀的元素之间的配合至关重要。

扫码看视频

PPT封面的类型，一种封面是以图片为主，称之为带图封面；另一种封面是以文字色块为主，称之为无图封面。

### 1. 带图封面

带图封面一般可以根据图片所占页面的尺寸以及图片与内容的位置关系，分为全图型封面和半图型封面两种类型。

### ○ 全图型封面

全图型封面，一般适用于文字比较少的封面，文字本身不能占据整个版面，这个时候只能借助图。在制作封面之前，我们首先要想好主题，然后根据主题选好关键词，找图，最后将图片和文字整合优化。

例如要做一个旅行纪念的PPT，而旅行主要靠照片来记录，所以在选择主题图片时，可以以摄影、拍照等作为关键词来搜索照片。比如搜到一张下图这样的图片，我们可以看到这张封面的背景图是没有明显焦点的，所以可以将文字内容居中排列在页面的中心位置，考虑到页面可能会相对单调，焦点不够突出，还可以为文字增加一些点缀的元素，强化焦点。

下面再来看一张全图型封面，这是一个关于团队合作的PPT，使用狼群表现团队，使得整个幻灯片感觉更加新颖。这张背景图片的焦点在整个页面偏下的位置，为了平衡页面，把文字内容放置在页面的右中上的位置。

下图中的幻灯片是一份商务述职报告，所以这里选用了一张与办公相关的背景图片。图片的焦点在页面的左边，右边的位置比较空，因此可以把文字内容放置在页面的右边。

第4张幻灯片是商务合作的，为了突出合作主题，这里选用了一张商务场景下握手的图片，但是图片整体页面颜色较深，所以可以先在图片上插入一个蒙版，再输入相应的文本内容。

### ○ 半图型封面

半图型封面，故名思义，图片和内容各占一半，目的也是视觉平衡。但是需要注意的是这里所说的一半并不是严格意义上页面的一半，只要达到视觉平衡就可以。

半图型封面既可以是下图所示的上图下文结构。

也可以是下图所示的这种左图右文结构。

### 2. 无图封面

对于没有背景图的封面，为了避免单调，一般会增加一些简单的图形作为点缀，常用的有直线、框体、圆形、三角形、梯形等。

## 11.1.2 设计目录页

目录能够让观者清晰地知道整个PPT的结构内容，所以也是不可或缺的。PPT目录大部分都是图文并茂，这样的目录显得一目了然。目录通常分为三种：上下结构、左右结构和拼接结构。

扫码看视频

### 1. 上下结构

上下结构的目录，就是"目录"两字在上，内容在下且呈一字排开。

### 2. 左右结构

左右结构的目录一般是"目录"两字在左，内容在右；有图片的最好是图片在左边，文字在右边。

### 3. 拼接结构

拼接结构就是图文拼接，就像我们小时候玩的拼图，有趣不枯燥。

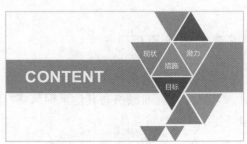

## 11.1.3 设计过渡页

过渡就是使PPT连贯、结构严谨的一种手段。PPT的各部分靠过渡页来连接。过渡页的设计有两类：一是直接使用目录页，二是重新设计页面。

扫码看视频

### 1. 直接使用目录页

直接使用目录页的好处是制作简单，而且能让观者快速知道演示到了哪里。方法就是利用对比原则，突出显示对应目录。

### 2. 重新设计页面

除了沿用目录页外，还可以重新设计页面，只要保持页面风格与其他页面风格一致即可。

## 11.1.4 设计正文页

PPT正文页的设计可谓百花齐放，常用的表现形式有全图型、纯文本型和图文结合型。

扫码看视频

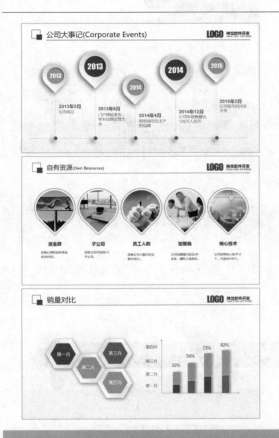

## 11.1.5 设计结束页

结束页一般就是感谢语，或者对演示文稿的一个简单总结。制作时注意与PPT整体风格相呼应，简洁、大方即可。

扫码看视频

# 11.2 排版原则

PPT设计通常需要遵守四个基本的排版原则：亲密原则、对齐原则、对比原则以及重复原则。这四个原则通常会被综合应用于同一个页面的排版中，极少出现只运用其中一个的情况。它们之间相互协作，共同创造出最佳的排版效果。

## 11.2.1 亲密原则

亲密原则就是将有关联的信息组织到一起，形成一个视觉单元，为观者提供清晰的信息结构。简言之，就是分组，同类相聚。

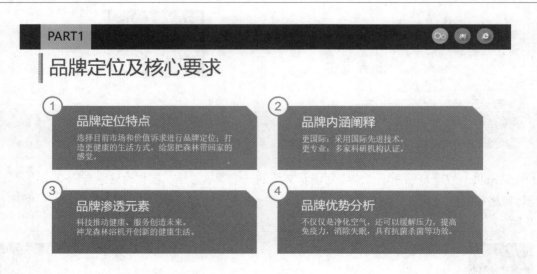

## 11.2.2 对齐原则

在PPT页面中任何元素都不宜随意安放，各元素都应与页面上的其他元素有某种视觉联系，以建立一个清爽的页面。如下图所示，采用的是上下结构，上半部分的图片文字在视觉上是水平居中对齐的，那么下面的元素在整体上也应水平居中对齐，偏左偏右都会打破页面的平衡。

换言之就是放置元素要遵循规律，对齐参考线，不是哪里有空间就放哪里。

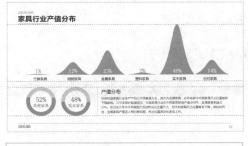

## 11.2.3　对比原则

　　对比原则就是有意识地增加不同等级元素之间的差异性，帮助观者捕捉页面重点。

　　在PPT设计中，为了使段落中的重点内容更加醒目，通常需要让重点内容和非重点内容形成对比，否则，整个页面就会看起来过于平淡，缺失焦点。常用的对比原则有以下几种。

扫码看视频

### 1.　大小对比

　　一般来说，标题作为一段文字内容的简短概括，是PPT文本中的重点内容，为了使其更加醒目，在字号的设定上，应该大于正文6个或6个以上字号。

### 2.　粗细对比

　　对于重点文字进行加粗处理不仅可以凸显出重点内容，还可以让页面看起来更有层次。

### 3.　颜色对比

　　除了可以通过增大字号和加粗显示来增强对比效果外，还可以为文字、图形更改颜色，通过颜色对比来突出显示标题。

　　增加带有颜色的形状作为底色色块，也可以突出文字。

### 4.　衬底对比

## 11.2.4 重复原则

让页面中相同等级的某种或多种元素（字体、配色、符号等）在整个PPT中重复出现，以统一作品风格。

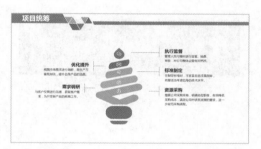

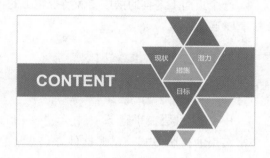

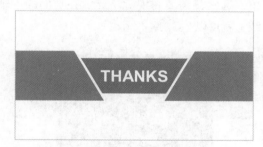

# 11.3 页面布局原则

一个模板好不好看，其实是有一些固定原则的，首先要保持页面平衡，其次要有一定的空间感，再就是要适当留白。下面我们来具体了解一下这几个原则。

## 11.3.1 保持页面平衡

在一个平面上，每个元素都是有"重量"的。同一个元素，颜色深的比颜色浅的"重"，面积大的比面积小的"重"，位置靠下的比位置靠上的"重"。

一个页面上内容的摆放要保持视觉上的平衡，使其看起来既不空洞又不杂乱。常见的平衡方式有以下几种。

### 1. 中心对称

中心对称是在平面设计中大量使用且非常实用的排版方式。掌握这种方式非常简单，通常只需要将视觉单元放在页面的中轴线上就可以了。

### 2. 左右对称

当页面上存在两个或多个元素时，为了达到视觉平衡，我们可以将元素沿中轴线均匀分布在页面的左右两侧。

### 3. 上下对称

上下对称与左右对称差不多，只是一般上下对称不需要沿中轴线来分布。

### 4. 对角线对称

中心对称、上下对称和左右对称相对来说都是比较中规中矩的对称方式，页面相对比较严肃，为了打破这种感觉，我们可以将页面元素进行对角线对称。

## 11.3.2 创造空间感

在一个平面上，元素之间是有"远近"之分的。颜色深的比颜色浅的"近"，面积大的比面积小的"近"，叠在上方的比被压在下方的"近"。

扫码看视频

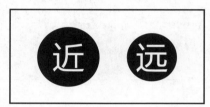

灵活运用空间理论，让PPT的信息表达形式更多样，页面更有层次感、设计感。

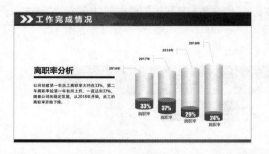

## 11.3.3 适当留白

留白是排版的关键，适当留白既可以增添情趣，又可以深化意境。在PPT设计中大胆地使用留白，往往能为设计带来超然脱俗、清新雅致的独特意境，使作者创造的意念得以升华，诉求得以强化，从而提高设计作品的品质。

扫码看视频

# 11.4 提高排版效率

前面已经讲解了排版的原则、技巧以及一些主要页面的设计，下面我们讲解在掌握前面基础知识的前提上，如何进一步提高排版效率。

## 11.4.1 用好PPT主题

要用好PPT主题，首先我们要知道PPT中的主题是什么？PPT的主题主要由颜色、字体、效果和背景样式四大部分组成。

主题的应用对象可以是单张幻灯片，也可以是所有幻灯片。通过设置主题，可以快速批量更改幻灯片中的配色、字体、效果以及背景。

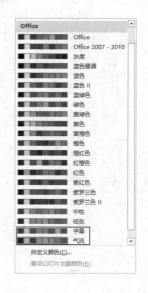

应用所有幻灯片

应用选定幻灯片

颜色：设置不同的主题颜色可以改变调色板中的配色方案，同时也会影响到使用主题颜色来定义色彩的所有对象。

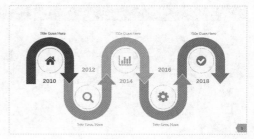

主题颜色：气流

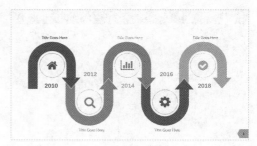

主题颜色：字幕

字体：可以设定幻灯片中默认中英文字体样式。

默认字体

应用 Corbel/ 华文楷体

效果：设置不同的主题效果可以改变阴影、发光、棱台等不同特殊效果的样式。

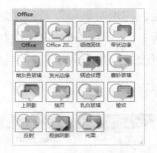

原 Office 效果

乳白玻璃效果

背景样式：这是不同主题中最实用的，可以快速统一幻灯片的背景颜色和背景图片。

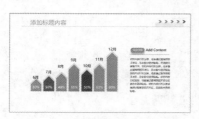

原背景为白色背景

## 1. 应用主题

在PPT设计中最快的更换主题的方法是直接在系统内置的主题库中选择一种主题方案，即切换到【设计】选项卡，在【主题】库中选择一种合适的主题方案即可。

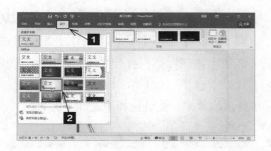

## 2. 新建自定义主题

在PPT中默认内置了30个主题，但是作为商业性质的幻灯片来说，一般不建议只用内置主题样式，样式相对来说会比较单调。我们可以借鉴其中的配色和设计，重新创建一个新的自定义主题。在新建主题时，可以选择内置的主题颜色、字体、效果以及背景样式进行组合搭配，也可以创建新的主题颜色、字体，并应用不同的效果以及背景样式，由这些元素组成一个全新的自定义主题方案。

### ◯ 自定义主题颜色

**1** 首先新建一个主题颜色，切换到【设计】选项卡，在【变体】组中单击【其他】按钮▾，在弹出的下拉列表中选择【颜色】选项，然后在其级联菜单中选择【自定义颜色】选项。

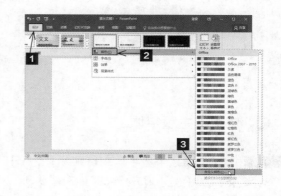

**2** 弹出【新建主题颜色】对话框，设置主题颜色的配色方案，并为主题颜色命名，然后单击 保存(S) 按钮。

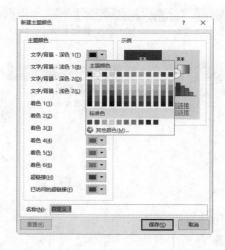

**3** 再次打开主题颜色库时，即可看到新创建的自定义主题颜色已经存在于颜色库中了，可以直接使用自定义的颜色。

**3** 再次打开主题字体库时，即可看到新创建的自定义主题字体已经存在于字体库中并可以应用了。

## ◯ 自定义主题效果

接下来选择合适的效果和背景颜色。切换到【设计】选项卡，在【变体】组中单击【其他】按钮，在弹出的下拉列表中选择【效果】选项，然后在其级联菜单中选择一种合适的效果，此处选择【光面】效果。

## ◯ 自定义主题字体

**1** 接下来新建主题字体。切换到【设计】选项卡，在【变体】组中单击【其他】按钮，在弹出的下拉列表中选择【字体】选项，然后在其级联菜单中选择【自定义字体】选项。

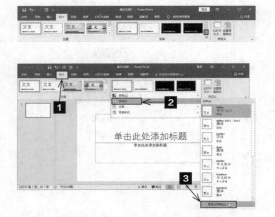

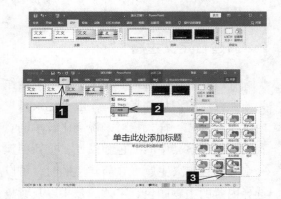

**2** 弹出【新建主题字体】对话框，在自定义字体方案中分别设置标题和正文的中西文字体，设置完毕单击【保存】按钮。

## ◯ 自定义背景格式

再次单击【变体】组中的【其他】按钮，在弹出的下拉列表中选择【背景样式】选项，然后在样式库中选择一种合适的背景样式，由于样式库中的样式比较单一，用户可以选择【设置背景格式】选项，使用【设置背景格式】任务窗格自行设置背景格式。

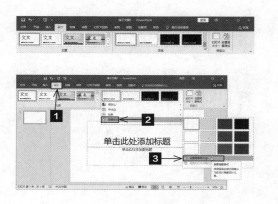

例如将背景格式设置为纯色填充，浅灰色，背景2，效果如下图所示。

### 3. 保存自定义主题

对于新创建的主题为了方便日后选用，用户可以将其保存到主题库中。具体操作步骤如下。

**1** 切换到【设计】选项卡，在【主题】组中单击【其他】按钮，在弹出的下拉列表中选择【保存当前主题】选项。

**2** 弹出【保存当前主题】对话框，对主题进行命名，然后单击【保存】按钮。

**3** 再次打开主题样式库，即可看到保存过的主题出现在【自定义】组中。

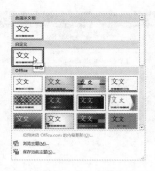

## 11.4.2 用好PPT母版

什么是母版？母版是用来存储幻灯片主题和版式的信息，包括字形、占位符大小或位置、背景设计和配色方案。使用幻灯片母版可以提高演示文稿设计和更改的效率。

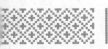

### 1. 认识母版

打开一个演示文稿，切换到【视图】选项卡，在【母版视图】组中，单击【幻灯片母版】选项，即可进入幻灯片母版的编辑模式。

先来认识一下幻灯片母版的结构。幻灯片母版中最上方的Office主题页，可将之命名为总版式，其特点是一直出现，即设计好后，每个版式都将会出现总版效果。一般用来设置高频出现的元素，如背景、Logo等。

用户在设计幻灯片的时候可以根据幻灯片的布局来选择合适的版式。在选定幻灯片上单击鼠标右键，在弹出的下拉列表中选择【版式】选项，在其级联菜单中选择合适的版式即可。

### 2. 认识占位符

占位符是版式中的容器，可以容纳文本、表格、图表、SmartArt图形、图片、联机图片、视频文件等内容。根据内容的布局、大小等系统将占位符分成了10种，这里以下面3种为例。

内容

内容（竖排）

文本

在占位符中的默认文本并不是真实存在的文字内容,而只是占位符中的提示信息。占位符一旦进入编辑状态,这些提示文字就会消失。

## 3. 巧用母版,制作修改更快捷

在幻灯片中使用母版主要有两点好处:一是制作更快捷、更整齐,对于需要多次出现在页面统一位置的元素,如标题栏、Logo、页码等可放置在母版中;二是方便修改,对于出现在页面统一位置的元素,只需在母版中修改,整个幻灯片中的相同元素都会自动修改。

## ○ 提高制作效率

使用母版,对于相同元素,我们只需在母版中制作一次即可,大大提高了幻灯片的制作效率。下面以一个小案例为例,讲解一下母版的制作。

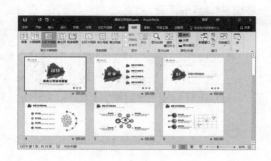

**1** 新建一个演示文稿,切换到【视图】选项卡,在【母版视图】组中,单击【幻灯片母版】按钮 。

**2** 即可进入幻灯片母版视图模式。在使用母版的时候,一般最常用的是在【空白版式】的基础上进行设计。在左侧导航窗格中单击选中【空白版式】。

**3** 在空白幻灯片中输入对应的元素,设置完成后,单击【关闭母版视图】 ,返回普通视图即可。

4 做好母版后，我们在制作幻灯片的时候，就可以直接使用母版，避免了相同元素的重复输入，大大提高了制作的效率。

○ **修改更快捷**

对于使用了母版的幻灯片，在修改时也会快捷很多。用户直接在母版中修改就可以了，而不需要逐一对幻灯片进行修改。

# 11.5 幻灯片排版的利器

"工欲善其事，必先利其器"。在学习如何排版之前先来了解一下PPT中，可以帮助你排版的两个工具：辅助线与对齐工具。

## 11.5.1 辅助线

辅助线的功能是可以帮助我们精确对齐元素、平衡页面布局。在PPT中常用的辅助线就是网格线和参考线。这两种辅助线堪称幻灯片快速排版的利器。

在PPT中，网格线和参考线默认都是不显示的。用户可以切换到【视图】选项卡，在【显示】组中选中【网格线】复选框，即可将幻灯片中的网格线显示出来；同样选中【参考线】复选框，即可将幻灯片中的参考线显示出来。

按住【Ctrl】键，拖动鼠标

在PPT中用户除了可以添加参考线外，还可以根据幻灯片的背景来调整参考线的颜色，也可以根据需要对参考线进行删减。

在PPT中系统默认显示的参考线只有两条，但是仅仅两条参考线也许并不能满足我们的排版需求，这时需要添加更多的参考线。在幻灯片中添加参考线的方法有两种，一种是直接在参考线上单击鼠标右键，在弹出的快捷菜单中选择【添加垂直参考线】（或【添加水平参考线】）；另一种是按住【Ctrl】键拖曳鼠标也可以在幻灯片中添加一条参考线。

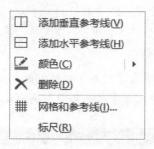

## 11.5.2　对齐工具

对齐工具主要有两个作用：一是一键对齐所选元素；二是等距分布所选元素。使用对齐工具可以大大提高PPT设计的效率。

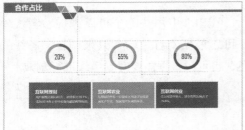

## 1. 对齐

本实例原始文件和最终效果文件请从网盘下载

原始文件\第11章\对齐

最终效果\第11章\对齐

扫码看视频

在对齐幻灯片页面上的元素时，很多人喜欢通过鼠标拖曳来对齐这些元素，这样的方式并不是很好。一是这种对齐方式的效率很低，二是精准度不够，手一哆嗦可能就不准了。所以这里推荐使用PPT自带的对齐功能，熟练使用这项对齐功能后，排版效率绝对可以大大提高。

**1** 首先使用水平居中对齐和垂直居中对齐将矩形和小图标中心对齐。选中矩形和图标，切换到【绘图工具】栏的【格式】选项卡，在【排列】组中单击【对齐】按钮，在弹出的下拉列表中查看【对齐所选对象】选项前面是否有一个对勾，如果没有单击选中【对齐所选对象】选项。

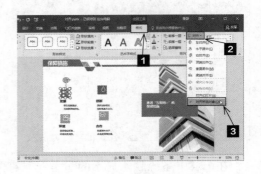

**2** 若【对齐所选对象】选项前面已经有一个对勾，则用户可以直接选择【水平居中】选项，即可将选中对象水平居中对齐。

**3** 再次单击【对齐】按钮，在弹出的下拉列表中选择【垂直居中】选项。

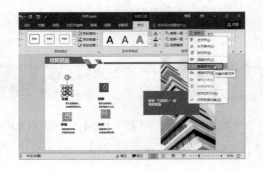

4 返回幻灯片，即可看到矩形和图标已经中心对称。

5 用户可以按照相同的方法，将其他几组矩形和图标对齐，并将每组的矩形和图标组合为一个整体。

接下来设置各矩形之间的对齐。由于当前幻灯片中矩形的大小都是一样的，所以我们在对齐的时候顶和底只需对齐一侧就可以，左和右也是只需对齐一侧。

1 选中需要在水平方向对齐的两个矩形，切换到【绘图工具】栏的【格式】选项卡，在【排列】组中单击【对齐】按钮，在弹出的下拉列表中选择【底端对齐】选项。

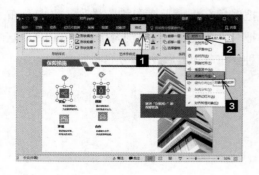

2 即可将选中的两个的矩形在水平方向底端对齐。

3 选中需要排列在一条垂直线上的所有元素，单击【左对齐】选项。

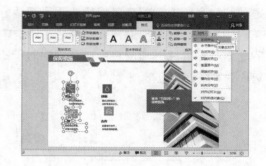

4 即可将所选元素左对齐，设置效果如下图所示。

5 用户可以按照相同的方法，对齐幻灯片中的其他元素。

## 提示

在PPT设计中，用户在使用对齐所选元素和等距分布所选元素时，要注意的是对齐所选对象还是对齐幻灯片。如果用户在使用对齐或等距分布时选中的是对齐所选对象，就是单纯对齐所选元素或者将所选元素等距分布；如果用户在使用对齐或等距分布时选中的是对齐幻灯片，则是将所选元素相对于幻灯片对齐或等距分布。

原图

对齐所选对象

对齐幻灯片

### 2. 分布

在幻灯片排版中，经常需要将多个对象横向或纵向排布，且要求两两间距相等。如果这时靠感觉来排版那就太不专业了。在PPT的对齐工具中还提供了一个分布功能，可以帮助你快速分布对象。

本实例原始文件和最终效果文件请从网盘下载
原始文件\第11章\分布
最终效果\第11章\分布

扫码看视频

分布菜单隐藏在对齐菜单中，它只有两个命令：横向分布和纵向分布。横向分布是把对象在页面上横向均匀排列；纵向分布是把对象在页面上纵向均匀排列。在PPT中这两种分布命令可形成3种分布布局。

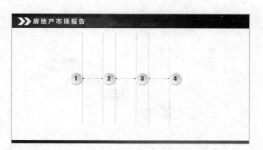

横向分布

纵向分布

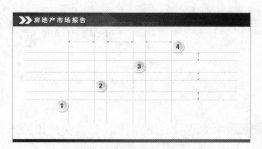

横向分布+纵向分布

　　此处也需要注意对齐所选对象和对齐幻灯片的区别。

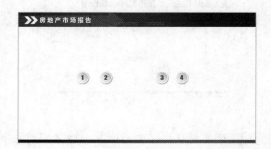

原图

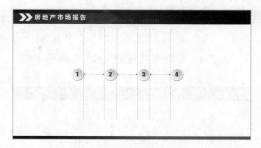

对齐所选对象

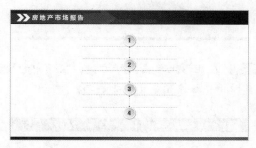

对齐幻灯片

　　下面以怎样制作出如下图所示的幻灯片为例，介绍幻灯片的分布功能。

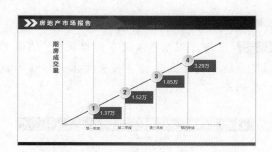

　　**1** 打开本实例的原始文件，切换到【插入】选项卡，在【插图】组中单击【形状】按钮，在弹出的下拉列表中选择【矩形】选项。

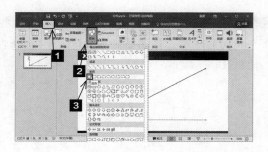

**2** 随即鼠标指针变成 **+** 形状，按住鼠标左键，拖曳鼠标即可在幻灯片中绘制一个矩形，然后设置矩形的轮廓和填充颜色。

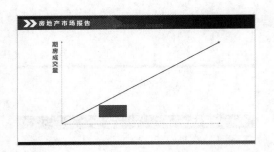

**3** 在矩形上单击鼠标右键，在弹出的快捷菜单中选择【编辑文字】选项。

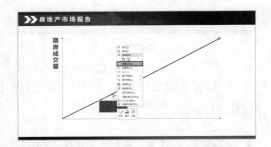

**4** 随即矩形框进入文字编辑状态，在矩形框中输入对应文本，并设置文本的字体和段落格式。

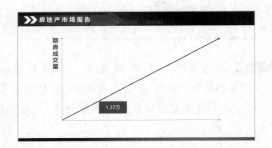

**5** 按照相同的方法，在幻灯片中再绘制3个相同的矩形，并调整好第1个和第4个矩形的位置。

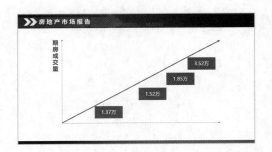

**6** 选中4个矩形，切换到【绘图工具】栏的【格式】选项卡，在【排列】组中单击【对齐】按钮，在弹出的下拉列表中设置【对齐所选对象】，然后选择【横向分布】选项。

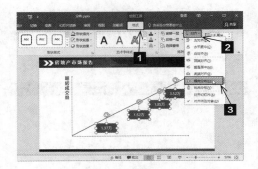

**7** 再次单击【对齐】按钮，在弹出的下拉列表中选择【纵向分布】选项。

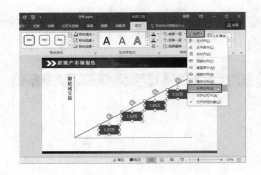

**8** 设置完毕，返回幻灯片，即可看到矩形的分布效果。

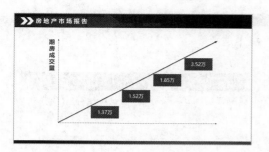

**9** 用户可以按照相同的方法，在矩形中添加其他元素，并设置其分布效果。

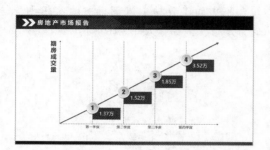

## 3. 旋转的妙用

旋转也是PPT快速排版的利器之一，只是这一利器经常被忽略。在PPT中使用旋转功能，不仅可以使对象完成水平翻转、垂直翻转、向左旋转90°、向右旋转90°这些常规旋转，还可以完成指定角度的旋转，而且PPT还支持手动旋转，使用户可以对象随心所欲地进行旋转。

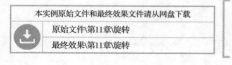

| 本实例原始文件和最终效果文件请从网盘下载 |
| --- |
| 原始文件\第11章\旋转 |
| 最终效果\第11章\旋转 |

扫码看视频

## ○ 常规旋转

常规旋转包括水平翻转、垂直翻转、向左旋转90°、向右旋转90°。这里仅对水平翻转进行讲解，其余旋转类似。

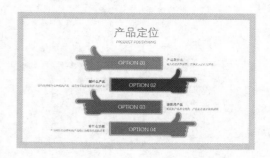

**1** 选中幻灯片中右边的图形，切换到【图片工具】栏的【格式】选项卡，在【排列】组中单击【旋转对象】按钮。

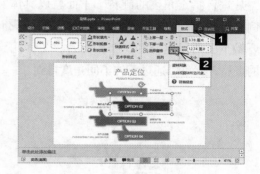

**2** 在弹出的下拉列表中选择【水平翻转】选项，随即选中的图形完成水平翻转，与左侧图形呈轴对称，效果如下图所示。

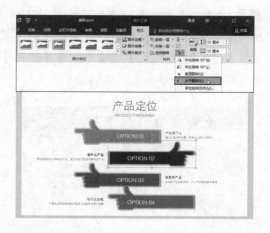

**3** 用户可以按照相同的方法，将第4个手水平翻转。

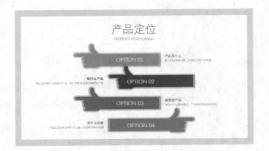

## 指定角度旋转

在幻灯片制作中，有时根据排版需要要图片进行指定角度的旋转。下面就以具体实例来讲解如何进行指定角度旋转。例如我们要做下图所示这样的一个幻灯片，里面用到的素材，就可以通过翻转不同角度得到。

**1** 打开本实例的原始文件，首先复制一个图片，然后选中复制后的图片，切换到【图片工具】栏的【格式】选项卡，在【排列】组中单击【旋转对象】按钮。

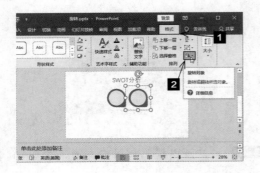

**2** 在弹出的下拉列表中选择【其他旋转选项】选项。

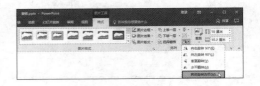

**3** 弹出【设置图片格式】任务窗格，系统自动切换到【大小与属性】组，在【大小】组合框中的【旋转】微调框中输入想要旋转的角度值，例如输入"270°"。

**4** 设置完毕，单击【设置图片格式】任务窗格右上角的【关闭】按钮，关闭【设置图片格式】任务窗格，旋转后的效果如下图所示。

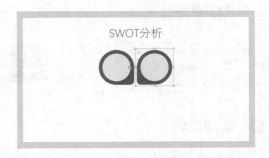

**5** 用户可以按照相同的方法，再复制两个形状，并适当旋转，最后调整形状的颜色并输入合适的文字即可。

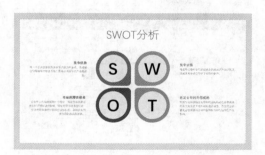

## ⭕ 手动旋转

除了常规旋转和指定角度旋转外，PPT中还提供了手动旋转的功能，手动旋转的具体操作步骤如下。

**1** 打开本实例的原始文件，首先复制一个需要旋转的对象，移动到合适的位置。

**2** 将鼠标指针移动到旋转手柄处，指针变为旋转指示符。

**3** 按住鼠标左键不放，指针此时变为旋转状态。

**4** 此时，移动鼠标就可以将对象旋转到想要设定的位置，旋转完毕释放鼠标左键即可。

**5** 按照相同的方法，再复制一个形状并调整其旋转角度，最后调整其边框颜色和内容即可。

## 4. 组合

在PPT设计中经常会遇到对多个对象同时进行操作的情况，这时使用组合功能，将多个对象组合有很多好处，可以防止误操作（如多选、少选等），可以批量处理对象，还可以对多个对象制作动画效果。

本实例原始文件和最终效果文件请从网盘下载

| | 原始文件\第11章\组合 |
| 最终效果\第11章\组合 |

扫码看视频

**1** 打开本实例的原始文件，可以看到幻灯片中的内容整体偏右，从美观角度来说，幻灯片的整体内容水平居中会更好一些。为了方便对整体内容操作，我们先使用组合功能将需要操作的对象组合为一个整体。

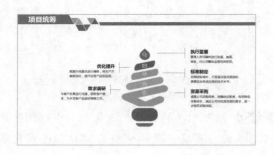

**2** 选中需要同时进行操作的所有对象，切换到【绘图工具】栏的【格式】选项卡，在【排列】组中单击【组合】按钮 组合· 右侧的下三角按钮，在弹出的下拉列表中选择【组合】选项。

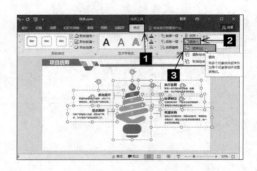

**3** 即可将选中的所有对象组合为一个整体。在【排列】组中，单击【对齐】按钮 对齐·，在弹出的下拉列表中选择【水平居中】选项即可。

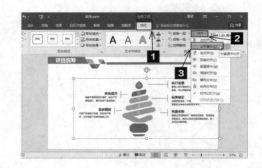

**4** 即可将组合后的对象整体相对幻灯片水平居中对齐，效果如下图所示。

## 5. 层次

在PPT中的对象是有先后顺序的，后插入的对象默认显示在先插入对象的顶层。如果顶层对象比底层对象大，就会完全遮挡住底层对象，用户就无法对底层对象进行选中、编辑等操作。如果用户需要对底层对象进行编辑，应先调整其层次，将其置于顶层，然后再进行编辑操作。

本实例原始文件和最终效果文件请从网盘下载
原始文件\第11章\层次
最终效果\第11章\层次

扫码看视频

 **1** 打开本实例的原始文件，可以看到当前幻灯片中应用了蒙版，英文标题排列在蒙版的下层，无法直接编辑。但是英文标题中存在明显的拼写错误，必须更改。要想对英文标题进行更改，我们需要先将蒙版后移一层，修改完成后，再将其恢复原层次。

**2** 选中幻灯片中的蒙版图层，切换到【绘图工具】栏的【格式】选项卡，在【排列】组中，单击【后移一层】按钮 的左半部分。

**3** 即可将蒙版图层后移一层，这样幻灯片中的英文标题就置于蒙版顶层，用户就可以直接编辑英文标题了。

**4** 英文标题修改完成后，我们还需要将各对象恢复原来的对象层次。选中蒙版图层，在【排列】组中，单击【前移一层】按钮 的左半部分。

**5** 即可将蒙版图层前移一层，恢复幻灯片的原有对象层次。

# 妙招技法

## 压缩演示文稿文件中的图片

当演示文稿图片数量比较多，而图片又比较大时，演示文稿的容量也会很大。这时可以先把图片压缩，再进行保存。

本实例原始文件和最终效果文件请从网盘下载
原始文件\第11章\2018年工作总结
最终效果\第11章\压缩图片

扫码看视频

**1** 打开本实例的原始文件，单击【文件】按钮 文件 。

**2** 从弹出的界面中选择【另存为】菜单项，双击【这台电脑】选项。

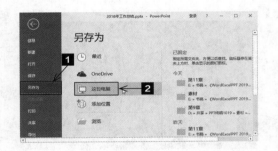

**3** 弹出【另存为】对话框，在【文件名】文本框中输入文件名"压缩图片"，然后单击【工具】按钮 工具(L)，从弹出的下拉列表中选择【压缩图片】选项。

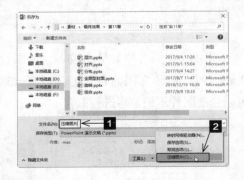

**4** 弹出【压缩图片】对话框，在【压缩选项】组合框中选中【删除图片的剪裁区域】复选框，在【分辨率】组合框中选择【打印（220 ppi）:在多数打印机和屏幕上质量良好】单选钮，单击【确定】按钮。

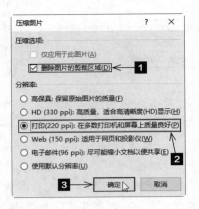

**5** 返回【另存为】对话框，单击【保存】按钮即可完成对演示文稿中图片的压缩。

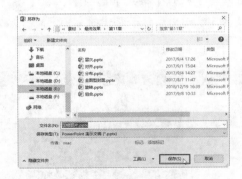

**6** 也可逐个压缩幻灯片中的图片。打开本实例的原始文件,选中需要压缩的图片,在【图片工具】工具栏中切换到【格式】选项卡,在【调整】组中单击【压缩图片】按钮 。

**7** 弹出【压缩图片】对话框，选中【仅应用于此图片】复选框，单击【确定】按钮。

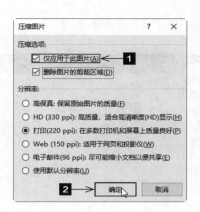

**8** 此时即可将选中的图片进行压缩。用户可以按照同样的方法压缩演示文稿中的其他图片。

## 巧妙设置演示文稿结构

PowerPoint为用户提供了"节"功能。使用该功能，用户可以快速为演示文稿分节，使其看起来更逻辑化。

设置演示文稿结构的具体操作步骤如下。

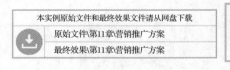

本实例原始文件和最终效果文件请从网盘下载
原始文件\第11章\营销推广方案
最终效果\第11章\营销推广方案

扫码看视频

**1** 打开本实例的原始文件"营销推广方案"，然后在演示文稿中选中第1张幻灯片，切换到【开始】选项卡，在【幻灯片】组中单击【节】按钮，从弹出的下拉列表中选择【新增节】选项。

**2** 随即在选中的幻灯片上方添加了一个无标题节。

**3** 选中无标题节，然后单击鼠标右键，在弹出的下拉菜单中选择【重命名节】选项。

**4** 随即弹出【重命名节】对话框，在【节名称】文本框中输入"封面"，单击【重命名】按钮。

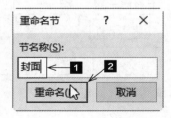

**5** 即完成对节的重命名。

**6** 选中第2张幻灯片，在其中插入新增节，然后选中无标题节，单击鼠标右键，在弹出的下拉菜单中选择【重命名节】选项。

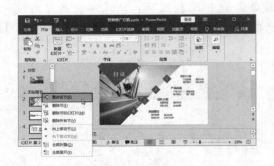

**7** 弹出【重命名节】对话框，在【节名称】文本框中输入"目录"，单击【重命名】按钮。

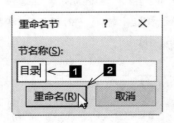

**8** 即完成对节的重命名。

**9** 使用同样的方法，添加"正文"节。

**10** 选中最后一张幻灯片，按上述方法设置"结束语"节即可。

## 职场拓展

## PPT 最实用的结构：总—分—总

　　PPT 结构中的总—分—总分别对应的是概述、分论点和总结。概述就是要开门见山地告诉大家这个 PPT 是讲什么的。分论点就是分几个方面进行论述，这几个方面可能是并列关系，也可能是递进关系。总结就是在原有的基础上进一步明确观点，提出下一步计划。

## ○ 总—概述

在PPT中概述的内容，很多人喜欢采用提问的方式，觉得可以吸引观者，但是采用这种方式的时候，应该注意以下两点。

① 有问必有答，保持统一。对于提出的问题，一定要在每一部分结束前给出一个明确的答案。

② 注意场合。提问的方式用在培训和公司内部会议上比较好，但如果是一份重要的项目汇报，老板是迫切希望知道结果的，而你汇报的时候还吊他胃口，那老板还能高兴吗？

## ○ 分—分论点

分论点就是内容页的标题，把内容页中的标题串联起来就是整个故事的压缩版。也就是说，观者快速浏览一遍内容页的标题就应该可以了解整个演示文稿的内容。

## ○ 总—总结

总结就是对前面内容的一个反馈信息。往往在会议或报告的最后，大家的热情没有开始时那么高涨了，那么我们如何总结才能让大家重新提起精神去听呢？

① 回顾内容：首先把前面的内容简明扼要地重新梳理一遍。

② 理顺逻辑关系：将各个分论点进行理顺，明确强调它们之间的关系。

③ 做出结论：针对问题，给出明确的反馈意见。

# 第12章

## 动画效果、放映与输出

**本章内容简介**

　　本章结合实际工作中的案例介绍动画的应用、将动画进行排列、添加音频、添加视频等操作以及演示文稿的放映、打包和打印、输出。

**学完本章我能做什么**

　　通过本章的学习，读者可以将企业战略管理 PPT 以不同的效果进行展示，对产品销售方案进行放映，将推广策划方案 PPT 以不同的方式输出。

视频链接

关于本章知识，本书配套教学资源中有相关的多媒体教学视频，视频路径为【动画效果、放映与输出】。

# 12.1 企业战略管理的动画效果

为了使演示文稿更有说服力，更能抓住观众的视线，有时还需要在演示文稿中根据先后顺序适当添加动画来引导观众的视线。演示文稿制作完成后我们应该如何放映演示文稿？本章也会进行讲解。

## 12.1.1 了解PPT动画

合理使用动画，既能为PPT的演示增添美感和视觉冲击力，又可以赶走观者的瞌睡，调动大家的热情，并给观者留下深刻的印象。所以说，PPT动画是学习PPT必须要掌握的技能。

### 1. 动画是什么

想要做好PPT动画，首先得了解什么是动画。动画就是使PPT活起来，动起来，就好比魔法一样，为原本静止的页面元素赋予魔法的工具。

### 2. 动画的目的

我们之所以在PPT里应用动画，是因为动画可以展示过程，使流程动起来，生动的动画可以给人留下深刻的印象，起到画龙点睛的效果。PPT动画用好了，效果跟Flash非常接近。

### 3. 动画的分类

在PPT中，幻灯片的动画种类可以分为两大类，分别是幻灯片页面之间的切换动画和幻灯片对象之间的动画。

### ◯ 页面切换动画

页面切换动画就是指页面与页面之间过渡的动态效果。演示文稿放映过程中由一张幻灯片进入另一张幻灯片就是幻灯片之间的切换。为了避免演示文稿中两页幻灯片的切换方式太过平淡，就可以考虑使用幻灯片切换动画。

在PowerPoint 2019中包含了细微型、华丽型和动态内容3大类，共40多种切换动态效果，用户可以从中选择任何一种切换效果。

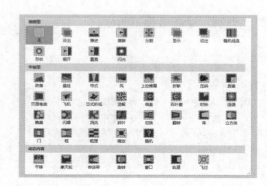

## 对象的动画

对象的动画是指页面中元素的动态效果。在PowerPoint 2019中，对象的动画包括进入动画、强调动画、退出动画和路径动画。

### （1） 进入动画

进入动画是PowerPoint最基本的动画，它可使幻灯片中的对象呈现陆续出现的动画效果。进入动画总体上可以分为4种类型：基本、细微、温和和华丽。用户可以从每一种类型的名称读出其各自的特点。

基本：是比较常用的一种类型，动画效果各不相同，不同此类型动画对象所占幻灯片的位置、大小变化不大。

细微：动画效果不明显。

温和：整体动画效果比较缓慢、温柔。

华丽：动画变化比较夸张，变形明显。

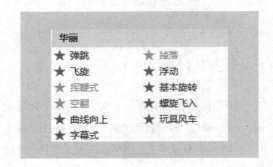

### （2） 强调动画

强调动画是在幻灯片放映过程中，吸引观者注意的一类动画。其经常使用的动画效果有：更改线条颜色、陀螺旋、放大/缩小和加深等。强调动画与进入动画一样，也包含4种类型：基本、细微、温和和华丽。然而这4种类型的动画效果不如进入动画的动画效果明显，并且动画种类也比较少，用户可以对其进行逐一尝试。

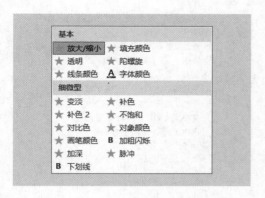

## （3） 退出动画

退出动画是对象渐渐消失的一个动画，它是画面之间过渡必不可少的一个过程。退出动画也包含4种类型。

在添加退出动画时应该注意与对象的进入动画保持呼应关系，一般对象退出的顺序应与进入的顺序相反。

## （4） 路径动画

路径动画是指对象按照绘制的路径运动的动画效果。用户可以利用PowerPoint提供的5条绘制线绘制自定义路径。

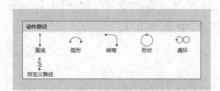

还可以选用其他动作路径。尽管PowerPoint 中提供了丰富的路径动画效果，但是路径动画要运用得当，否则容易使整个画面混乱。

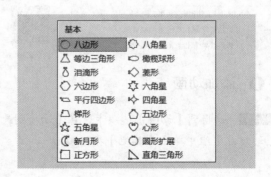

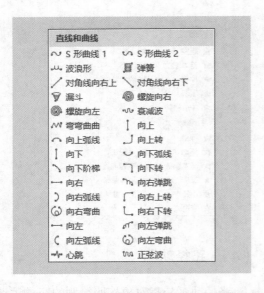

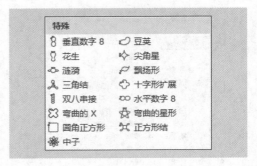

## 12.1.2 动画的应用

通过上一节的学习，对于PPT动画已经有了一个基本的了解，下面我们再来具体学习一下如何在PPT中添加动画。

### 1. 页面切换动画

用页面切换动画可以避免两页幻灯片的切换方式太过平淡。在PPT中添加页面切换方式的方法很简单，具体操作步骤如下。

### 添加动画

**1** 切换到【切换】选项卡，在【切换到此幻灯片】组中单击【其他】按钮。

**2** 即可看到所有的页面切换效果，用户可从中选择一种效果，此处选择【涟漪】选项。

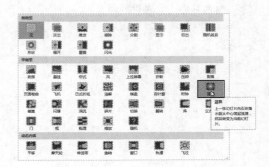

3 添加效果后，幻灯片会自动播放切换效果，效果过程图如下图所示。

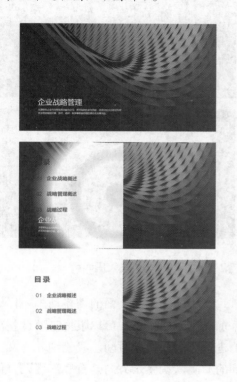

2 更改切换动画进入方向后的效果如下图所示。

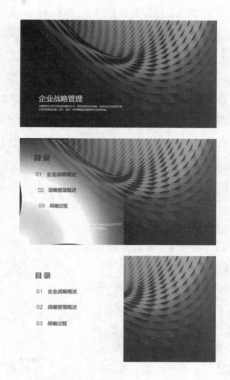

## ○ 设置动画

1 添加切换效果后，用户还可以通过【效果选项】设置不同的进入方向。以前面介绍的例子为例，系统默认涟漪的进入方向是中心，此处通过【效果选项】将其设置为【从左下部】。

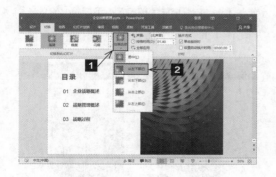

对于设置切换效果动画的幻灯片，除了可以设置其进入方向外，还可以设置动画的持续时间。

3 选中添加切换效果的幻灯片，切换到【切换】选项卡，在【计时】组中的【持续时间】微调框中调整动画的持续时间，此处我们将持续时间设置为【07.00】，当用户再次放映动画时，即可看到动画的持续时间已经改变。

### 2. 文字的动画

文字是幻灯片的主要信息载体，文字动画设置的好坏直接影响幻灯片信息的表达。文字的动画不宜选择太过复杂的动画，因为对文字使用太多的动画效果会分散观者的注意力。所以对于文字的动画一般建议选用相对简单的动画效果：标题类、正文文字可以选择淡出、缩放、透明、飞入等比较柔和的动画效果；对于需要特别强调的文字，则可以借助脉冲、放大或变色等动画达到强调效果。

| | |
|---|---|
| 本实例原始文件和最终效果文件请从网盘下载 | |
| 原始文件\第12章\企业战略管理1 | |
| 最终效果\第12章\无 | 扫码看视频 |

#### ◎ 为文字添加动画

**1** 选中需要添加动画的文本，切换到【动画】选项卡，在【动画】组中的【动画】库中选择一种合适的动画效果，此处选择【飞入】。

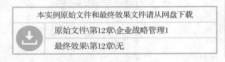

**2** 添加完成后，单击【预览】组中的【预览】按钮的上半部分，即可预览添加的文字动画效果，如下图所示。

#### ◎ 设置动画效果和时间

文字的动画与页面的切换动画一样，在添加动画之后，用户可以根据需要调整动画的进入方向和持续时间。我们刚才为文字添加的动画默认飞入方向是自底部飞入，但是从幻灯片的整体布局来讲，文字位于幻灯片的左下角，而幻灯片的页面又是宽屏的，所以文字更适合从右侧飞入。下面我们就将文字的飞入方向更改为自右侧飞入。

#### （1） 调整动画的进入方向

**1** 选中添加动画的文本，在【动画】组中单击【效果选项】按钮，在弹出的下拉列表中选择【自右侧】选项。

**2** 设置完成后，单击【预览】组中的【预览】按钮的上半部分，即可看到文字的动画效果已经更改为从右侧飞入，效果如下图所示。

## （2） 调整动画的持续时间

文本动画的持续时间调整方式与幻灯片切换动画的持续时间调整一样，选中文本，直接在【持续时间】微调框中输入对应数值即可。

## ○ 设置文字动画的顺序

对于文字动画来说，不同的动作顺序可以带来不同的视觉效果。在PPT中默认文本是整批发送的，用户可根据需求将其修改为按字/词或者按字母发送。

**1** 切换到【切换】选项卡，单击【动画】组右下角的【对话框启动器】按钮 。

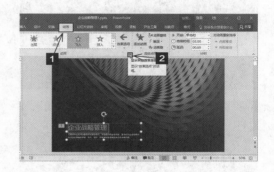

**2** 弹出【飞入】对话框，在【增强】组合框中的【动画文本】下拉列表中选择【按字/词】选项。

**3** 此时文字的动画效果就为按字/词飞入。

### ○ 通过文字框设置文字动画

前面讲的文字动画都是直接选中文字，然后对其设置动画。除此之外，用户也可以直接选中文本框，对文字设置动画，这样文本框中的所有文字都会应用设置的动画。这种设置方式尤其适用一个文本框中有多个段落，并且各个段落都应用相同动画的情况。

**4** 如果我们将动画文本的顺序调整为按字母，效果就是如下图所示。

**1** 选中文本框，切换到【动画】选项卡，在【动画】组中的【动画】库中选择一种合适的动画效果，此处选择【飞入】。

**2** 在【动画】组中单击【效果选项】按钮，在弹出的下拉列表中选择【自右侧】选项，将动画的进入方向设置为自右侧飞入。

**3** 通过文本框设置的文字动画，默认是所有文字作为一个对象执行动画效果的，执行过程如下图所示。

**4** 在【高级动画】组中单击【动画窗格】按钮，打开【动画窗格】任务窗格，即可看到所添加的动画是跟文本框作为一个整体的。

**5** 如果在【效果选项】下拉列表中将【序列】更改为【整批发送】，执行过程表面上看与作为一个对象没有任何差异，但是在【动画窗格】中，我们可以看到，原本的动画被拆成了两个动画，但是两个动画互相关联，不能单独设置。

**6** 如果选择序列为【按段落】，文本框中的文本就会按段落顺序依次执行动画。

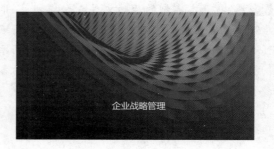

**7** 此时,【动画窗格】任务窗格中原本的文本动画不但被分拆成了2个动作,而且各个动作相对独立,可以分别设置。

### 3. 图片图形的动画

图片图形的动画与前面介绍的文字动画基本相同,所以图片图形的进入动画的设置此处不再详细讲解,本小结我们着重讲解一下图片图形的强调动画。

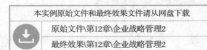

| 本实例原始文件和最终效果文件请从网盘下载 |
| --- |
| 原始文件\第12章\企业战略管理2 |
| 最终效果\第12章\企业战略管理2 |

扫码看视频

**1** 打开本实例的原始文件,切换到第6张幻灯片,切换到【动画】选项卡,在【高级动画】组中,单击【动画窗格】按钮,打开【动画窗格】任务窗格,即可看到为元素添加的各个动画。

在【预览】组中单击【预览】按钮的上半部分,预览一下本页的动画,可以看到虽然目前幻灯片的动画很清晰,但是总感觉略显呆板,如果想幻灯片更生动,可以适当添加一点强调动画,来强调一下气氛。

此处我们以为幻灯片中的3个齿轮添加强调动画为例进行讲解。

**2** 在【高级动画】组中,单击【添加动画】按钮,在弹出的下拉列表中的【强调】动画中选择一种合适的动画,此处选择【陀螺旋】选项。

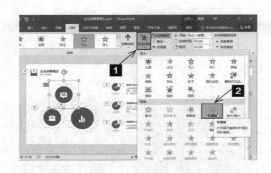

**3** 添加的强调动画默认是添加到所有动画之后的,用户可以在【动画窗格】任务窗格中通过鼠标拖曳的方式,将其拖曳到对应元素进入动画之后。

系统默认动画的开始是从单击鼠标开始的，而我们添加的强调动画理应是在紧接进入动画之后的，但是如果通过系统直接设置【在上一动画之后】，那么进入动画和强调动画之间就会有稍微的停顿，所以最好的方式是将强调动画设置在【与上一动画同时】，然后【延迟】1秒（延迟时间与进入动画的持续时间一致），这样强调动画就会紧接进入动画进行。

**4** 在添加的强调动画上单击鼠标右键，在弹出的快捷菜单中选择【计时】选项。

**5** 弹出【陀螺旋】对话框，系统自动切换到【计时】选项卡，在【开始】下拉列表中选择【与上一动画同时】选项，在【延迟】微调框中输入"1"。

**6** 单击 确定 按钮，返回幻灯片，在动画窗格中选中第1个齿轮的进入动画和强调动画，然后单击【播放所选项】按钮，即可预览齿轮的进入动画和强调动画。

**7** 用户可以按照相同的方法，设置其他两个齿轮的强调动画。

### 4. 图表的动画

在幻灯片中使用动画展现图表，可以使图表更加生动，更有层次感。图表动画的添加方式与幻灯片内其他元素的动画添加方式一致，只是在设置上多了一个【图表动画】设置。

为图表添加动画一般也是有相对固定的动画方式的，例如，饼图更多的是使用轮子动画效果，而柱形图则更多的是使用擦除效果。

### ○ 为柱形图添加动画

首先以柱形图为例，讲解一下如何为图表添加动画并设置图表动画。

**1** 选中图表，切换到【动画】选项卡，在【高级动画】组中单击【添加动画】按钮，在弹出的下拉列表中选择【进入】动画中的【擦除】动画。

**2** 添加完成后，在【预览】组中单击【预览】按钮的上半部分，即可看到图表的动画效果，如下图所示。

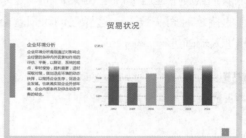

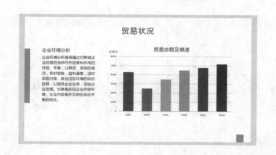

**3** 单击【动画】组右下角的【对话框启动器】按钮 ，弹出【擦除】对话框，切换到【图表动画】选项卡，用户可以在【组合图表】下拉列表中选择不同的组合类型。

对于动画效果的设置，图表动画会多一个图表动画的设置，选择不同的组合图表，呈现出的动画也大不相同。

系统默认图表的组合类型是作为一个对象的，下面我们来看一下其他几种组合类型的动画效果。前面的例子中只有一个数据系列，有的图表动画无法表现差异，所以我们使用一个拥有多个数据系列的柱形图来表现。

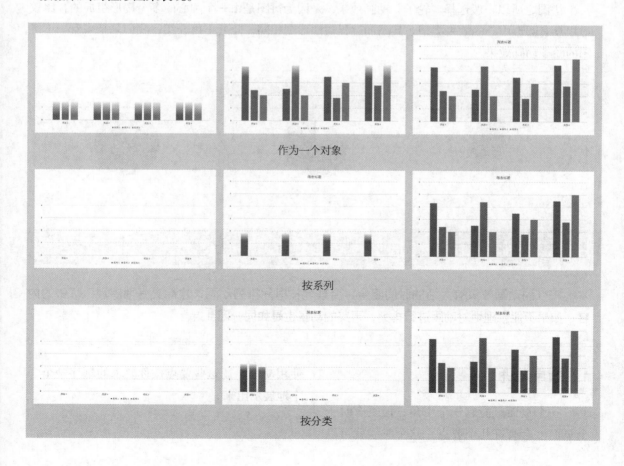

作为一个对象

按系列

按分类

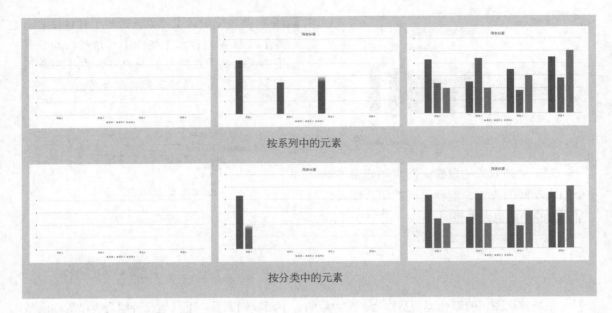

按系列中的元素

按分类中的元素

## ⭕ 为饼图添加动画

饼图之所以一般选择"轮子"动画效果，是因为饼图是由一个圆心的多个扇形组成的，比较适用具有圆形中心的效果类型。其添加过程与柱形图相同，此处不再介绍，我们只是来看一下饼图的轮子动画效果。

# 12.1.3 将动画进行排列

PPT的动画效果有灵活的时间组合，合理地按时间排列动画，才能更好地展现PPT中的内容，如果不能合理地对动画进行排列，再美的动画也是如同一团乱麻。

## 1. 顺序渐进

一个页面只能有一个主角，但是有时一个页面上会有好几个要点，这个时候就可以使用动画，让这些要点按你要求的顺序一个一个地展示出来。

例如全图型幻灯片，为了不破坏图片的完整性，说明文字一般需要在图片之后出现，而且文字一般采用飞入等相对简单的方式进入页面。

本实例原始文件和最终效果文件请从网盘下载

原始文件\第12章\旅行的记忆

最终效果\第12章\旅行的记忆

扫码看视频

**1** 为全图型幻灯片添加动画第一步是设置图片的动画方式。选中图片，切换到【动画】选项卡，在【动画】组中单击【其他】按钮▼，在弹出的常用动画样式库中选择一种合适的进入动画样式，如果用户对常用样式库中的样式不满意，可以选择【更多进入效果】选项。

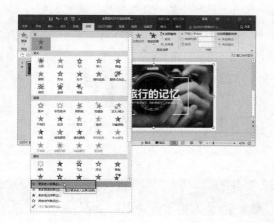

**2** 弹出【添加进入效果】对话框，用户可以从中选择一种合适的进入效果，设置完毕，单击 确定 按钮，即可返回幻灯片编辑界面查看效果。

设置完图片的动画效果后，接下来就可以设置说明文字以及文字的修饰元素的动画效果了。此处我们先来设置修饰元素的动画效果。

**3** 选中幻灯片中的两个修饰元素，在【动画】组中，选择一种合适的动画方式，此处选择【飞入】选项。

系统默认切入动画的是从底部进入的，而当前的修饰元素是个中括号，从左右两侧进入会更好一些，所以这里还需要更改一下修饰元素的方向。

**4** 选中左侧的中括号，在【动画】组中单击【效果选项】按钮，在弹出的下拉列表中选择【自左侧】选项，即可使选中的中括号自左侧进入。用户可以按照相同的方法设置右侧括号的进入方式。

最后设置文本的动画效果。选中需要设置动画的文本框，然后选择一种合适的动画效果即可。

## 2. 引导视线

如果PPT页面内容比较复杂，你又希望观者视线跟着你的节奏，这时候使用动画也是很好的选择。动画在有时间关系或者有远近关系的幻灯片中特别有用。

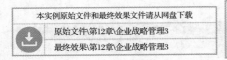

这类动画的动画排列原则是由近及远。具体的播放效果如下图所示。

## 12.1.4 添加音频

虽然音频在幻灯片中的应用不是那么广泛，但是有些场合，为了渲染现场的气氛，让观者能迅速地融入演讲主题中，我们可以使用一段音频作为背景音乐。

**1** 切换到【插入】选项卡，在【媒体】组中单击【音频】按钮，在弹出的下拉列表中选择【PC上的音频】选项。

**2** 弹出【插入音频】对话框，从中找到音频所在的文件夹，选中音频文件，单击【插入】按钮，即可将音频插入到幻灯片中。

**3** 返回幻灯片的编辑页面，即可看到幻灯片中已经插入了一个代表音频文件的小喇叭图标。

作为背景音乐，音频文件理应从幻灯片开始放映时就开始播放，至幻灯片放映结束才停止播放。所以我们还需要设置背景音乐开始和结束的时间。

**4** 切换到【动画】选项卡，在【高级动画】组中单击动画窗格按钮。

**5** 打开【动画窗格】任务窗格，选中插入的音频文件，多次单击【计时】组中的【向前移动】按钮，直至将音频移动至动画的最前面。

**6** 在【计时】组中的【开始】右侧的下拉列表中选择【与上一动画同时】选项，这样就保证了音频在幻灯片开始播放时就自动播放。

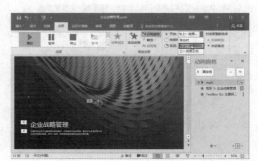

**7** 选中幻灯片编辑页面中的小喇叭图标，切换到【音频工具】栏的【播放】选项卡，在【音频选项】组中选中【跨幻灯片播放】和【循环播放，直到停止】复选框。

**提示**

作为背景的音乐不要喧宾夺主，最好不要出现具体的歌词，有一个旋律就可以了，使用钢琴曲是一个不错的选择。

## 12.1.5 添加视频

在PPT中我们常用的将抽象概念形象化的方法是图文结合，如果使用图文结合还不能形象、动态、直观地描述时，我们可以使用视频。视频的表现力要比单独的文字和图片强很多。在幻灯片演示过程中，如果能添加一段恰当的视频来辅助说明，往往可以使文稿更具说服力。

比如在一个关于摄影技法的演讲中，在介绍模特摆姿时，为了让观者更容易学习摆姿，就可以采用一个实际拍摄摆姿的视频加以强化说明。

| 本实例原始文件和最终效果文件请从网盘下载 |
|---|
| 原始文件\第12章\摄影技法 |
| 最终效果\第12章\无 |

扫码看视频

**1** 切换到【插入】选项卡，在【媒体】组中单击【视频】按钮，在弹出的下拉列表中选择【PC上的视频】选项。

**2** 弹出【插入视频文件】对话框，从中找到视频所在的文件夹，选中视频文件，单击 插入(S) 按钮。

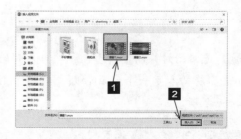

**3** 返回幻灯片的编辑页面，即可看到视频已经插入到幻灯片中。

插入的视频，默认为播放当页幻灯片时，单击鼠标才会播放，为了使播放更连贯，这里可以将视频设置为当页幻灯片播放时自动播放。

4　选中编辑页面中的视频，切换到【视频工具】栏的【播放】选项卡，在【视频选项】组中的【开始】下拉列表中选择【自动】选项。

# 12.2　推广策划方案的应用

"推广策划方案"制作完成后，就要放映幻灯片了。用户还可以将演示文稿打包和打印，以供他人使用。

## 12.2.1　演示文稿的放映

在放映幻灯片的过程中，放映者可能对幻灯片的放映方式和放映时间有不同的需求，为此，用户可以对其进行相应的设置。

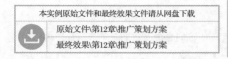

扫码看视频

设置幻灯片放映方式和放映时间的具体步骤如下。

1　打开本实例的原始文件，切换到【幻灯片放映】选项卡，在【设置】组中单击【设置幻灯片放映】按钮。

2　弹出【设置放映方式】对话框，在【放映类型】选项组中选中【演讲者放映（全屏幕）】单选钮，在【放映选项】选项组中选

中【循环放映，按Esc键终止】复选框，在
【放映幻灯片】选项组中选中【全部】单选
钮，在【推进幻灯片】选项组中选中【如果
出现计时，则使用它】单选钮，设置完毕，
单击 确定 按钮。

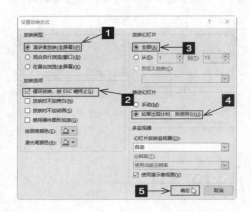

**3** 返回演示文稿后单击【设置】组中的
排练计时按钮。

**4** 此时，进入幻灯片放映状态，在【录
制】工具栏的【幻灯片放映时间】文本框中
显示了当前幻灯片的放映时间，单击【下一
项】按钮→或者单击左键，切换到下一张幻
灯片，开始下一张幻灯片的排练计时。

**5** 此时当前幻灯片的排练计时从"0"开
始，而最右侧的排练计时的累计时间是从上
一张幻灯片的计时时间开始的。若想重新排
练计时，可单击【重复】按钮↺，这样【幻
灯片放映时间】文本框中的时间就从"0"开
始；若想暂停计时，可以单击【暂停录制】
按钮⏸，这样当前幻灯片的排练计时就会暂
停，直到单击【下一项】按钮→排练计时才
继续计时。按照同样的方法，为所有幻灯片
设置其放映时间。

**提示**

如果用户知道每张幻灯片的放映时间，
则可直接在【录制】工具栏中的【幻灯片放
映时间】文本框中输入其放映时间，然后按
【Enter】键切换到下一张幻灯片中继续上述
操作，直到放映完所有的幻灯片为止。

**6** 单击【录制】工具栏中的【关闭】按钮 ✕，弹出【Microsoft PowerPoint】对话框，单击 是(Y) 按钮。

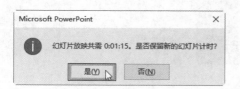

**7** 切换到【视图】选项卡中，单击【普通】按钮，再单击【演示文稿视图】组中的 幻灯片浏览 按钮。

**8** 此时，系统会自动地转入幻灯片浏览视图中，可以看到在每张幻灯片缩略图的右下角都显示了幻灯片的放映时间。

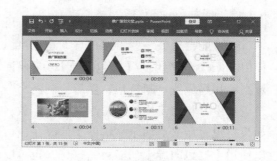

**9** 切换到【幻灯片放映】选项卡，在【开始放映幻灯片】组中单击【从头开始】按钮。

**10** 此时即可进入播放状态，根据排练的时间来放映幻灯片了。

## 12.2.2 演示文稿的打包与打印

接下来为大家介绍如何打包演示文稿，以及对幻灯片进行打印设置的具体操作方法。

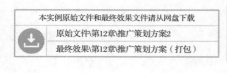

### 1. 打包演示文稿

在实际工作中，用户可能需要将演示文稿拿到其他的电脑上去演示。如果演示文稿太大，不容易复制携带，此时最好的方法就是将演示文稿打包。

用户若使用压缩工具对演示文稿进行压缩，则可能会丢失一些链接信息，这里可以使用PowerPoint提供的【打包向导】功能将演示文稿和播放器一起打包，然后复制到另一台电脑中，将演示文稿解压缩并进行播放。如果打包之后又对演示文稿做了修改，还可以使用【打包向导】功能重新打包，也可以一次打包多个演示文稿。打包具体的操作步骤如下。

**1** 打开本实例的原始文件，即要打包的演示文稿。

**2** 单击 文件 按钮，从弹出的界面中选择【导出】选项。

**3** 弹出【导出】界面，从中选择【将演示文稿打包成CD】选项，然后单击右侧的【打包成CD】按钮。

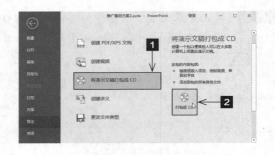

**4** 弹出【打包成CD】对话框，然后单击 选项(O)... 按钮。

**5** 打开【选项】对话框，用户可以从中设置多个演示文稿的播放方式。这里选中【包含这些文件】选项组中的【嵌入的TrueType字体】复选框，然后在【打开每个演示文稿时所用密码】和【修改每个演示文稿时所用密码】文本框中输入密码（本章涉及的密码均为"123"），单击 确定 按钮。

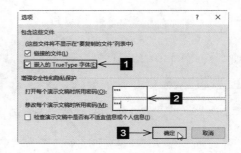

**6** 弹出【确认密码】对话框，在【重新输入打开权限密码】文本框中输入密码"123"，单击 确定 按钮。

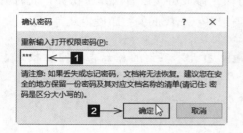

**7** 再次弹出【确认密码】对话框，在【重新输入修改权限密码】文本框中再次输入密码"123"，单击 确定 按钮。

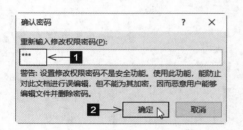

**8** 返回【打包成CD】对话框，单击 复制到文件夹(F)... 按钮。

**9** 弹出【复制到文件夹】对话框，在【文件夹名称】文本框中输入复制的文件夹名称。在此输入"推广策划方案（打包）"，然后单击 浏览(B)... 按钮。

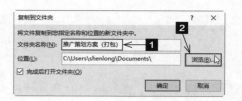

**10** 弹出【选择位置】对话框，选择文件需要保存的位置，然后单击 选择(E) 按钮即可。

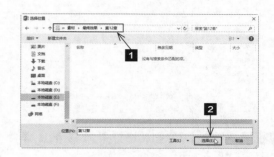

**11** 返回【复制到文件夹】对话框，单击 确定 按钮。

**12** 弹出【Microsoft PowerPoint】提示对话框，询问用户是否要在包中包含链接文件，单击 是(Y) 按钮，表示链接的文件内容会同时被复制。

**13** 此时系统开始复制文件，并弹出【正在将文件复制到文件夹】对话框，提示用户正在复制文件到文件夹中。

**14** 复制完成后，系统自动打开该打包文件的文件夹，可以看到打包后的相关内容。

**15** 返回【打包成CD】对话框，单击 关闭(C) 按钮即可。

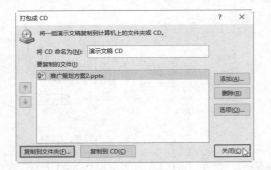

## 提示

打包文件夹中的文件，不可随意删除。

复制整个打包文件夹到其他电脑中，无论该电脑中是否安装PowerPoint需要的字体，幻灯片均可正常播放。

### 2. 演示文稿的打印设置

演示文稿制作完成后，有时还需要将其打印，做成讲义或者留作备份等，此时就需要使用PowerPoint的打印设置来完成了。

**1** 打开本实例的原始文件，切换到【设计】选项卡，在【自定义】组中单击【幻灯片大小】按钮，从弹出的下拉列表中选择【自定义幻灯片大小】选项。

**2** 弹出【幻灯片大小】对话框，在【幻灯片大小】下拉列表中选择合适的纸张类型，在【方向】选项组中设置幻灯片的方向，设置完毕后单击 确定 按钮。

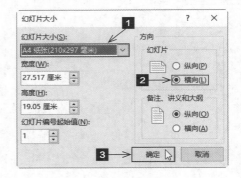

**3** 弹出【Microsoft PowerPoint】提示对话框，询问用户是要最大化内容大小还是按比例缩小以确保适应新幻灯片，选择【确保适合】选项或者单击 确保适合(E) 按钮。

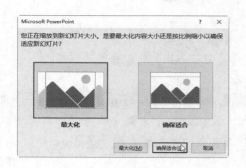

**4** 即可将幻灯片缩放到合适大小，单击
【文件】按钮。

**5** 从弹出的界面中选择【打印】选项，在
弹出的【打印】界面中对打印份数、打印页数、
颜色等选项进行设置即可。

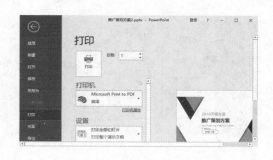

**6** 设置完成后，单击【打印】按钮。

**7** 随即开始进行打印。

## 12.3 演示文稿的输出

演示文稿的输出除了PPT的基本格式外，还可以导出为图片、视频、PDF等几种常见格式，本节我们就介绍如何将演示文稿导出为图片、视频、PDF三种格式的文件。

### 12.3.1 导出图片

高清图片的导出是PPT输出的第一需求，如应用到公众号的宣传、公司的邮件群发、宣传海报的设计等。导出图片的方法很简单，就是一个另存为的操作，具体操作步骤如下。

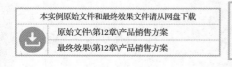

**1** 单击【文件】按钮，在弹出的界面中，切换到【另存为】选项卡，然后单击【浏览】按钮。

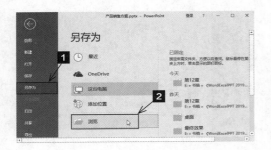

2 弹出【另存为】对话框，在【保存类型】下拉列表中选择一种图片格式，此处选择【JPEG文件交换格式】，单击 保存(S) 按钮。

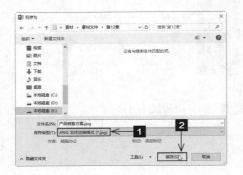

3 弹出【Microsoft PowerPoint】提示框，询问用户希望导出哪些幻灯片，单击【所有幻灯片】按钮 所有幻灯片(A) 。

4 再次弹出【Microsoft PowerPoint】提示框，提示该演示文稿中的每张幻灯片都独立保存在文件夹中，单击 确定 按钮。

5 此时用户如果打开刚才保存的文件夹，即可看到幻灯片已经被独立地保存为图片了。

**提示**

PPT默认导出的图片仅为1280×720，96像素/英寸。

## 12.3.2 导出视频

如今，通过对图片动画及页面切换进行简单的设置，然后再辅以背景音乐，制作一个图片展示的视频是非常容易的事情。那么我们怎样才能将演示文稿导出为播放的视频呢？

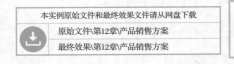

本实例原始文件和最终效果文件请从网盘下载
原始文件\第12章\产品销售方案
最终效果\第12章\产品销售方案

扫码看视频

导出视频的方法与导出图片的方法一样，也是通过另存为，在【文件格式】下拉列表中选择【MPEG-4视频】即可。

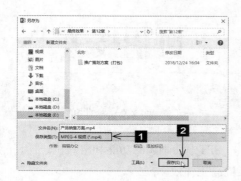

导出视频还有另外一种方法，即创建视频的方法。

1 单击 文件 按钮，在弹出的界面中切换到【导出】选项卡，然后单击【创建视频】选项，然后单击【创建视频】按钮 。

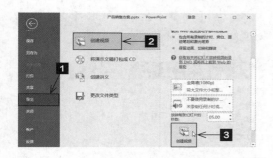

2 即可弹出【另存为】对话框，默认导出类型已经为【MPEG-4视频】，所以用户只需选择保存位置即可，然后单击 保存(S) 按钮，就可以导出视频。

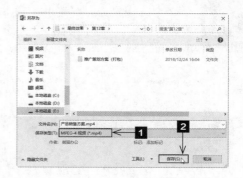

3 此时用户如果打开刚才保存的文件夹，即可看到幻灯片已经被独立地保存为视频。

## 12.3.3 导出为PDF

Adobe公司设计PDF文件格式，具有许多其他电子文档格式无法相比的优点。PDF文件格式可以将文字、字型、格式、颜色及图形等封装在一个文件中。因此，当我们不想将源PPT分享出去的时候，就可以选择分享PDF格式的文件。

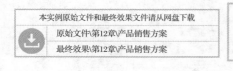

导出PDF也有两种方法：另存为和创建，方法与前面类似，这里不再详细讲解，具体操作步骤请扫描观看视频。

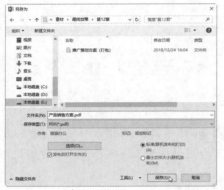

另存为

创建

# 妙招技法

## 动画刷的妙用

PPT中动画刷的功能和格式刷一样，能大大提高工作效率。

本实例原始文件和最终效果文件请从网盘下载

原始文件\第12章\动画刷

最终效果\第12章\动画刷

扫码看视频

**1** 打开本实例的原始文件，选中第一个需要设置动画的组合形状，切换到【动画】选项卡，在【动画】组中，选择【飞入】动画效果。

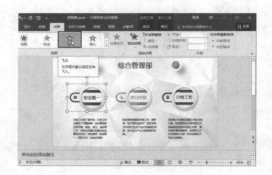

**2** 在【动画】组中单击【效果选项】按钮 ，在弹出的下拉列表中选择【自顶部】选项。

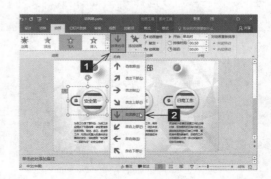

**3** 在【计时】组中的【开始】下拉列表中选择【上一动画之后】选项，即可将选中组合形状的动画设置为上一动画结束后自顶部飞入页面。

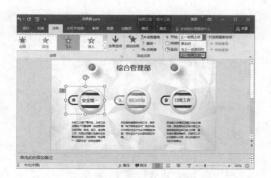

**4** 在【高级动画】组中单击 动画刷 按钮。

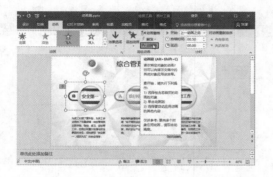

**5** 随即鼠标变成小刷子形状，单击第二个组合形状，即可将第一个组合形状的动画效果完整复制到第二个组合形状中。

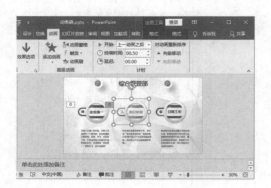

**6** 第一个组合形状的动画是在【上一动画之后】进行，而第二个组合形状的动画我们想让其与第一个组合形状的动画同时进行，可以在【计时】组中的【开始】下拉列表中选择【与上一动画同时】选项。

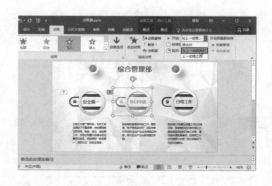

# 音乐与动画同步播放

在制作幻灯片时，为动画添加声音效果，能更好地展现演示文稿。

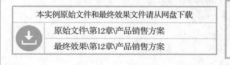
本实例原始文件和最终效果文件请从网盘下载
原始文件\第12章\产品销售方案
最终效果\第12章\产品销售方案

扫码看视频

**1** 打开本实例的原始文件，选中第24张幻灯片，切换到【插入】选项卡，在【媒体】组中单击【音频】按钮，在弹出的下拉列表中选择【PC上的音频】选项。

**2** 弹出【插入音频】对话框，选择声音素材所在的文件夹，然后选中所需要的音乐"钢琴.mp3"，然后单击 插入(S) 按钮。

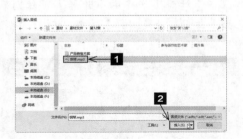

**3** 返回幻灯片中，即可看到插入的音频符号 🔊，将其调整到合适位置。

**4** 切换到【音频工具】下的【播放】选项卡，在【音频选项】组中的【开始】右侧列表中选择【自动】选项，然后选中【放映时隐藏】单选钮。

**5** 选中"谢谢聆听！"，切换到【动画】选项卡，在【高级动画】组中单击【添加动画】按钮，在弹出的下拉列表中选择【更多进入效果】选项。

**6** 弹出【添加进入效果】对话框，在【细微】组合框中选择"淡入"选项，单击 确定 按钮。

**7** 返回幻灯片中，在【计时】组中的【开始】右侧下拉列表中选择【与上一动画同时】选项。

**8** 在【高级动画】组中单击【动画窗格】按钮，在弹出的【动画窗格】中选择用到的音频，然后单击右侧的下拉按钮，在弹出的列表中选择【计时】选项。

**9** 弹出【播放音频】对话框，切换到【计时】选项卡，在【开始】右侧下拉列表中选择【与上一动画同时】选项，在【重复】右侧下拉列表中选择【直到幻灯片末尾】选项，然后单击【确定】按钮。

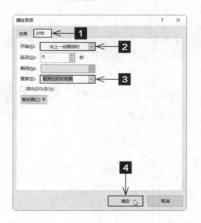

**10** 在【添加动画】的下拉列表中单击【播放】选项即可。

## 自动切换画面

在幻灯片放映时，可以设置自动切换画面，而不必每次都需要单击鼠标才能切换到下一张幻灯片。当一张幻灯片中的内容比较多时，可以将自动切换到下一张幻灯片的时间间隔设置得长一点，反之可以将时间间隔设置得短一点。

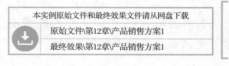

本实例原始文件和最终效果文件请从网盘下载
原始文件\第12章\产品销售方案1
最终效果\第12章\产品销售方案1

扫码看视频

**1** 打开本实例的原始文件，选中第2张幻灯片，切换到【切换】选项卡，在【计时】组中选中【设置自动换片时间】复选框，然后在后面的微调框中输入合适的时间，如5s。

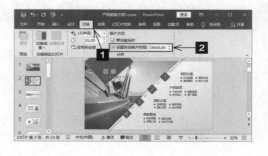

**2** 单击第7张幻灯片，此幻灯片中的内容比较多，此时在【设置自动换片时间】右侧的微调框中输入10s。在放映幻灯片时，切换到此幻灯片10s后才会切换到下一张幻灯片。

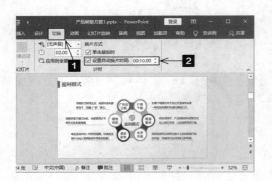

## 取消PPT放映结束时的黑屏

通常PPT放映结束时，屏幕会显示为黑色，下面介绍如何取消PPT放映结束时的黑屏现象。

| 本实例原始文件和最终效果文件请从网盘下载 |
|---|
| 原始文件\第12章\产品销售方案2 |
| 最终效果\第12章\产品销售方案2 |

扫码看视频

**1** 打开本实例的原始文件，单击 文件 按钮，在弹出的界面中单击【选项】菜单项。

**2** 弹出【PowerPoint选项】对话框，切换到【高级】选项卡，在【幻灯片放映】组合框中撤选【以黑幻灯片结束】复选框。单击 确定 按钮返回演示文稿中，放映该幻灯片，放映结束不会出现黑屏。

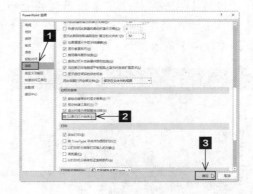

# 职场拓展

## 使用表格中的数据来创建图表

正文幻灯片中经常会用到数据图表，编辑数据图表时如果图表中的数据已经在表格中，可以通过表格中的数据来设置图表的显示，具体的步骤如下。

扫码看视频

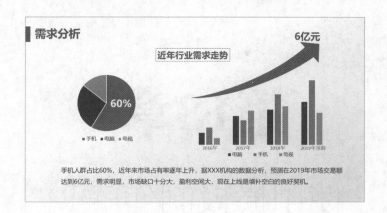

下面介绍主要制作步骤，更详细的操作，可扫描二维码观看视频。

① 要插入一个合适的图表，然后再使用【在Excel中编辑数据】对图表中的数据进行编辑处理。

② 通过【选择数据】，在【选择数据源】对话框中的【图表数据区域】来选定数据，通过数据调整图表中各种数据的占比。

③ 设置好数据后，需要对图表进行美化。

# 第13章

## 使用模板制作PPT

**本章内容简介**

本章主要介绍如何判断模板质量，并设置模板中的封面、目录和内容页。

**学完本章我能做什么**

通过本章的学习，读者可以快速地更改公司销售培训中模板的内容，并通过使用选好的模板制作一份完整的企业招聘方案。

视频链接

关于本章知识，本书配套教学资源中有相关的多媒体教学视频，视频路径为【使用模板制作演示文稿】。

# 13.1 判断模板的质量

在使用模板的时候，应该尽量选择质量高的模板，那么到底什么样的模板才是高质量的模板呢？这里教你几招。

本实例原始文件和最终效果文件请从网盘下载

原始文件\第13章\公司销售培训
最终效果\第13章\公司销售培训

扫码看视频

## 1. 模板中是否应用了母版

高质量的模板的版式应该是使用了幻灯片母版的。该如何判断幻灯片中是否使用了母版呢？具体操作步骤如下。

**1** 打开本实例的原始文件，切换到【视图】选项卡，在【母版视图】组中单击 [幻灯片母版] 按钮。

**2** 即可进入【幻灯片母版视图】，若看到左侧母版导航窗格中的版式为有设计的版式，则使用了母版。

**3** 相反，如果导航窗格中的母版版式均为白色默认版式或空白版式，则没使用母版，如右图所示。

## 2. 是否使用了主题颜色

高质量的模板中的文字、形状、表格、图表等元素应使用主题颜色，而不是自定义颜色。那么怎么判断模板中有没有使用主题颜色呢？以文字为例，具体操作步骤如下。

**1** 打开本实例的原始文件，选中文字，切换到【开始】选项卡，在【字体】组中，单击【字体颜色】按钮▲·右侧的下三角按钮。

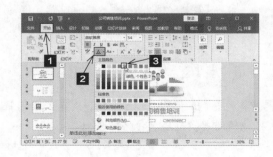

**2** 查看字体所应用的颜色是否出现在【主题颜色】中，若主题颜色中有颜色出现红色边框，则表示应用了该主题颜色，否则就是使用的自定义颜色。

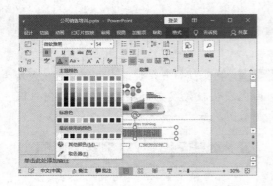

### 3. 看图表是否可以进行数据编辑

高质量的模板中的图表应该是通过插入图表后美化编辑后得到的，是可以随着数据变化而变化的，而不是使用形状模拟绘制出来的。那么如何区分图表是图表还是形状呢？具体操作步骤如下。

**1** 打开本实例的原始文件，选中模板中的图表，若弹出【图表工具】栏，则是插入图表后编辑得到的，可以编辑数据。

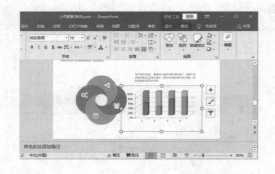

**2** 若弹出【图片工具】栏，则是使用形状模拟的图表，无法直接修改数据。

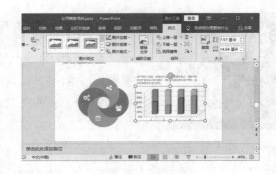

### 4. 看信息图表是否可编辑

高质量的模板中的信息图表应该是通过插入形状，并对其组合编辑得到的，而不是直接插入的图片。那么如何区分信息图表是形状还是图片呢？具体操作步骤如下。

**1** 打开本实例的原始文件，选中模板中的信息图表，若弹出【绘图工具】栏，则是插入形状后编辑得到的，可以进行个性化编辑。

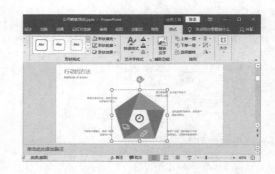

**2** 若弹出【图片工具】栏，则是插入的图表，无法进行编辑修改。

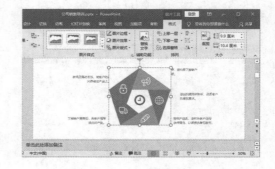

# 13.2 设置模板

模板是为了方便大家快捷地制作演示文稿而设置的，但是由于模板具有一定的通用性，所以在使用时，需要根据实际情况做相应变动，将其更改为具有自我特色的演示文稿。

## 13.2.1 快速修改封面

封面是整个颜色文稿的脸面，关于页面的修改最主要就是演示文稿标题的修改。标题文字多或者少应该怎么处理？本小节我们会给出详细讲解。

本实例原始文件和最终效果文件请从网盘下载
原始文件\第13章\公司销售培训1
最终效果\第13章\公司销售培训1

扫码看视频

在利用模板制作演示文稿时，一般情况下，做的第一件事就是修改封面页的标题。在修改模板的标题和副标题的时候经常会遇到这种情况：模板中标题是一行文字，但是修改后标题是两行文字，使得标题部分看起来略显拥挤。

面对这种问题，一般可以采用以下两种方法解决。

### 1. 统一缩小文字

**1** 打开本实例的原始文件，选中模板中的中文标题文本框。

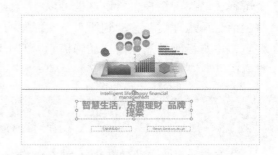

**2** 将鼠标指针移动到文本框的右侧，当指针变成水平双向箭头时，按住鼠标左键不放，向右拖曳鼠标，将文本框调大，使标题在一行中显示。

3 按照相同的方法调整英文标题，并适当调整文本框的水平位置，然后修改封面页的其他文字内容，修改完成后的效果如下图所示。

### 2. 将标题一分为二

这种方法一般适用于标题中有相同内容的情况。我们来分析一下当前演示文稿的标题"智慧生活，乐惠理财　品牌提案"，这个演示文稿讲的主要就是一个品牌提案，至于"智慧生活，乐惠理财"只是这个品牌的一个解释，是品牌精神，所以这里可以将"智慧生活，乐惠理财"移动到原来英文标题的位置，中文标题处只保留"品牌提案"四个字就可以了。

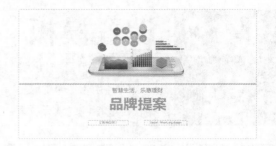

## 提示

如果模板中原来只有一个标题行，使用方法二的时候，可以先将标题断成两行，然后将主要内容文字大小不变，解释部分文字变小。

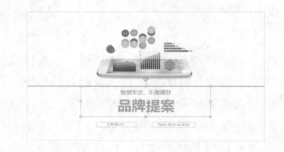

## 13.2.2　快速修改目录

目录页中最常见的问题就是实际的目录个数与模板提供的目录个数不匹配。例如模板提供了4个目录项，而我们需要3个或5个以上。下面就针对这两种情况进行讲解。

本实例原始文件和最终效果文件请从网盘下载
原始文件\第13章\公司销售培训2
最终效果\第13章\公司销售培训2

扫码看视频

### 1. 减少目录项

减少目录项就是删除多余目录项，如果由于目录项的减少造成了页面的不平衡，可以适当调整目录的间距及位置。具体操作步骤如下。

1 由于当前目录页是应用母版的，所以需要先打开母版视图。切换到【视图】选项卡，在【母版视图】组中单击 幻灯片母版 按钮。

**2** 进入母版视图，切换到目录所在的母版版式，选中最后一个目录项，按【Delete】键删除。

**3** 删除后的效果如下图所示。如果删除一个目录项后对版面的影响比较大，可以适当调整目录项的间距和位置。

## 2. 增加目录项

增加目录项就是添加目录项，与减少目录项的方法一致。具体操作步骤如下。

**1** 打开本实例的原始文件，按照前面的方法打开母版视图。

**2** 可以看到，目录项的颜色是交替出现的，所以这里应该复制目录项目2或4，然后将其移动到项目5的下面，并将其项目序号更改为6。

**3** 当把项目6添加到项目5下面后，整个页面的布局就不平衡了，整体偏下，所以这时需要把6个目录项整体向上移动，使其在页面的垂直布局上均衡显示。

## 13.2.3 快速修改内容页

高质量的模板的版式应该是使用母版的，而且母版的版式应该有多个：如封面、目录、过渡、内容、封底等。

本实例原始文件和最终效果文件请从网盘下载
原始文件\第13章\修改模板
最终效果\第13章\修改模板

扫码看视频

### 1. 调整文字

在使用模板制作演示文稿的时候，对于文字部分，应尽量调整文案，使其与模板中文字的数量相差不多。如果文案已经调整至最佳，但是数量还是与模板中文字的数量相差较多，还可以通过调整字体大小或者字符间距的方式，来适当调整文案部分内容。

### ◎ 调整字体大小

实际文案内容多于模板文案内容时，可以通过将字体减小的方式来调整。例如下图所示是一页幻灯片的文案和模版。

当直接把文案复制到模板中后，可以看到由于文案内容远远多于模板中的文字数量，导致文字布局偏离原模板较多。

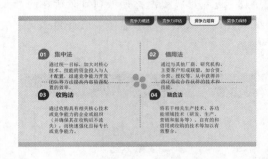

面对这种情况，最行之有效的方法就是将字体调小，效果如下图所示。

相反，当实际文案内容略少于模板文案内容时，则可以通过将字体增大的方式来调整。但是需要注意的是如果文字数量相差太多，则应考虑更换模板，而非硬套。

### ◎ 调整行间距

对于文字数量不一致的情况，另一种调整方法就是调整行间距。如果文字数量略多于模板，可将行距调小；如果文字数量少于模板，可将行距调大。以下图所示文案和模板为例来看一下调整行间距的具体实例。

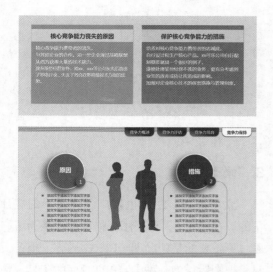

首先先来看一下将文案直接复制到模板中的效果。从下图中可以看到文字稍微超出了原有布局。

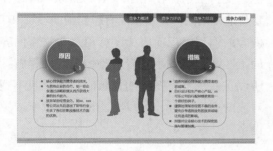

打开【段落】对话框，可以看到当前文本的行间距是1.3，这里将其调整为1.2。因为在幻灯片中文本的行间距设置为1.2或1.3是效果最好的。

调整行间距后的效果如下图所示。

## 2. 处理无法修改的图片

在模板中，有时候为了防止模板中的文字因为版本不同或者字体不全等原因造成文字错位等破坏美感的问题，会将PPT的整个背景包括Logo、作者信息等做成一张图片，导致在使用的时候无法修改。面对这种问题，最常用的方法就是使用形状来覆盖住你不需要的内容，如Logo。

例如，下图所示幻灯片下方的神龙设计就是跟背景图片是一体的，无法进行修改，此时就可以采用遮盖的方法。具体操作步骤如下。

**1** 在幻灯片中插入一个矩形。

**2** 选中插入的矩形，切换到【绘图工具】栏的【格式】选项卡，在【形状样式】组中单击【形状轮廓】按钮▼的右半部分，在弹出的下拉列表中选择【无轮廓】选项。

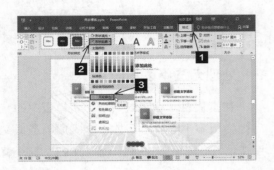

**3** 单击【形状填充】按钮▼，在弹出的下拉列表中选择【取色器】选项，使用取色器吸取被遮盖的颜色。

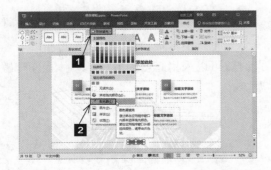

**4** 即可将模板中带有的作者信息遮盖起来。

### 3. 修改图标

众所周知，图标也被广泛应用于幻灯片中的。在PPT中，使用图标绝不仅仅是为了好看，更重要的是帮助理解PPT的内容。很多人只是把图标作为一种丰富PPT画面的工具，在使用的时候并没有注意图标是否与对应文字内容相关联，例如电话前面使用了地址的图标，支付宝前面使用了微信的图标等。这样盲目地使用图标，不仅没有起到帮助理解PPT内容的作用，反而因为图标信息与文字内容的不匹配，导致了观者对整体内容的误解。所以在使用带有图标的模板时，如果找不到对应的合适图标，可以将图标换成数字或关键字。

## 4. 修改图表

PPT中，图表的应用十分广泛，它可以帮助我们更直观地展示数据趋势，增强说服力。但是模板中的图表的数据一般是跟实际的数据不一致的，此时需要单击【图表工具】栏的【设计】选项卡，单击【编辑数据】，修改关联数据表中的数据即可。

但是如果PPT中使用的是假图表，那就只能利用假图表中的元素，自行制作一个新的个性化图表。

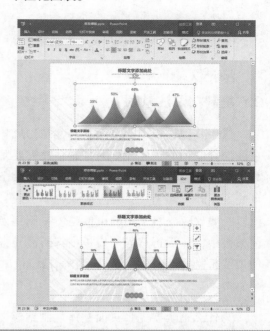

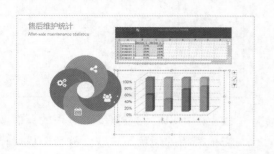

## 13.2.4 增加内容页

在PPT的实际制作中可以发现，不论PPT模板中有多少页，排版多丰富，也还是会出现文案内容在模板中找不到匹配页的情况，这时就需要从其他模板中借用合适的页面。在借用的过程中需要做到风格统一，如何做到这一点呢，本小节我们就来一起学习一下。

## 1. 保留原布局

在借用其他模板中的幻灯片页面时，为了做到风格统一，首先应该复制一个当前模板中的内容页，将可变内容和元素删除，保留不变元素。

例如"公司销售培训"模板中需要从其他模板借用一页幻灯片，首先需要复制一个当前演示文稿中的幻灯片，然后将多余元素删除。

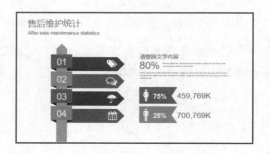

## 2. 复制粘贴注意项

借用其他模板中的页面其实就是幻灯片页面的复制粘贴，而此处的复制粘贴需要尤为注意。因为不同模板之间一个是页面大小可能不一致，另一个就是主题颜色不一致。所以一般建议先将借用的页面整体复制到当前模板中，然后再从当前模板中将所需元素使用目标主题粘贴的方式粘贴到所需页面。

为什么这里要先将页面整体复制到模板中呢，因为不同模板的页面大小不一致会导致元素在页面中偏离原布局。

例如下图所示的幻灯片就是直接从借用幻灯片中使用目标主题复制粘贴到模板中的，由于借用页面比当前页面小，所以，复制过来的元素偏离很多，布局完全失衡。

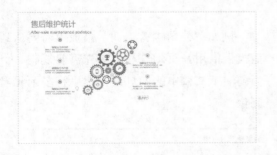

但是如果将整个页面复制过来，元素就会随着页面的变化合理化布局。

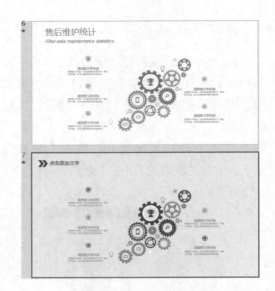

由上图可以看到直接复制过来的页面颜色与当前模板的颜色不一致，就会造成风格的不统一，所以还要将复制过来页面中的元素使用目标主题的方式复制到只保留大布局的页面中。效果如下图所示。

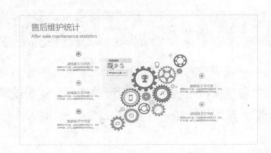

# 妙招技法

## 把制作的图表另存为模板

用户可以把制作的图表另存为模板，在下一次要制作同类型的图表时，可以直接使用模板而不必重新制作。

| 本实例原始文件和最终效果文件请从网盘下载 |
| --- |
| 原始文件\第13章\公司销售培训 |
| 最终效果\第13章\图表1 |

扫码看视频

**1** 打开本实例的原始文件，单击第19张幻灯片，选中图表，单击鼠标右键，从弹出的快捷菜单中选择【另存为模板】选项。

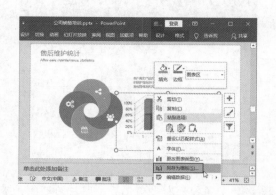

**2** 弹出【保存图表模板】对话框，设置合适的保存位置，在【文件名】文本框中输入名称，此时系统默认的保存类型为【图表模板文件】，然后单击 保存(S) 按钮。

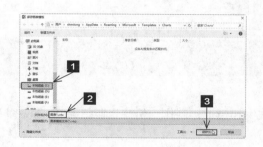

**3** 返回演示文稿中。若需再次使用模板，可切换到【插入】选项卡，在【插图】组中单击【图表】按钮 图表。

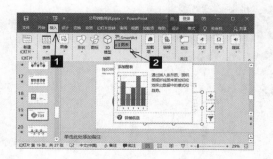

**4** 弹出【更改图表类型】对话框，切换到【模板】选项卡，即可看到保存的模板，从中选中需要的模板即可。

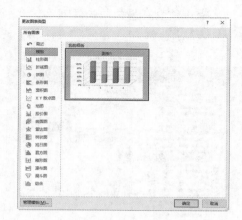

## 让PPT主题一键变色

对于下载的模板由于产品、公司Logo以及主图颜色的不同，很多情况下需要根据这些元素重新定义模板的颜色，此时对于使用了主题颜色的模板来说，更改主题颜色就可以使整个PPT一键变色了。

本实例原始文件和最终效果文件请从网盘下载

原始文件\第13章\公司销售培训

最终效果\第13章\无

扫码看视频

这里还是以"公司销售培训"模板为例，如果公司的网站、Logo都是采用的褐色，那么做的公司销售培训也应使用褐色，如果我们想使用这个主题模板就应该修改其主题颜色。

**1** 切换到【设计】选项卡，在【变体】组中，单击【其他】按钮⊽，在弹出的下拉列表中选择【颜色】选项，然后在默认主题颜色库中选择一种带有褐色的主题颜色，此处选择【黄橙色】选项。

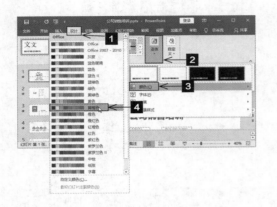

**2** 随即演示文稿中所有幻灯片元素的颜色都发生了变化，效果如下图所示。

**3** 主题颜色发生变化后，图片的颜色并不会发生变化，所以这里还需要将演示文稿中的图片换成与主题颜色相搭配的颜色。

# 职场拓展

## 使用模板制作企业招聘方案

读者可根据本章学习到的知识，根据提供的文案和模板，制作一份"企业招聘方案"的演示文稿。

扫码看视频

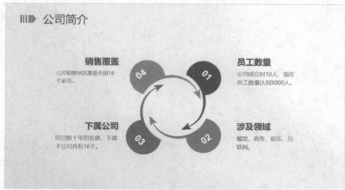

下面介绍主要制作步骤，更详细的操作，可扫描二维码观看视频。

① 在【幻灯片母版】中设置封面页中的图片，在目录页、过渡页以及内容页中分别插入适当的形状。

② 设置完成后返回到演示文稿，在每张幻灯片中添加合适的内容，并对幻灯片进行美化设置。